全国计算机技术与软件专业技术资格（水平）考试参考用书

网络工程师考试冲刺
（习题与解答）

张友生 王军 主编

全国计算机专业技术资格考试办公室 推荐

清华大学出版社
北京

内 容 简 介

本书作为全国计算机技术与软件专业技术资格（水平）考试中的网络工程师师级别的考试参考教材。内容紧扣考试大纲，通过对历年试题进行科学分析、研究、总结、提炼而成。每章内容分为考点提炼、强化练习、习题解答三个部分。

本书基于历年试题，利用统计分析的方法，就考试重点和难点知识进行强化练习，既不漏掉考试必需的知识点，又不加重考生备考负担，使考生轻松、愉快地掌握知识点。

本书扉页为防伪页，封面贴有清华大学出版社防伪标签，无上述标识者不得销售。
版权所有，侵权必究。举报：010-62782989，beiqinquan@tup.tsinghua.edu.cn。

图书在版编目（CIP）数据

网络工程师考试冲刺（习题与解答）/张友生，王军主编. —北京：清华大学出版社，2013.9（2024.4重印）
（全国计算机技术与软件专业技术资格（水平）考试参考用书）
ISBN 978-7-302-32759-2

Ⅰ. ①网… Ⅱ. ①张… ②王… Ⅲ. ①计算机网络–工程技术人员–资格考试–题解 Ⅳ. ①TP393-44

中国版本图书馆 CIP 数据核字（2013）第 130874 号

责任编辑：柴文强
封面设计：傅瑞学
责任校对：徐俊伟
责任印制：刘海龙

出版发行：清华大学出版社
网　　址：https://www.tup.com.cn, https://www.wqxuetang.com
地　　址：北京清华大学学研大厦 A 座　　邮　编：100084
社 总 机：010-83470000　　邮　购：010-62786544
投稿与读者服务：010-62776969，c-service@tup.tsinghua.edu.cn
质 量 反 馈：010-62772015，zhiliang@tup.tsinghua.edu.cn

印 装 者：三河市龙大印装有限公司
经　　销：全国新华书店
开　　本：185mm×230mm　　印　张：18.75　　防伪页：1　　字　数：432 千字
版　　次：2013 年 9 月第 1 版　　　　　　　　　　印　次：2024 年 4 月第 20 次印刷
定　　价：45.00 元

产品编号：050761-02

前　言

全国计算机技术与软件专业技术资格（水平）考试（简称"软考"）由人力资源和社会保障、工业和信息化部主办，面向社会，用于考查计算机专业人员的水平与能力。考试客观、公正，得到了社会的广泛认可，并实现了中、日、韩三国互认。

本书紧扣考试大纲，基于每个章节知识点分布统计分析的结果，科学地编写强化练习题，结构科学、重点突出、针对性强。

内容超值，针对性强

本书每章的内容分为考点提炼、强化练习、习题解答三个部分。

第一部分为考点提炼。对考试大纲中所规定的重要考试内容和考试必备的知识点进行了"画龙点睛"，章节中的知识点解析深浅程度根据该知识点在历年试题中的统计分析结果而定。通过学习本部分内容，考生可以对考试的知识点分布、考试重点有一个整体上的认识和把握。

第二部分为强化练习。强化练习部分给出了多道试题，根据考点提炼部分的知识点统计、分析的结果而命题。这些试题与考试真题具有很大的相似性，用来检查考生学习的效果。

第三部分为习题解答。习题解答部分是强化练习部分的补充，为强化练习的所有习题进行了较详细的分析，并给出了解答。考生需要掌握每个练习题及其解答，这一部分可以帮助考生温习和巩固前面所学的知识，这种辅导方式保证内容全面，突出重点，为考生打造一条通向考试终点的捷径。

作者权威，阵容强大

本书作者均来自希赛教育。希赛教育（www.educity.cn）专业从事人才培养、教育产品开发、教育图书出版，在职业教育方面具有极高的权威性。特别是在在线教育方面，希赛教育的远程教育模式得到了国家教育部门的认可和推广。

希赛教育软考学院是全国计算机技术与软件专业技术资格（水平）考试的培训机构，拥有近20名资深软考辅导专家，编写了软考辅导教材的工作，共组织编写和出版了80多本软考教材，内容涵盖了初级、中级和高级的各个专业，包括教程系列、辅导系列、考点分析系列、冲刺系列、串讲系列、试题精解系列、疑难解答系列、全程指导系列、案例分析系列、指定参考用书系列、一本通等11个系列的书籍。希赛教育软考学院的专家录制了软考培训视频教程、串讲视频教程、试题讲解视频教程、专题讲解视频教程等4个系列的软考视频，希赛教育软考学院的软考教材、软考视频、软考辅导为考生助考、提高通过率做出了不可磨灭的贡献，在软考领域有口皆碑。特别是在高级资格领域，无论是考试教材，还是在线辅导和面授，希赛教育软考学院都独占鳌头。

本书作者除封面署名外，还有：王勇、李雄、胡钊源、桂阳、何玉云、王玉罡、胡光超、左水林、刘中胜、刘洋波。

在线测试，心中有数

上学吧（www.shangxueba.com）在线测试平台为考生准备了在线测试，其中有数十套全真模拟试题和考前密卷，考生可选择任何一套进行测试。测试完毕，系统自动判卷，立即给出分数。

对于考生做错的地方，系统会自动记忆，待考生第二次参加测试时，可选择"试题复习"。这样，系统就会自动把考生原来做错的试题显示出来，供考生重新测试，以加强记忆。

如此，读者可利用上学吧在线测试平台的在线测试系统检查自己的实际水平，加强考前训练，做到心中有数，考试不慌。

诸多帮助，诚挚致谢

在本书出版之际，要特别感谢全国软考办的命题专家们，为了使本书的习题与考试真题逼近，编者在写作中参考了部分考试原题。在本书的编写过程中，还参考了许多相关的文献和书籍，编者在此对这些参考文献的作者表示感谢。

感谢清华大学出版社柴文强老师，他在本书的策划、选题的申报、写作大纲的确定，以及编辑、出版等方面，付出了辛勤的劳动和智慧，给予了我们很多的支持和帮助。

感谢参加希赛教育软考学院辅导和培训的学员，正是他们的想法汇成了本书的源动力，他们的意见使本书更加贴近读者。

由于编者水平有限，且本书涉及的内容很广，书中难免存在错漏和不妥之处，编者诚恳地期望各位专家和读者不吝指正和帮助，对此，我们将十分感激。

互动讨论，专家答疑

希赛教育软考学院是中国最大的软考在线教育网站，该网站论坛是国内人气最旺的软考社区，在这里，读者可以和数十万考生进行在线交流，讨论有关学习和考试的问题。希赛教育软考学院拥有强大的师资队伍，为读者提供全程的答疑服务，在线回答读者的提问。

有关本书的意见反馈和咨询，读者可在希赛教育软考学院论坛"软考教材"版块中的"希赛教育软考学院"栏目上与作者进行交流。

希赛教育软考学院　张友生

2013 年 2 月

目 录

第 1 章 计算机硬件基础 ·· 1
   1.1 考点提炼 ·· 1
   1.2 强化练习 ·· 9
   1.3 习题解答 ·· 13

第 2 章 操作系统 ·· 22
   2.1 考点提炼 ·· 22
   2.2 强化练习 ·· 29
   2.3 习题解答 ·· 35

第 3 章 计算机系统开发基础 ·· 44
   3.1 考点提炼 ·· 44
   3.2 强化练习 ·· 55
   3.3 习题解答 ·· 60

第 4 章 知识产权与标准化 ·· 68
   4.1 考点提炼 ·· 68
   4.2 强化练习 ·· 72
   4.3 习题解答 ·· 77

第 5 章 网络体系结构 ·· 85
   5.1 考点提炼 ·· 85
   5.2 强化练习 ·· 97
   5.3 习题解答 ·· 100

第 6 章 数据通信基础 ·· 111
   6.1 考点提炼 ·· 111
   6.2 强化练习 ·· 119
   6.3 习题解答 ·· 124

第 7 章 局域网技术 ·· 133
   7.1 考点提炼 ·· 133
   7.2 强化练习 ·· 141
   7.3 习题解答 ·· 146

第 8 章 广域网和接入网 ·· 159
   8.1 考点提炼 ·· 159

8.2　强化练习 …………………………………………………………………… 162
　　8.3　习题解答 …………………………………………………………………… 166
第9章　因特网与互联网技术 ……………………………………………………… 177
　　9.1　考点提炼 …………………………………………………………………… 177
　　9.2　强化练习 …………………………………………………………………… 186
　　9.3　习题解答 …………………………………………………………………… 191
第10章　网络管理技术 ……………………………………………………………… 200
　　10.1　考点提炼 ………………………………………………………………… 200
　　10.2　强化练习 ………………………………………………………………… 207
　　10.3　习题解答 ………………………………………………………………… 211
第11章　网络安全技术 ……………………………………………………………… 221
　　11.1　考点提炼 ………………………………………………………………… 221
　　11.2　强化练习 ………………………………………………………………… 230
　　11.3　习题解答 ………………………………………………………………… 234
第12章　网络应用服务器 …………………………………………………………… 241
　　12.1　考点提炼 ………………………………………………………………… 241
　　12.2　强化练习 ………………………………………………………………… 258
　　12.3　习题解答 ………………………………………………………………… 264
第13章　网络工程师案例分析 ……………………………………………………… 274
　　13.1　考点提炼 ………………………………………………………………… 274
　　13.2　强化练习 ………………………………………………………………… 275
　　13.3　习题解答 ………………………………………………………………… 284

第 1 章　计算机硬件基础

从历年的考试试题来看，本章的考点在综合知识考试中的平均分数为 4 分，约为总分的 5.33%。考试试题主要分数集中在计算机组成、数据运算、存储体系这 3 个知识点上。

1.1　考点提炼

根据考试大纲，结合历年考试真题，希赛教育的软考专家认为，考生必须要掌握以下几个方面的内容：

1. 计算机组成

在计算机组成方面，涉及的考点有计算机基本组成（重点）、流水线与并行处理（重点）、RISC 和 CISC 指令体系、多处理机、总线和接口。

【考点 1】计算机基本组成

在一台计算机中，主要有 6 种部件，分别是控制器、运算器、内存储器、外存储器、输入和输出设备。它们之间的合作关系如图 1-1 所示。

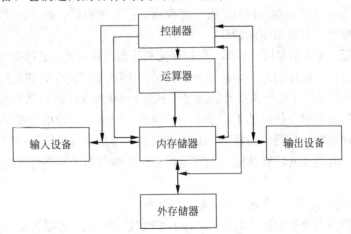

图 1-1　计算机各功能部件之间的合作关系

其中控制器和运算器共同构成中央处理器（CPU）。CPU 主要通过总线和其他设备进行联系。另外在嵌入式系统设计中，外部设备也常常直接连接到 CPU 的外部 I/O 脚的中断脚上。

（1）运算器

运算器的主要功能是在控制器的控制下完成各种算术运算、逻辑运算和其他操作。运算器主要包括算术逻辑单元（ALU）、加法器/累加器、数据缓冲寄存器、程序状态寄存器四个子部件构成。

算术逻辑单元（ALU）主要完成对二进制数据的定点算术运算（加减乘除）、逻辑运算（与或非异或）以及移位操作。

累加寄存器（AC）通常简称为"累加器"，是一个通用寄存器。其功能是当运算器中的算术逻辑单元（ALU）执行算术或逻辑运算时为 ALU 提供一个工作区，用于传输和暂存用户数据。

数据缓冲寄存器用来暂时存放由内存储器读出的一条指令或一个数据字。反之，当向内存存入一条指令或一个数据字时，也暂时将它们存放在数据缓冲寄存器中。缓冲寄存器的作用：

① 作为CPU和内存、外部设备之间信息传送的中转站；

② 补偿 CPU 和内存、外围设备之间在操作速度上的差别；

③ 在单累加器结构的运算器中，数据缓冲寄存器还可兼作操作数寄存器。

程序状态寄存器用来存放两类信息。一是体现当前指令执行结果的各种状态信息，如有无进位（CF 位）、有无溢出（OF 位）、结果正负（SF 位）、结果是否为零（ZF）位和标志位（PF 位）等。二是控制信息，如允许中断（IF 位）和跟踪标志（TF 位）等。

（2）控制器

控制器是有程序计数器（PC）、指令寄存器、指令译码器、时序产生器和操作控制器组成，完成整个计算机系统的操作。

程序计数器（PC）是专用寄存器，具有存储和计数两种功能，又称为"指令计数器"。在程序开始执行前将程序的起始地址送入 PC，在程序加载到内存时依此地址为基础，因此 PC 的初始内容为程序第一条指令的地址。执行指令时 CPU 将自动修改 PC 的内容，以便使其保持的总是将要执行的下一条指令的地址。由于大多数指令都是按顺序执行，因此修改的过程通常只是简单的将 PC 加 1。当遇到转移指令时后继指令的地址与前指令的地址加上一个向前或向后转移的位偏移量得到，或则根据转移指令给出的直接转移的地址得到。

指令寄存器存储当前正在被 CPU 执行的指令。

指令译码器将指令中的操作码解码，告诉 CPU 该做什么。可以说指令寄存器的输出是指令译码器的输入。

时序产生器用以产生各种时序信号，以保证计算机能够准确、迅速、有条不紊地工作。

（3）内存储器

又称内存或主存：存储现场操作的信息与中间结果，包括机器指令和数据。

（4）外存储器

又称外存或辅助存储器（Secondary Storage 或 Permanent Storage），存储需要长期保存的各种信息。

（5）输入设备（Input Devices）

输入设备用以接收外界向计算机输入的信息。

（6）输出设备（Output devices）

输出设备用以将计算机中的信息向外界输送。

【考点2】流水线与并行处理

流水线技术是通过并行硬件来提高系统性能的常用方法，它其实是一种任务分解的技术，把一件任务分解为若干顺序执行的子任务，不同的子任务由不同的执行机构来负责执行，而这些执行机构可以同时并行工作。

在流水线这个知识点，主要考查流水线的概念、性能，以及有关参数的计算。

（1）流水线执行计算

假定有某种类型的任务，共可分成 n 个子任务，每个子任务需要时间 t，则完成该任务所需的时间即为 n×t。若以传统的方式，则完成 k 个任务所需的时间是 knt；而使用流水线技术执行，则花费的时间是（n+k-1）×t。也就是说，除了第一个任务需要完整的时间外，其他都通过并行，节省下了大量的时间，只需一个子任务的单位时间就够了。

另外要注意的是，如果每个子任务所需的时间不同，则其速度取决于其执行顺序中最慢的那个（也就是流水线周期值等于最慢的那个指令周期），要根据实际情况进行调整。

例如：若指令流水线把一条指令分为取指、分析和执行三部分，且三部分的时间分别是取指 2ns，分析 2ns，执行 1ns。那么，最长的是 2ns，因此 100 条指令全部执行完毕需要的时间就是：（2+2+1）+（100-1）×2 = 203ns。

另外，还应该掌握几个关键的术语：流水线的吞吐率、加速比。流水线的吞吐率（Though Put Rate，TP）是指在单位时间内流水线所完成的任务数量或输出的结果数量。完成同样一批任务，不使用流水线所用的时间与使用流水线所用的时间之比称为流水线的加速比（Speed-Up Ratio）。

例如，在上述例子中，203ns 的时间内完成了 100 条指令，则从指令的角度来看，该流水线的吞吐率为：（100×10^9）/203=4.93$\times 10^8$/s（1s=10^9ns），加速比为 500/203=2.46（如果不采用流水线，则执行 100 条指令需要 500ns）。

（2）影响流水线的主要因素

流水线的关键在于"重叠执行"，因此如果这个条件不能够满足，流水线就会被破坏。这种破坏主要来自 3 种情况。

① 转移指令

因为前面的转移指令还没有完成，流水线无法确定下一条指令的地址，因此也就无法向流水线中添加这条指令。从这里的分析可以看出，无条件跳转指令是不会影响流水

② 共享资源访问的冲突

它也就是后一条指令需要使用的数据，与前一条指令发生的冲突，或者相邻的指令使用了相同的寄存器，这也会使流水线失败。为了避免冲突，就需要把相互有关的指令进行阻塞，这样就会引起流水线效率的下降。一般地，指令流水线级数越多，越容易导致数据相关，阻塞流水线。

当然，也可以在编译系统上进行设置，当发现相邻的语句存在资源共享冲突的时候，在两者之间插入其他语句，将两条指令进入流水线的时间拉开，以避免错误。

③ 响应中断

当有中断请求时，流水线也会停止。流水线响应中断有两种方式，一种是立即停止现有的流水线，称为精确断点法，这种方法能够立即响应中断，缩短了中断响应时间，但是增加了中央处理器的硬件复杂度。

还有一种是在中断时，在流水线内的指令继续执行，停止流水线的入口，当所有流水线内的指令全部执行后，再执行中断处理程序。这种方式中断响应时间较长，这种方式称为不精确断点法，优点是实现控制简单。

2．数据运算

在数据运算方面，涉及的考点有数据各种码制的表示（重点）和逻辑运算。

【考点3】数据码制的表示

本节主要掌握原码、反码、补码和移码的概念，以及各自的用途和优点

（1）原码

将最高位用作符号位（0 表示正数，1 表示负数），其余各位代表数值本身的绝对值的表示形式。这种方式是最容易理解的。例如，假设用 8 位表示 1 个数，则+11 的原码用二进制表示是 00001011，−11 的原码用二进制表示是 10001011。

直接使用原码在计算时会有麻烦。例如，在十进制中 1+(−1)=0。如果直接使用二进制原码来执行"1+(−1)"的操作，则表达式为：00000001+10000001=10000010。

这样计算的结果是−2，也就是说，使用原码直接参与计算可能会出现错误的结果。所以，原码的符号位不能直接参与计算，必须和其他位分开，这样会增加硬件的开销和复杂性。

（2）反码

正数的反码与原码相同。负数的反码符号位为 1，其余各位为该数绝对值的原码按位取反。例如，−11 的反码为 11110100。

同样，对于"1+(−1)"加法，使用反码的结果是：
00000001+11111110=11111111

这样的结果是负 0，而在人们普遍的观念中，0 是不分正负的。反码的符号位可以直接参与计算，而且减法也可以转换为加法计算。

（3）补码

正数的补码与原码相同。负数的补码是该数的反码加1，这个加1就是"补"。例如，–11的补码为11110100+1=11110101。

对于"1+（–1）"的加法，是这样的：
00000001+11111111=00000000

这说明，直接使用补码进行计算的结果是正确的。

对一个补码表示的数，要计算其原码，只要对它再次求补即可。由于补码能使符号位与有效值部分一起参加运算，从而简化了运算规则，同时它也使减法运算转换为加法运算，进一步简化计算机中运算器的电路，这使得在大部分计算机系统中，数据都使用补码表示。

（4）移码

移码又称为增码，移码的符号表示和补码相反，1 表示正数，0 表示负数。也就是说，移码是在补码的基础上把首位取反得到的，这样使得移码非常适合于阶码的运算，所以移码常用于表示阶码。

通过四种码制的学习，我们已经学会了它们相互之间的转换。当要面临着取值范围时，请参照表1-1所示。

表1-1 各种码制取值范围

	定点整数	定点小数
原码	$-(2^{n-1}-1) \sim 2^{n-1}-1$	$-1<X<1$
反码	$-(2^{n-1}-1) \sim 2^{n-1}-1$	$-1<X<1$
补码	$-2^{n-1} \sim 2^{n-1}-1$	$-1 \leqslant X<1$

3．存储体系和寻址方式

在存储体系和寻址方式方面，涉及的考点有主存储器（**重点**）、高速缓存（**重点**）、寻址方式面。

【考点4】主存储器

（1）主存储器的种类。

① RAM：随机存储器，可读写，断电后数据无法保存，只能暂存数据。

② SRAM：静态随机存储器，在不断电时信息能够一直保持。

③ DRAM：动态随机存储器，需要定时刷新以维持信息不丢失。

④ ROM：只读存储器，出厂前用掩膜技术写入，常用于存放BIOS和微程序控制。

⑤ PROM：可编程ROM，只能够一次写入，需用特殊电子设备进行写入。

⑥ EPROM：可擦除的PROM，用紫外线照射15～20分钟可擦去所有信息，可写入多次。

⑦ E^2PROM：电可擦除EPROM，可以写入，但速度慢。

⑧ 闪速存储器：现在 U 盘使用的种类，可以快速写入。

记忆时，抓住几个关键英文字母。A，即 Access，说明读写都行；O，即 Only，说明只读；P，即 Programmable，说明可通过特殊电子设备写入；E，即 Erasable，说明可擦写；E 平方说明是两个 E，第二个 E 是指电子。

（2）主存储器的组成。

实际的存储器总是由一片或多片存储器配以控制电路构成的。其容量为 W×B，W 是存储单元（word，即字）的数量，B 表示每个 word 由多少 bit（位）组成。如果某一芯片规格为 w×b，则组成 W×B 的存储器需要用（W/w）×（B/b）个芯片，如图 1-2 所示。

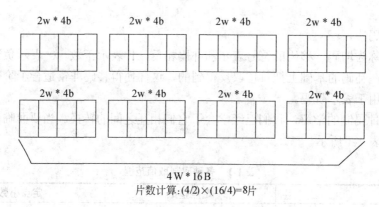

图 1-2 主存储器的组成示意图

（3）主存储器的地址编码。

主存储器（内存）采用的是随机存取方式，需对每个数据块进行编码，而在主存储器中，数据块是以 word 为单位来标识的，即每个字一个地址，通常采用的是十六进制表示。

例如，按字节编址，地址从 A4000H～CBFFFH，则表示有（CBFFF−A4000+1）个字节，即 28000H 个字节，也就是 163840 个字节，等于 160KB。

要注意的是，编址的基础可以是字节，也可以是字（字是由 1 个或多个字节组成的），要算地址位数，首先应计算要编址的字或字节数，然后求 2 的对数即可得到。例如，上述内存的容量为 160KB，则需要 18 位地址来表示（2^{17}=131072，2^{18}=262144）。

在内存这个知识点的另外一个问题，就是求存储芯片的组成问题。实际的存储器总是由一片或多片存储器配以控制电路构成的。设其容量为 W×B，W 是存储单元的数量，B 表示每个单元由多少位组成。如果某一芯片规格为 w×b，则组成 W×B 的存储器需要用（W/w）×（B/b）块芯片。例如，上述例子中的存储器容量为 160KB，若用存储容量为 32K×8bit 的存储芯片构成，因为 1B=8b（一个字节由 8 位组成），则至少需要（160K/32K）×（1B/8b）=5 块。

【考点5】高速缓存

Cache 的功能是提高 CPU 数据输入/输出的速率，突破所谓的"冯•诺依曼瓶颈"，即 CPU 与存储系统间数据传送带宽限制。高速存储器能以极高的速率进行数据的访问，但因其价格高昂，如果计算机的内存完全由这种高速存储器组成，则会大大增加计算机的成本。通常在 CPU 和内存之间设置小容量的高速存储器 Cache。Cache 容量小但速度快，内存速度较低但容量大，通过优化调度算法，系统的性能会大大改善，其存储系统容量与内存相当而访问速度近似 Cache。

（1）Cache 原理、命中率、失效率

使用 Cache 改善系统性能的主要依据是程序的局部性原理。通俗地说，就是一段时间内，执行的语句常集中于某个局部。而 Cache 正是通过将访问集中的内容放在速度更快的 Cache 上来提高性能的。引入 Cache 后，CPU 在需要数据时，先找 Cache，没找到再到内存中找。

如果 Cache 的访问命中率为 h（通常 1-h 就是 Cache 的失效率），而 Cache 的访问周期时间是 t1，主存储器的访问周期时间是 t2，则整个系统的平均访存时间就应该是：

$$t3 = h \times t1 + (1-h) \times t2$$

从公式可以看出，系统的平均访存时间与命中率有很密切的关系。灵活地应用这个公式，可以计算出所有情况下的平均访存时间。

例如：假设某流水线计算机主存的读/写时间为 100ns，有一个指令和数据合一的 Cache，已知该 Cache 的读/写时间为 10ns，取指令的命中率为 98%，取数据的命中率为 95%。在执行某类程序时，约有 1/5 指令需要存/取一个操作数。假设指令流水线在任何时候都不阻塞，则设置 Cache 后，每条指令的平均访存时间约为多少？其实这是应用公式的一道简单数学题：

（2%×100ns + 98%×10ns）+ 1/5×（5%×100ns + 95%×10ns）=14.7ns

（2）Cache 存储器的映射机制

分配给 Cache 的地址存放在一个相联存储器（CAM）中。CPU 发生访存请求时，会先让会先让 CAM 判断所要访问的字的地址是否在 Cache 中，如果命中就直接使用。这个判断的过程就是 Cache 地址映射，这个速度应该尽可能快。常见的映射方法有直接映射、全相联映射和组相联映射三种，其原理如图 1-3 所示。

① 直接映射：是一种多对一的映射关系，但一个主存块只能够拷贝到 Cache 的一个特定位置上去。Cache 的行号 i 和主存的块号 j 有函数关系：i=j%m（其中 m 为 Cache 总行数）。

例如，某 Cache 容量为 16KB（即可用 14 位表示），每行的大小为 16B（即可用 4 位表示），则说明其可分为 1024 行（可用 10 位表示）。主存地址的最低 4 位为 Cache 的行内地址，中间 10 位为 Cache 行号。如果内存地址为 1234E8F8H 的话，那么最后 4 位就是 1000（对应十六进制数的最后一位），而中间 10 位，则应从 E8F（111010001111）

中获取，得到 1010001111。

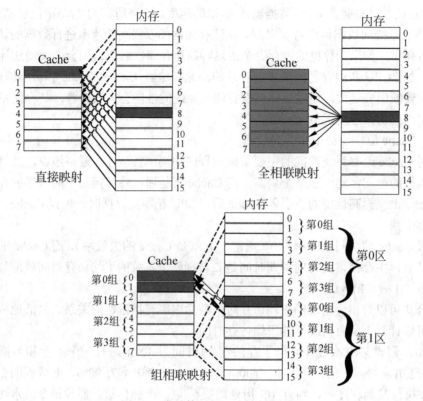

图 1-3　常见的 Cache 映射方法原理

② 全相联映射：将主存中一个块的地址与块的内容一起存于 Cache 的行中，任一主存块能映射到 Cache 中任意行（主存块的容量等于 Cache 行容量）。速度更快，但控制复杂。

③ 组相联映射：是前两种方式的折中方案。它将 Cache 中的块再分成组，然后通过直接映射方式决定组号，再通过全相联映射的方式决定 Cache 中的块号。

注意：在 Cache 映射中，主存和 Cache 存储器均分成容量相同的块。

例如，容量为 64 块的 Cache 采用组相联方式映射，字块大小为 128 个字，每 4 块为一组。若主存容量为 4096 块，且以字编址，那么主存地址应该为多少位？主存区号为多少位？这样的题目，首先根据主存块与 Cache 块的容量需一致，得出内存块也是 128 个字，因此共有 128×4096 个字，即 2^{19}（$2^7 \times 2^{12}$）个字，因此需 19 位主存地址；而内存需要分为 4096/64 块，即 26，因此主存区号需 6 位。

（3）Cache 淘汰算法。

当 Cache 数据已满，并且出现未命中情况时，就要淘汰一些老的数据，更新一些新的数据。选择淘汰什么数据的方法就是淘汰算法。常见的方法有三种：随机淘汰、先进先出（FIFO）淘汰（即淘汰最早调入 Cache 的数据）、最近最少使用（LRU）淘汰法。其中平均命中率最高的是 LRU 算法。

（4）Cache 存储器的写操作。

在使用 Cache 时，需要保证其数据与主存一致，因此在写 Cache 时就需要考虑与主存间的同步问题，通常使用以下三种方法：写直达（写 Cache 时，同时写主存）、写回（写 Cache 时不马上写主存，而是等其淘汰时回写）、标记法。

1.2 强化练习

试题 1

在 CPU 中，__(1)__ 可用于传送和暂存用户数据，为 ALU 执行算术逻辑运算提供工作区。

（1）A．程序计数器　　　　　　　　　B．累加寄存器
　　　C．程序状态寄存器　　　　　　　D．地址寄存器

试题 2

处理机主要由处理器、存储器和总线组成，总线包括__(2)__。

（2）A．数据总线、地址总线、控制总线
　　　B．并行总线、串行总线、逻辑总线
　　　C．单工总线、双工总线、外部总线
　　　D．逻辑总线、物理总线、内部总线

试题 3

以下关于复杂指令集计算机（Complex Instruction Set Computer，CISC）和精简指令集计算机 RISC（Reduced Instruction Set Computer，RISC）的叙述中，错误的是__(3)__。

（3）A．在 CISC 中，其复杂指令都采用硬布线逻辑来执行
　　　B．采用 CISC 技术的 CPU，其芯片设计复杂度更高
　　　C．在 RISC 中，更适合采用硬布线逻辑执行指令
　　　D．采用 RISC 技术，指令系统中的指令种类和寻址方式更少

试题 4

若用 8 位机器码表示十进制数–101，则原码表示的形式为__(4)__；补码表示的形式为__(5)__。

（4）A．11100101　　B．10011011　　C．11010101　　D．11100111
（5）A．11100101　　B．10011011　　C．11010101　　D．11100111

试题 5

某逻辑电路有两个输入分别为 X 和 Y，其输出端为 Z。当且仅当两个输入端 X 和 Y

同时为 0 时，输出 Z 才为 0，则该电路输出 Z 的逻辑表达式为_(6)_。

(6) A. $X \cdot Y$ B. $\overline{X \cdot Y}$ C. $X \oplus Y$ D. $X+Y$

试题 6

在进行定点原码乘法运算时，乘积的符号位是被乘数的符号位和乘数的符号位_(7)_运算来获得。

(7) A. 相或 B. 相与
    C. 相异或 D. 分别取反后再相或

试题 7

若操作数"00000101"与"00000101"执行逻辑_(8)_操作后运行结果是 00000000。

(8) A. 或 B. 与 C. 异或 D. 与非

试题 8

_(9)_是指按内容访问的存储器。

(9) A. 虚拟存储器 B. 相联存储器
    C. 顺序访问存储器 D. 随机访问存储器

试题 9

以下关于 Cache 的叙述中，正确的是_(10)_。

(10) A. 在容量确定的情况下，替换算法的时间复杂度是影响 Cache 命中率的关键因素
     B. Cache 的设计思想是在合理成本下提高命中率
     C. Cache 的设计目标是容量尽可能与主存容量相等
     D. CPU 中的 Cache 容量应大于 CPU 之外的 Cache 容量

试题 10

下列存储设备中，存取速度最快的是_(11)_。

(11) A. 主存 B. 辅存 C. 寄存器 D. 高速缓存

试题 11

某种部件使用在 10000 台计算机中，运行工作 1000 小时后，其中 20 台计算机的这种部件失效，则该部件千小时可靠度 R 为_(12)_。

(12) A. 0.990 B. 0.992 C. 0.996 D. 0.998

试题 12

两个部件的可靠度 R 均为 0.8，由这两个部件串联构成的系统的可靠度为_(13)_；由这两个部件并联构成的系统的可靠度为_(14)_。

(13) A. 0.8 B. 0.64 C. 0.90 D. 0.96
(14) A. 0.8 B. 0.64 C. 0.90 D. 0.96

试题 13

在 CPU 中用于跟踪指令地址的寄存器是_(15)_。

(15) A. 地址寄存器（MAR） B. 数据寄存器（MDR）
C. 程序计数器（PC） D. 指令寄存器（IR）

试题 14

计算机指令一般包括操作码和地址码两部分，为分析执行一条指令，其 (16) 。

(16) A. 操作码应存入指令寄存器（IR），地址码应存入程序计数器（PC）
B. 操作码应存入程序计数器（PC），地址码应存入指令寄存器（IR）
C. 操作码和地址码都应存入指令寄存器（IR）
D. 操作码和地址码都应存入程序计数器（PC）

试题 15

在计算机系统中采用总线结构，便于实现系统的积木化构造。同时可以 (17) 。

(17) A. 提高数据传输速度 B. 提高数据传输量
C. 减少信息传输线的数量 D. 减少指令系统的复杂性

试题 16

若每一条指令都可以分解为取指、分析和执行三步。已知取指时间 $t_{取指}=4\Delta t$，分析时间 $t_{分析}=3\Delta t$，执行时间 $t_{执行}=5\Delta t$。如果按串行方式执行完 100 条指令需要 (18) Δt。如果按照流水方式执行，执行完 100 条指令需要 (19) Δt。

(18) A. 1190 B. 1195 C. 1200 D. 1205
(19) A. 504 B. 507 C. 508 D. 510

试题 17

关于在 I/O 设备与主机间交换数据的叙述，(20) 是错误的。

(20) A. 中断方式下，CPU 需要执行程序来实现数据传送任务
B. 中断方式和 DMA 方式下，CPU 与 I/O 设备都可同步工作
C. 中断方式和 DMA 方式中，快速 I/O 设备更适合采用中断方式传递数据
D. 若同时接到 DMA 请求和中断请求，CPU 优先响应 DMA 请求

试题 18

某指令流水线由 5 段组成，第 1、3、5 段所需时间为 Δt，第 2、4 段所需时间分别为 $3\Delta t$、$2\Delta t$，如图 1-4 所示，那么连续输入 n 条指令时的吞吐率（单位时间内执行的指令个数）TP 为 (21) 。

图 1-4 指令流水线图

(21) A. n/[5×(3+2) Δt] B. n/[(3+3+2) Δt+3(n−1) Δt]
C. n/[(3+2) Δt+3(n−3) Δt] D. n/[(3+2) Δt+5×3Δt]

试题 19

下在输入输出控制方法中,采用__(22)__可以使得设备与主存间的数据块传送无需 CPU 干预。

(22) A. 程序控制输入输出　　　　　　B. 中断
　　　C. DMA　　　　　　　　　　　　D. 总线控制

试题 20

内存单元按字节编址,地址 0000A000H～0000BFFFH 共有 __(23)__ 个存储单元。

(23) A. 8192K　　　B. 1024K　　　C. 13K　　　D. 8K

试题 21

采用 Cache 技术可以提高计算机性能,__(24)__ 属于 Cache 的特征。

(24) A. 全部用软件实现
　　　B. 显著提高 CPU 数据输入输出的速率
　　　C. 可以显著提高计算机的主存容量
　　　D. 对程序员是不透明的

试题 22

虚拟存储器是为了使用户可运行比主存容量大得多的程序,它要在 __(25)__ 之间进行信息动态调度,这种调度是由操作系统和硬件两者配合来完成的。

(25) A. CPU 和 I/O 总线　　　　　　B. CPU 和主存
　　　C. 主存和辅存　　　　　　　　　D. BIOS 和主存

试题 23

若采用 8K×16bit 存储芯片构成 2M×16bit 的存储器需要 __(26)__ 片。

(26) A. 128　　　B. 256　　　C. 512　　　D. 不确定

试题 24

评价 CPU 性能一般有三个重要指标,其中 __(27)__ 不是重要的指标。

(27) A. CPU 功率　　　　　　　　　　B. 时钟频率
　　　C. 每条指令所花时钟周期数　　　D. 指令条数

试题 25

__(28)__ 是指一批处理对象采用顺序串行执行方式处理所需时间与采用流水执行方式处理所需时间的比值。

(28) A. 流水线加速比　　　　　　　　B. 流水线吞吐率
　　　C. 流水线效率　　　　　　　　　D. 流水线加速度

试题 26

若某计算机系统的 I/O 接口与主存采用统一编址,则输入输出操作是通过 __(29)__ 指令来完成的。

(29) A. 控制　　　B. 访存　　　C. 输入输出　　　D. 中断

试题 27

在程序的执行过程中,Cache 与主存的地址映像由 (30)。

(30) A. 程序员进行调度　　　　　　　　B. 操作系统进行管理
　　　C. 程序员和操作系统共同协调完成　D. 专门的硬件自动完成

试题 28

总线复用方式可以 (31)。

(31) A. 提高总线的传输带宽　　B. 增强总线的功能
　　　C. 提高 CPU 利用率　　　　D. 减少总线中信号线的数量

试题 29

指令系统中采用不同寻址方式的目的是 (32)。

(32) A. 提高从内存获取数据的速度　B. 提高从外存获取数据的速度
　　　C. 降低操作码的译码难度　　　D. 扩大寻址空间并提高编程灵活性

试题 30

若某计算机采用 8 位整数补码表示数据,则运算 (33) 将产生溢出。

(33) A. $-127+1$　　B. $-127-1$　　C. $127-1$　　D. $127+1$

1.3 习题解答

试题 1 分析

本题考查寄存器的类型和特点。

寄存器是 CPU 中的一个重要组成部分,它是 CPU 内部的临时存储单元。寄存器既可以用来存放数据和地址,也可以存放控制信息或 CPU 工作时的状态。在 CPU 中增加寄存器的数量,可以使 CPU 把执行程序时所需的数据尽可能地放在寄存器件中,从而减少访问内存的次数,提高其运行速度。但是,寄存器的数目也不能太多,除了增加成本外,由于寄存器地址编码增加也会相对增加指令的长度。CPU 中的寄存器通常分为存放数据的寄存器、存放地址的寄存器、存放控制信息的寄存器、存放状态信息的寄存器和其他寄存器等类型。

程序计数器用于存放指令的地址。当程序顺序执行时,每取出一条指令,PC 内容自动增加一个值,指向下一条要取的指令。当程序出现转移时,则将转移地址送入 PC,然后由 PC 指向新的程序地址。

程序状态寄存器用于记录运算中产生的标志信息,典型的标志为有进位标志位、0 标志位、符号标志位、溢出标志位和奇偶标志等。

地址寄存器包括程序计数器、堆栈指示器、变址寄存器和段地址寄存器等,用于记录各种内存地址。

累加寄存器是一个数据寄存器,在运算过程中暂时存放被操作数和中间运算结果,累加器不能用于长时间地保存一个数据。

试题 1 答案
　　（1）B

试题 2 分析
　　本题考查计算机系统总线和接口方面的基础知识。
　　广义地讲，任何连接两个以上电子元器件的导线都可以称为总线。通常可分为 4 类：
　　（1）芯片内总线。用于在集成电路芯片内部各部分的连接。
　　（2）元件级总线。用于一块电路板内各元器件的连接。
　　（3）内总线，又称系统总线。用于构成计算机各组成部分（CPU、内存和接口等）连接。
　　（4）外总线，又称通信总线。用计算机与外设或计算机与计算机的连接或通信。
　　连接处理机的处理器、存储器及其他部件的总线属于内总线，按总线上所传送的内容分为数据总线、地址总线和控制总线。

试题 2 答案
　　（2）A

试题 3 分析
　　本题考查指令系统和计算机体系结构基础知识。
　　复杂指令集计算机（Complex Instruction Set Computer，CISC）的基本思想是：进一步增强原有指令的功能，用更为复杂的新指令取代原先由软件子程序完成的功能，实现软件功能的硬件化，导致机器的指令系统越来越庞大而复杂。CISC 计算机一般所含有的指令数目至少 300 条以上，有的甚至超过 500 条。
　　精简指令集计算机（Reduced Instruction Set Computer，RISC）的基本思想是：通过减少指令总数和简化指令功能，降低硬件设计的复杂度，使指令能单周期执行，并通过优化编译提高指令的执行速度，采用硬布线控制逻辑优化编译程序。在 20 世纪 70 年代末开始兴起，导致机器的指令系统进一步精炼而简单。

试题 3 答案
　　（3）A

试题 4 分析
　　将最高为作符号位（0 表示正数，1 表示负数），其余各位代表数值本身的绝对值的表现形式称为原码表示。因此，-101 的原码是 11100101。
　　正数的补码与原码相同，负数的补码为该数的反码加 1。正数的反码与原码相同，负数的反码符号位为 1，其余各位为该数绝对值的原码按位取反。-101 的原码是 11100101，反码为 10011010，则其补码为 10011011。

试题 4 答案
　　（4）A　　（5）B

试题 5 分析

X·Y 表示逻辑与，其特点是只有两个或多个输入全部为 1 时，其结果才为 1，即两个输出相异时即为 0 时，其输出即为 0；

X+Y 表示逻辑或，其特点是两个或多个输出中只要有一个位 1，则结果为 1；只有当两个输出都为 0 时，其输出才为 0；

X⊕Y 表示逻辑异或，其特点是半加法。当 1 和 0 做异或运算时结果为 1，0 与 0 或者 1 与 1 作异或运算时，其结果为 0。

试题 5 答案

（6）D

试题 6 分析

根据原码 1 位乘法的法则，应当是被乘数的符号位和乘数的符号位相异或作为乘积的符号位。

试题 6 答案

（7）C

试题 7 分析

逻辑代数的三种最基本的运算为"与"、"或"、"非"运算。

"与"运算又称为逻辑乘，其运算符号常用 AND、∩、∧或·表示。设 A 和 B 为两个逻辑变量，当且仅当 A 和 B 的取值都为"真"时，A"与"B 的值为"真"；否则 A"与"B 的值为"假"。操作数"00000101"与"00000101"执行逻辑"与"后的结果为"00000101"。

"或"运算也称为逻辑加，其运算符号常用 OR、∪、∨或+表示。设 A 和 B 为两个逻辑变量，当且仅当 A 和 B 的取值都为"假"时，A"或"B 的值为"假"；否则 A"或"B 的值为"真"。操作数"00000101"与"00000101"执行逻辑或后的结果为"00000101"。

"非"运算也称为逻辑求反运算，常用表示对变量 A 的值求反。其运算规则很简单："真"的反为"假"，"假"的反为"真"。

"异或"运算又称为半加法运算，其运算符号常用 XOR 或表示。设 A 和 B 为两个逻辑变量，当且仅当 A、B 的值不同时，A"异或"B 为真。A"异或"B 的运算可由前三种基本运算表示，即。操作数"00000101"与"00000101"执逻辑"异或"后的结果为"00000000"。

"与非"运算指先对两个逻辑量求"与"，然后对结果在求"非"。操作数"00000101"与"00000101"执逻辑"与非"后的结果为"11111010"。

试题 7 答案

（8）C

试题 8 分析

本题考查计算机系统存储器方面的基础知识。

计算机系统的存储器按所处的位置可分为内存和外存。按构成存储器的材料，可分为磁存储器、半导体存储器和光存储器。按存储器的工作方式可分为读写存储器和只读存储器。按访问方式可分为按地址访问的存储器和按内容访问的存储器。按寻址方式可分为随机存储器、顺序存储器和直接存储器。

相联存储器是一种按内容访问的存储器。

试题 8 答案
（9）B

试题 9 分析
本题考查高速缓存基础知识。

Cache 是一个高速小容量的临时存储器，可以用高速的静态存储器（SRAM）芯片实现，可以集成到 CPU 芯片内部，或者设置在 CPU 与内存之间，用于存储 CPU 最经常访问的指令或者操作数据。Cache 的出现是基于两种因素：首先是由于 CPU 的速度和性能提高很快而主存速度较低且价格高，其次是程序执行的局部性特点。因此，才将速度比较快而容量有限的 SRAM 构成 Cache，目的在于尽可能发挥 CPU 的高速度。很显然，要尽可能发挥 CPU 的高速度，就必须用硬件实现其全部功能。

试题 9 答案
（10）B

试题 10 分析
计算机的存储器系统由分布在计算机各个不同部件的多种储设备组成，包括 CPU 内部的寄存器、用于控制单元的控制存储器、内部存储器（由处理器直接存取的存储器，又称为主存储器）、外部存储器（需要通过 I/O 系统与之交换数据，又称为辅助存储器）。他们之间的存取速度：内部存储器快于外部存储器、主存工作在 CPU 和外存之间，速度也是介于二者之间。而高速缓存是用来缓解主存和 CPU 速度不匹配的问题，速度介于二者之间。所以这几个存储器其存取速度由快至慢排列依次是：CPU 内部的寄存器、高速缓存（Cache）、主存（内存）、辅助存储器（外存）。

试题 10 答案
（11）C

试题 11 分析
（根据可靠度的定义，计算如下：

R=（10000−20）/10 000=0.998，即该部件的千小时可靠度为 0.998。

试题 11 答案
（12）D

试题 12 分析
串联的可靠度=R×R=0.64。

并行的可靠度=1−（1−R）×（1−R）=1−0.04=0.96。

系统可靠度计算：

并联系统：1−（1−R_1）×（1−R_2）。

串联系统：$R_1 \times R_2$（R 为单个系统的可靠度）。

试题 12 答案

（13）B　　（14）D

试题 13 分析

程序计数器中存放的是下一条指令的地址（可能是下一条指令的绝对地址，也可能是相对地址，即地址偏移量）。由于多数情况下，程序是顺序执行的，所以程序计算数器设计成能自动加 1 的装置。当出现转移指令时，需要重填程序计数器。

指令寄存器：中央处理器即将执行的操作码存在这里。

数据寄存器是存放操作数、运算结果和运算的中间结果，以减少访问存储器的次数，或者存放从存储器读取的数据以及写入存储器的数据的寄存器。

地址寄存器用来保存当前 CPU 所访问的内存单元的地址。由于在内存和 CPU 之间存在着操作速度上的差别，所以必须使用地址寄存器来保持地址信息，直到内存的读/写操作完成为止。

试题 13 答案

（15）C

试题 14 分析

这是一道基础概念题，考查 IR 以及 PC 等基本寄存器的作用。PC 用于存放 CPU 下一条要执行的指令地址，在顺序执行程序中当其内容送到地址总线后会自动加 1，指向下一条将要运行的指令地址；IR 用来保存当前正在执行的一条指令，而指令一般包括操作码和地址码两部分，因此这两部分均存放在 IR 中。

试题 14 答案

（16）C

试题 15 分析

采用总线结构的主要优点

总线是计算机中各部件相连的传输线，通过总线，各部件之间可以相互通信，而不是每两个部件之间相互直连，减少了计算机体系结构的设计成本，有利于新模块的扩展。

试题 15 答案

（17）C

试题 16 分析

顺序执行时，每条指令都需三步才能执行完，设有重叠。总的执行时间为：

(4+3+5)$\Delta t \times 100$)=1200Δt

流水线计算公式是：第一条指令顺序执行时间+（指令条数−1）×流水线周期

对于此题而言，关键在于取指时间为 4Δt，分析时间为 3Δt，而流水线周期都是 5，而实际完成取指只需 4Δt，分析只需要 3Δt 时间，所以采用流水线的耗时为：

（4+3+5）×(100−1)+5=507Δt。

试题 16 答案

（18）C　（19）B

试题 17 分析

本题考查 I/O 设备与主机间交换数据的方式和特点。

I/O 设备与主机间进行数据输入输出主要有直接程序控制方式、中断方式、DMA 方式和通道控制方式。

直接程序控制方式的主要特点是：CPU 直接通过 I/O 指令对 I/O 接口进行访问操作，主机与外设之间交换信息的每个步骤均在程序中表示出来，整个输入输出过程是由 CPU 执行程序来完成的。

中断方式的特点是：当阳接口准备好接收数据或向 CPU 传送数据时，就发出中断信号通知 CPU。对中断信号进行确认后，CPU 保存正在执行的程序的现场，转而执行提前设置好的 v0 中断服务程序，完成一次数据传送的处理。这样，CPU 就不需要主动查询外设的状态，在等待数据期间可以执行其他程序，从而提高了 CPU 的利用率。采用中断方式管理 I/O 设备，CPU 和外设可以并行地工作。

虽然中断方式可以提高 CPU 的利用率，能处理随机事件和实时任务，但一次中断处理过程需要经历保存现场、中断处理和恢复现场等阶段，需要执行若干条指令才能处理一次中断事件，因此这种方式无法满足高速的批量数据传送要求。

直接内存存取（Direct Memory Access，DMA）方式的基本思想是：通过硬件控制实现主存与 I/O 设备间的直接数据传送，数据的传送过程由 DMA 控制器（DMAC）进行控制，不需要 CPU 的干预。在 DMA 方式下，需要 CPU 启动传送过程，即向设备发出"传送一块数据"的命令。在传送过程结束时，DMAC 通过中断方式通知 CPU 进行一些后续处理工作。

DMA 方式简化了 CPU 对数据传送的控制，提高了主机与外设并行工作的程度，实现了快速外设和主存之间成批的数据传送，使系统的效率明显提高。

通道是一种专用控制器，它通过执行通道程序进行 I/O 操作的管理，为主机与 I/O 设备提供一种数据传输通道。用通道指令编制的程序存放在存储器中，当需要进行 I/O 操作时，CPU 只要按约定格式准备好命令和数据，然后启动通道即可；通道则执行相应的通道程序，完成所要求的操作。用通道程序也可完成较复杂的 I/O 管理和预处理，从而在很大程度上将主机从繁重的 I/O 管理工作中解脱出来，提高了系统的效率。

试题 17 答案

（20）C

试题 18 分析

本题考查计算机系统流水线方面的基础知识。

吞吐率和建立时间是使用流水线技术的两个重要指标。吞吐率是指单位时间里流水线处理机流出的结果数。对指令而言，就是单位时间里执行的指令数。流水线开始工作，须经过一定时间才能达到最大吞吐率，这就是建立时间。若 m 个子过程所用时间一样，均为 Δt_0，则建立时间 $T_0 = m\Delta t_0$。

本题目中，连续输入 n 条指令时，第 1 条指令需要的时间（1+3+1+2+1）Δt，之后，每隔 3Δt 便完成 1 条指令，即流水线一旦建立好，其吞吐率为最长子过程所需时间的倒数。综合 n 条指令的时间为（1+3+1+2+1）Δt+（n–1）×3Δt，因此吞吐率为

$$\frac{n}{(3+3+2)\Delta t+3(n-1)\Delta t}$$

试题 18 答案

（21）B

试题 19 分析

本题考查 CPU 中相关寄存器的基础知识。

计算机中主机与外设间进行数据传输的输入输出控制方法有程序控制方式、中断方式、DMA 等。

在程序控制方式下，由 CPU 执行程序控制数据的输入输出过程。

在中断方式下，外设准备好输入数据或接收数据时向 CPU 发出中断请求信号，CPU 若决定响应该请求，则暂停正在执行的任务，转而执行中断服务程序进行数据的输入输出处理，之后再回去执行原来被中断的任务。

在 DMA 方式下，CPU 只需向 DMA 控制器下达指令，让 DMA 控制器来处理数据的传送，数据传送完毕再把信息反馈给 CPU，这样就很大程度上减轻了 CPU 的负担，可以大大节省系统资源。

试题 19 答案

（22）C

试题 20 分析

主存储器（内存）采用的是随机存取方式，需对每个数据块进行编码，而在主存储器中，数据块是以 Word 为单位来标识的，即每个字一个地址，通常采用的是十六进制表示。例如，按字节编址，地址从 0000A000H～0000BFFFH，则表示有（0000BFFFH–0000A000H）+1 个字节，即 8KB。

试题 20 答案

（23）D

试题 21 分析

高速缓冲存储器（Cache）：在计算机存储系统的层次结构中，介于中央处理器和主存储器之间的高速小容量存储器。它和主存储器一起构成一级的存储器。高速缓冲存储器和主存储器之间信息的调度和传送是由硬件自动进行的。

Cache 的容量一般只有主存储器的几百分之一，但它的存取速度能与中央处理器相匹配。根据程序局部性原理，正在使用的主存储器某一单元邻近的那些单元将被用到的可能性很大。因而，当中央处理器存取主存储器某一单元时，计算机硬件就自动地将包括该单元在内的那一组单元内容调入高速缓冲存储器，中央处理器即将存取的主存储器单元很可能就在刚刚调入到高速缓冲存储器的那一组单元内。于是，中央处理器就可以直接对高速缓冲存储器进行存取。在整个处理过程中，如果中央处理器绝大多数存取主存储器的操作能为存取高速缓冲存储器所代替，计算机系统处理速度就能显著提高。

显然，Cache 可以显著提高 CPU 数据输入输出的速率。

试题 21 答案

（24）B

试题 22 分析

虚拟存储的作用：内存在计算机中的作用很大，电脑中所有运行的程序都需要经过内存来执行，如果执行的程序很大或很多，就会导致内存消耗殆尽。为了解决这个问题，Windows 中运用了虚拟内存技术，即拿出一部分硬盘空间来充当内存使用，当内存占用完时，电脑就会自动调用硬盘来充当内存，以缓解内存的紧张。

虚拟存储器要在主存（如内存）和辅存（如硬盘）之间进行信息动态调度。

试题 22 答案

（25）C

试题 23 分析

需要（2M/8K）×（16bit/16bit）=256 片。

试题 23 答案

（26）B

试题 24 分析

本题考查体系结构中重要公式 CPU 性能公式。CPU 性能公式为时钟频率、每条指令所花的时钟周期数（或者是每条指令平均）、指令条数。

试题 24 答案

（27）A

试题 25 分析

流水线加速比是指一批处理对象采用顺序串行执行方式处理所需时间与采用流水执行方式处理所需时间的比值。

试题 25 答案

（28）A

试题 26 分析

I/O 接口与主存采用统一编址，即将 I/O 设备的接口与主存单元一样看待，每个端口占用一个存储单元的地址，其实就是将主存的一部分划出来作为 I/O 地址空间。

访存指令是指访问内存的指令，显然，这里需要访问内存，才能找到相应的输入输出设备，一次需要使用访存指令。

而控制类指令通常是指程序控制类指令，用于控制程序流程改变的指令，包括条件转移指令、无条件转移指令、循环控制指令、程序调用和返回指令、中断指令等。

试题 26 答案

（29）B

试题 27 分析

Cache 与主存的地址映像需要专门的硬件自动完成，使用硬件来处理具有更高的转换速率。

试题 27 答案

（30）D

试题 28 分析

一个信号线传送不同信号，例如，地址总线和数据总线共用一组信号线。采用这种方式的目的是减少总线数量，提高总线的利用率。

试题 28 答案

（31）D

试题 29 分析

在指令系统中用来确定如何提供操作数或提供操作数地址的方式称为寻址方式，通过采用不同的寻址方式，能够达到缩短指令长度、扩大寻址空间和提高编程灵活性等目的。

试题 29 答案

（32）D

试题 30 分析

本题考查的是数据运算方面的基础知识。

对于有 n 位的整数补码，其取值范围是 $-2^{n-1} \sim 2^{n-1}-1$。即对于 8 位的整数补码，其有效取值范围是 $-2^7 \sim 2^7-1$，也就是 $-128 \sim 127$。D 答案中的 127+1 显然超过了这个取值范围，固然会产生溢出。

试题 30 答案

（33）D

第 2 章 操 作 系 统

从历年的考试试题来看，本章的考点在综合知识考试中的平均分数为 2.45 分，约为总分的 3.26%。主要分数集中在进程死锁/PV 操作、进程调度、操作系统文件结构这 3 个知识点上。

2.1 考点提炼

根据考试大纲，结合历年考试真题，希赛教育的软考专家认为，考生必须要掌握以下几个方面的内容：

1. 进程死锁和 PV 操作

在进程死锁和 PV 操作方面，涉及的考点有进程 PV 操作（重点）和进程死锁（重点）。

【考点 1】PV 操作

进程管理是考试中比较关注的一个知识点，考生需要掌握其相关概念和进程同步、互斥的知识。

（1）进程概述和进程状态

进程是一个程序关于某个数据集的一次运行。通俗的说，当打开了两个"QQ"时，其程序是一个，但创建了两个互不相关的进程。进程是运行中的程序，具有动态性和并发性的特点。进程也是系统资源分配、调度、管理的最小单位（现在操作系统中还引入了线程钟，即轻量级进程，它是处理器分配的最小单位）。

一个进程从创建而产生至撤销而消亡的整个生命周期，可以用一组状态加以刻画。为了便于管理进程，把进程划分为 3 种状态。亦即进程的运行态、就绪态、和阻塞态。

① 运行态：占有处理器时间，代表正在运行。
② 就绪态：具备运行条件，等待系统分配处理器以便运行。
③ 等待态（阻塞态）：不具备运行条件，正在等待某个事件的完成。

一个进程在创建后将处于就绪状态。在执行过程中，每个进程任一时刻当且仅当处于上述 3 种状态之一。同时，在一个进程执行过程中，它的状态将会发生改变。图 2-1 表示进程的状态转换。

运行状态的进程将由于出现等待事件而进入等待状态，当等待事件结束之后等待状态的进程将进入就绪状态，而处理器的调度策略又会引起运行状态和就绪状态之间的切换。引起进程状态转换的具体原因如下：

① 运行态→等待态：等待使用资源，如等待外设传输、等待人工干预。
② 等待态→就绪态：资源得到满足，如外设传输结束、人工干预完成。
③ 运行态→就绪态：运行时间片到，出现有更高优先权的进程。
④ 就绪态→运行态：CPU 空闲时选择一个就绪进程。

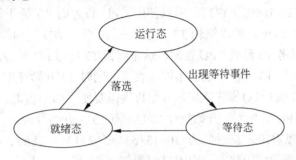

图 2-1　进程三态模型及其状态转换

在操作系统中通常使用进程控制块（PCB）来标记进程，因此从某种意义上来说进程由进程控制块、程序、数据构成。

理解这个基本概念之后更重要的是在此基础上的灵活运用。如在一个单 CPU 的计算机系统中采用抢占优先级的进程调度方案，所有任务可以并行使用 I/O 设备。现有 3 个任务 T1、T2、T3，其优先级分别为高、中、低。每个任务都需要先占用 CPU10ms，然后使用 I/O 设备 13ms，最后占用 CPU 5ms。如果操作系统的开销忽略不计，这 3 个任务从开始到全部结束的总时间是多少毫秒？CPU 的空闲时间共有多少毫秒？这个问题我们可以通过绘制进程执行状态图来解答，如图 2-2 所示。

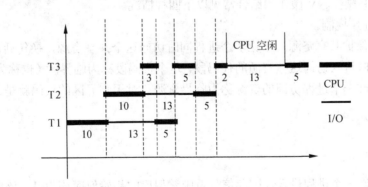

图 2-2　进程执行时空图

我们来对时空图 2-3 作解析，时空图的横轴表示系统运行时间，纵轴分别表示 T1～T3 任务。

① 由于任务 T1～T3 同时启动，且 T1 的优先级别高，所以最先使用 CPU 资源，而

其他进程只能处于等待状态。由于 T1 第一占用 CPU 需要 10ms，所以纵轴 T1 刻度上长 10 单位的横线用粗线表示。

② 10ms 后，任务 T1 释放 CPU 资源，这个时候 T1 使用 I/O 设备，时间需要 13ms，所以纵轴 T1 刻度上长 13 单位的横线用细线表示；同时由于这里有 T2、T3 任务还在抢占 CPU 的使用，T2 的优先级别高，所以使用 CPU 资源而 T3 处于等待状态，由于 T2 第一占用 CPU 需要 10ms，所以纵轴 T2 刻度上长 10 单位的横线用粗线表示。

③ 20ms 后，任务 T2 释放 CPU 资源，这个时候 T2 使用 I/O 设备，时间需要 13ms，所以纵轴 T2 刻度上长 13 单位的横线用细线表示；同时 T3 开始使用 CPU 资源。

④ 23ms 后，T1 执行 I/O 操作完毕，开始再次需要使用 CPU 资源，由于优先级别高，就剥夺了 T3 使用 CPU 的权力，开始执行 CPU。而 T3 又开始等待。

从时空图中可以看出，总时间为 10+13+5+5+5+2+13+5=58ms。在整个时间轴上，CPU 仅在倒数第二段为空闲状态，空闲时间为 13ms。

（2）信号量与 P、V 操作

在操作系统中，进程之间经常会存在互斥（都需要共享独占性资源时）和同步（完成异步的两个进程的协作）两种关系。为了有效地处理这两种情况，W.Dijkstra 在 1965 年提出信号量和 P、V 操作的概念。

信号量：是一种特殊的变量，表现形式是一个整型 S 和一个队列。

P 操作：也称为 down（）、wait（）操作，使 S=S−1，若 S<0，进程暂停执行，放入信号量的等待队列；

V 操作：也称为 up（）、signal（）操作，使 S=S+1，若 S≤0，唤醒等待队列中的一个进程。

信号量、P 操作、V 操作的结合常见以下四种情况。

① 完成互斥控制。

这也就是保护共享资源，不让多个进程同时访问这个共享资源，换句话说，就是阻止多个进程同时进入访问这些资源的代码段，这个代码段称为临界区（也称为管程），而这种一次仅允许一个进程访问的资源称为临界资源。对于临界区的代码就是：

P（信号量）
临界区
V（信号量）

由于只允许一个进程进入，因此信号量中整型值的初始值应该为 1。该值表示可以允许多少个进程进入。当该值<0 时，其绝对值就是等待使用的进程数，也就是等待队列中的进程数。而当一个进程从临界区出来时，就会将整型值加 1，如果等待队列中还有进程，则调入一个新的进程进入（唤醒）。

② 完成同步控制。

最简单的同步形式是：进程 A 在另一个进程 B 到达 L2 以前，不应前进到超过点 L1，这样就可以使用程序：

进程 A　　　进程 B
…　　　　　…
L1：P（信号量）　　L2：V（信号量）
…　　　　　…

因此要确保进程 B 执行 V 操作之前，不让进程 A 的运行超过 L1，信号量的初始值就应该为 0。这样，如果进程 A 先执行到 L1，那么执行 P 操作后，信号量的整型值就会小于 1，也就停止执行。直到进程 B 执行到 L2 时，将信号量的整型值减 1，并唤醒它以继续执行。

③ 生产者—消费者问题。

生产者—消费者是一个经典的问题，它不仅要解决生产者进程与消费者进程的同步关系，还要处理缓冲区的互斥关系，因此通常需要三个信号量来实现。其中，两个用来管理同步：empty 信号量（说明空闲的缓冲区数量，最早没有产生东西，因此其初始值应为缓冲区的最大数）和 full 信号量（说明已填充的缓冲区数量，其初始值应为 0）。另一个 mutex 信号量用来管理互斥，以保证同时只有一个进程在写缓冲区（因此其初始值应为 1，参见"互斥控制的实现"）。

```
生产者           消费者
loop            loop
…               …
生产一个产品；    P（full）；
P（empty）；     P（mutex）；
P（mutex）；     从缓冲区中取一个产品；
将新产品放入缓冲区； V（mutex）；
V（mutex）；     V（empty）；
V（full）；      使用产品；
…               …
Endloop         endloop
```

注：如果对缓冲区的读写无须进行互斥控制的话，那么就可以省去 mutex 信号量。

④ 阅读者和写入者问题。

假设有一个数据集被多个并行进程共享，其中有些进程只是读这个数据集，而有些进程则需要修改这个数据集的内容。这里存在着一个什么样的并发关系呢？阅读者相互不影响，但写入者则是互斥访问的。因此，解决这个问题的最简单的方法是：当没有写入者在访问共享数据集时，阅读者可以进入访问，否则必须等待。下面则是一个读者优先的解法（其中信号量 access 用来控制写入互斥；而信号量 rc 则用来控制 rc（读者统计值）的互斥访问。

```
阅读者            写入者
loop              loop
P（rc）           …
ReaderCount=ReaderCount+1;   P（access）;
if (ReaderCount==1)          修改数据;
P（access）; V（access）;
V（rc）; …
访问数据;         endloop
P（rc）;
ReaderCount=ReaderCount-1;
If （ReaderCount ==0）
V（access）;
V（rc）;
…
Endloop
```

⑤ 理解 P、V 操作。

信号量与 P、V 操作的概念比较抽象，在历年的考试中总是难倒许多考生，其实主要还是没有能够正确地理解信号量的含义。

信号量与 P、V 操作是用来解决并发问题的，而在并发问题中最重要的是互斥与同步两个关系，也就是说，只要有这两个关系存在，信号量就有用武之地。因此，在解题时，应该先从寻找互斥与同步关系开始。这个过程可以套用简单互斥、简单同步、生产者—消费者、阅读者—写入者问题。

一般来说，一个互斥或一个同步关系可以使用一个信号量来解决，但要注意经常会忽略一些隐藏的同步关系。例如，在生产者—消费者问题中，就有两个同步关系，一是判断是否还有足够的空间给生产者存放产物，另一个是判断是否有足够的内容让消费者使用。

信号量的初始值通常表示资源的可用数。而且对于初始值为 0 的信号量，通常会先做 V 操作。

在资源使用之前，将会使用 P 操作。在资源用完之后，将会使用 V 操作。在互斥关系中，P、V 操作是在一个进程中成对出现的。而在同步关系中，P、V 操作则一定是在两个进程甚至多个进程中成对出现的。

另外，值得一提的是，操作系统还提供了一些高级通信原语，如 Write/Read，Send/Receive 可以实现相同的功能，它们能够更好地补充 P、V 操作的不足，完成更多的功能。

【考点 2】进程死锁和银行家算法

进程管理是操作系统的核心,但如果设计不当,就会出现死锁的问题。如果一个进程在等待一个不可能发生的事,则进程就死锁了。而如果一个或多个进程产生死锁,就会造成系统死锁。

下面是造成系统死锁的四个必要条件。

① 互斥条件:即一个资源每次只能被一个进程使用,在操作系统中这是真实存在的情况。

② 保持和等待条件:有一个进程已获得了一些资源,但因请求其他资源被阻塞时,对已获得的资源保持不放。

③ 不可剥夺条件:有些系统资源是不可剥夺的,当某个进程已获得这种资源后,系统不能强行收回,只能由进程使用完时自己释放。

④ 环路等待条件:若干个进程形成环形链,每个都占用对方要申请的下一个资源。

对于这些内容,关键在于融会贯通地理解与应用,通常都会涉及到银行家算法。所谓银行家算法,是指在分配资源之前,先看清楚,如果资源分配下去后,是否会导致系统死锁。如果会死锁,则不分配,否则就分配。为了帮助考生更好地理解,下面,我们通过一个例子来说明银行家算法的应用。

假设系统中有三类互斥资源 R1、R2 和 R3,可用资源数分别是 9、8 和 5。在 T0 时刻系统中有 P1、P2、P3、P4 和 P5 五个进程,这些进程对资源的最大需求量和已分配资源数如表 2-1 所示。

表 2-1 进程对资源的最大需求量和分配资源数

资源 进程	最大需求量			已分配资源数		
	R1	R2	R3	R1	R2	R3
P1	6	5	2	1	2	1
P2	2	2	1	2	1	1
P3	8	0	1	2	1	0
P4	1	2	1	1	2	0
P5	3	4	4	1	1	3

进程按照 P1→P2→P4→P5→P3 序列执行,系统状态安全吗?如果按 P2→P4→P5→P1→P3 的序列呢?

在这个例子中,我们先看一下未分配的资源还有哪些?很明显,还有 2 个 R1 未分配,1 个 R2 未分配,而 R3 全部分配完毕。

按照 P1→P2→P4→P5→P3 的顺序执行:

首先执行 P1,这时由于其 R1、R2 和 R3 的资源数都未分配够,因而开始申请资源,得到还未分配的 2 个 R1、1 个 R2。但其资源仍不足(没有 R3 资源),从而进入阻塞状态,并且这时所有资源都已经分配完毕。因此,后续的进程都无法得到能够完成任务的资源,全部进入阻塞状态,形成死循环,死锁发生了。

如果按照 P2→P4→P5→P1→P3 的序列执行：

首先执行 P2，它还差 1 个 R2 资源，系统中还有 1 个未分配的 R2，因此满足其要求，能够顺利结束进程，释放出 2 个 R1、2 个 R2、1 个 R3。这时，未分配的资源就是：4 个 R1、2 个 R2、1 个 R3。然后执行 P4，它还差一个 R3，而系统中刚好有一个未分配的 R3，因此满足其要求，也能够顺利结束，并释放出其资源。因此，这时系统就有 5 个 R1、4 个 R2、1 个 R3。

根据这样的方式推下去，会发现按这种序列可以顺利地完成所有的进程，而不会出现死锁现象。从这个例子中，我们也可以体会到，死锁的 4 个条件是如何起作用的。只要打破任何一个条件，都不会产生死锁。

在了解了进程死锁和银行家算法之后，接下来我们了解下解决死锁的策略。

① 死锁预防："解铃还需系铃人"，随便破坏导致死锁的任意一个必要条件就可以预防死锁。例如：要求用户申请资源时一次性申请所需要的全部资源，这样就破坏了保持和等待条件。将资源分层，得到上一层资源后，才能够申请下一层资源，它破坏了环路等待条件。预防通常会降低系统的效率。

② 死锁避免：避免是指进程在每次申请资源时判断这些操作是否安全，典型算法是银行家算法。但这种算法会增加系统的开销。

③ 死锁检测：前两者是事前措施，而死锁的检测则是判断系统是否处于死锁状态，如果是，则执行死锁解除策略。

④ 死锁解除：这是与死锁检测结合使用的，它使用的方式就是剥夺。即将某进程所拥有的资源强行收回，分配给其他的进程。

2. 文件管理

在文件管理方面，涉及的考点有文件的组织结构（重点）。

【考点 3】文件的组织结构

文件控制块的集合称为文件目录，文件目录也被组织成文件，常称为目录文件。文件管理的一个重要方面是对文件目录进行组织和管理。文件系统一般采用一级目录结构、二级目录结构和多级目录结构。DOS、UNIX、Windows 系统都采用多级树型目录结构。

在多级树型目录结构中，整个文件系统有一个根，然后在根上分枝，任何一个分枝上都可以再分枝，枝上也可以长出树叶。根和枝称为目录或文件夹。而树叶则是一个个的文件。实践证明，这种结构的文件系统效率比较高。例如，如图 2-3 所示的就是一个树型目录结构，其中方框代表目录，圆形代表文件。

在树型目录结构中，树的根结点为根目录，数据文件作为树叶，其他所有目录均作为树的结点。系统在建立每一个目录时，都会自动为它设定两个目录文件，一个是"."，代表该目录自己；另一个是".."，代表该目录的父目录。对于根目录，"."和".."都代表其自己。

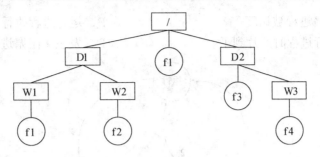

图 2-3 树型文件结构

从逻辑上讲,用户在登录到系统中之后,每时每刻都处在某个目录之中,此目录被称作工作目录或当前目录。工作目录是可以随时改变的。

对文件进行访问时,需要用到路径的概念。路径是指从树型目录中的某个目录层次到某个文件的一条道路。在树型目录结构中,从根目录到任何数据文件之间,只有一条唯一的通路,从树根开始,把全部目录文件名与数据文件名依次用"/"连接起来,构成该数据文件的路径名,且每个数据文件的路径名是唯一的。这样,可以解决文件重名问题,不同路径下的同名文件不一定是相同的文件。例如,在图 2-3 中,根目录下的文件 f1 和/D1/W1 目录下的文件 f1 可能是相同的文件,也可能是不相同的文件。

用户在对文件进行访问时,要给出文件所在的路径。路径又分相对路径和绝对路径。绝对路径是指从根目录开始的路径,也称为完全路径;相对路径是指从用户工作目录开始的路径。应该注意到,在树型目录结构中到某一确定文件的绝对路径和相对路径均只有一条。绝对路径是确定不变的,而相对路径则随着用户工作目录的变化而不断变化。

用户要访问一个文件时,可以通过路径名来引用。例如,在图 2-3 中,如果当前路径是 D1,则访问文件 f2 的绝对路径是/D1/W2/f2,相对路径是 W2/f2。如果当前路径是 W1,则访问文件 f2 的绝对路径仍然是/D1/W2/f2,但相对路径变为../W2/f2。

在 Windows 系统中,有两种格式的文件,分别是 FAT32(FAT16)文件和 NTFS 文件。NTFS 在使用中产生的磁盘碎片要比 FAT32 少,安全性也更高,而且支持单个文件的容量更大,超过了 4GB,特别适合现在的大容量存储。NTFS 可以支持的分区(如果采用动态磁盘则称为卷)大小可以达到 2TB。

2.2 强化练习

试题 1

某系统的进程状态转换如图 2-4 所示,图中 1、2、3、4 分别表示引起状态转换的不同原因,原因 4 表示 (1)。

（1）A．就绪进程被调度　　　　　　　　B．运行进程执行了 P 操作
　　　C．运行进程时间片到了　　　　　　D．发生了阻塞进程等待的事件

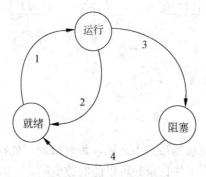

图 2-4　进程状态转换图

试题 2

NTFS 文件系统中要求用户可以创建新文件、修改文件内容，但不可以删除文件，则应采用的 NTFS 权限是 (2) 。

（2）A．完全控制　　　B．修改　　　C．改变　　　D．写

试题 3

不属于进程三种基本状态的是 (3) 。

（3）A．运行态　　　B．就绪态　　　C．后备态　　　D．阻塞态

试题 4

在计算机系统中，构成虚拟存储器 (4) 。

（4）A．既需要硬件也需要软件方可实现　　　B．只需要一定的软件即可实现
　　　C．只需要一定的硬件资源即可实现　　　D．既不需要软件也不需要硬件

试题 5

进程是操作系统中一个重要的概念，它是一个具有一定独立功能的程序在某个数据 (5) 。

（5）A．单独操作　　　B．关联操作　　　C．运行活动　　　D．并发活动

试题 6

若在系统中有若干个互斥资源 R，6 个并发进程中的每一个都需要两个资源 R，那么使系统不发生死锁 R 的最少数目为 (6) 。

（6）A．6　　　B．7　　　C．9　　　D．12

试题 7

进程是一个 (7) 的概念。

（7）A．静态　　　B．物理　　　C．逻辑　　　D．动态

试题 8

若文件系统允许不同用户的文件可以具有相同的文件名，则操作系统应采用 (8) 来实现。

(8) A．索引表　　　　B．索引文件　　　　C．指针　　　　D．多级目录

试题 9

操作系统是裸机上的第一层软件，其他系统软件（如 (9) 等）和应用软件都是建立在操作系统基础上的。图 2-5，①②③分别表示 (10)。

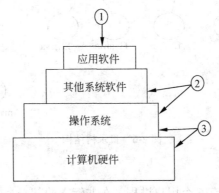

图 2-5　软件层次图

(9) A．编译程序、财务软件和数据库管理系统软件
　　B．汇编程序、编译程序和 Java 解释器
　　C．编译程序、数据库管理系统软件和汽车防盗程序
　　D．语言处理程序、办公管理软件和气象预报软件

(10) A．应用软件开发者、最终用户和系统软件开发者
　　 B．应用软件开发者、系统软件开发者和最终用户
　　 C．最终用户、系统软件开发者和应用软件开发者
　　 D．最终用户、应用软件开发者和系统软件开发者

试题 10

在操作系统文件管理中，通常采用 (11) 来组织和管理外存中的信息。

(11) A．字处理程序　　　　　　　　　B．设备驱动程序
　　 C．文件目录　　　　　　　　　　D．语言翻译程序

试题 11

若某文件系统的目录结构如图 2-6 所示，假设用户要访问文件 f1.java，且当前工作目录为 Program，则该文件的全文件名为 (12)。

(12) A．f1.java　　　　　　　　　　B．\Document\java-prog\f1.java
　　 C．D:\Program\java-prog\f1.java　　D．\Program\Java-prog\f1.java

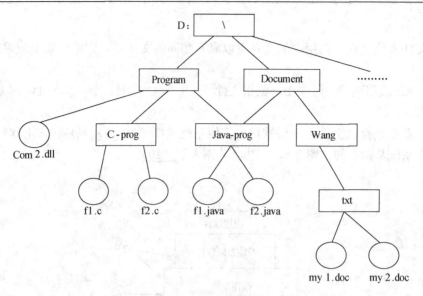

图 2-6 目录树结构

试题 12

在一个单处理机中若有 6 个用户进程,在非管态的某一个时刻处于就绪状态的用户进程最多有 (13) 个。

(13) A. 5　　　　　　B. 0　　　　　　C. 1　　　　　　D. 4

试题 13

以下不属于操作系统基本功能的是 (14)。

(14) A. 进程管理　　　B. 作业管理　　　C. 内部管理　　　D. 存储管理

试题 14

系统中有 R 类资源 m 个,现有 n 个进程互斥使用。若每个进程对 R 资源的最大需求为 w,那么当 m、n、w 取下表的值时,对于表 2-2 中的 a～e 五种情况, (15) 两种情况可能会发生死锁。

表 2-2　系统资源分配表

	a	b	c	d	e
m	2	2	2	4	4
n	1	2	2	3	3
w	2	1	2	2	3

(15) A. a 和 b　　　B. b 和 c　　　C. c 和 d　　　D. c 和 e

试题 15

进程 Pa 不断向管道写数据,进程 Pb 从管道中读取数据并加工处理,如图 2-7 所示。

如果采用 PV 操作来实现进程 Pa 和 Pb 的管道通信，并且保证这两个进程并发执行的正确性，则至少需要（16）。

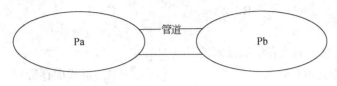

图 2-7　进程 Pa 和 Pb

（16）A．1 个信号量，信号量的初始值为 0
　　　B．2 个信号量，信号量的初始值为 0、1
　　　C．3 个信号量，信号量的初始值为 0、0、1
　　　D．4 个信号量，信号量的初始值为 0、0、1、1

试题 16

因争用资源产生死锁的必要条件是互斥、循环等待、不可抢占和（17）。
　　（17）A．请求与释放　　B．释放与等待　　C．释放与阻塞　　D．保持与等待

试题 17

页式虚拟存储系统的逻辑地址是由页号和页内地址两部分组成，地址变换过程如图 2-8 所示。假定页面的大小为 8KB，图中所示的十进制逻辑地址 9612 经过地址变换后，形成的物理地址 a 应为十进制（18）。

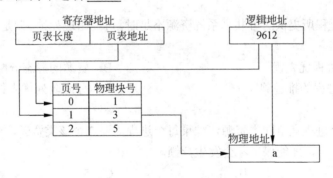

图 2-8　虚存地址变换图

（18）A．42380　　　　B．25996　　　　C．9612　　　　D．8192

试题 18

内存采用段式存储管理有许多优点，但（19）不是其优点。
　　（19）A．分段是信息逻辑单位，用户不可见
　　　　 B．各段程序的修改互不影响
　　　　 C．地址变换速度快、内存碎片少
　　　　 D．便于多道程序共享主存的某些段

试题 19

采用生产者和消费者方式解决同步和互斥时通常需要用 (20) 个信号量。

(20) A. 1　　　　　　B. 2　　　　　　C. 3　　　　　　D. 4

试题 20

以下不属于常见的虚存组织技术的是 (21)。

(21) A. 段式虚存管理　　　　　　B. 页式虚存管理
　　　C. 段页式虚存管理　　　　　D. 块式虚存管理

试题 21

设有 n 个进程使用同一个共享变量，如果最多允许 m（m<n）个进程同时进入相关临界区，则信号量的变化范围是 (22)。

(22) A. n, n–1, …, n–m
　　　B. m, m–1, …, 1, 0, –1, m–n
　　　C. m, m–1, …, 1, 0, –1, m–n–1
　　　D. m, m–1, …, 1, 0, –1, m–n+1

试题 22

在下列解决死锁的方法中，不属于死锁预防策略的是 (23)。

(23) A. 资源的有序分配法　　　　B. 资源的静态分配法
　　　C. 分配的资源可剥夺法　　　D. 银行家算法

试题 23

在为多个进程所提供的可共享系统资源不足时，可能出现死锁。但是，不适当的 (24) 也可能产生死锁。

(24) A. 进程优先权　　　　　　　B. 资源的静态分配法
　　　C. 进程的推进顺序　　　　　D. 分配队列优先权

试题 24

假设有三个进程竞争同类资源，如果每个进程需要 2 个该类资源，则至少需要提供该类资源 (25) 个，才能保证不会发生死锁。

(25) A. 3　　　　　　B. 4　　　　　　C. 5　　　　　　D. 6

试题 25

以下 (26) 不是影响缺页中断率的因素。

(26) A. 页面调度算法　　　　　　B. 分配给作业的主存块数
　　　C. 程序的编制方法　　　　　D. 存储管理方式

试题 26

通过硬件和软件的功能扩展，把原来的独占设备改造成能为若干用户共享的设备，这种设备被称为 (27) 设备。

(27) A. 用户　　　　B. 系统　　　　C. 虚拟　　　　D. 邻界

试题 27

文件的存取方法依赖于 (28)。

(28) A. 文件的物理结构　　　　　　　B. 存放文件的存储设备的特性
　　　C. A 和 B　　　　　　　　　　　D. 文件的逻辑结构

试题 28

下面关于二级目录的叙述中，错误的是 (29) 设备。

(29) A. 二级目录将文件的目录分为两级：一级是主目录，另一级是根目录
　　　B. 二级目录只有一个总目录和若干个子目录
　　　C. 总目录表的目的内容是子目录的名称、位置及大小。子目录表的目的内容是文件控制块信息
　　　D. 文件的用户名就是子目录名

试题 29

一台 PC 计算机系统启动时，首先执行 (30)。

(30) A. 主引导记录　　　　　　　　　B. 分区引导记录
　　　C. BIOS 引导程序　　　　　　　　D. 引导扇区

试题 30

虚拟存储管理系统的基础是程序的 (31) 理论。

(31) A. 全局性　　　B. 局部性　　　C. 时间全局性　　　D. 空间全局性

2.3 习题解答

试题 1 分析

本题考查的是计算机操作系统进程管理方面的基础知识。图中原因 1 是由于调度程序的调度引起，原因 2 是由于时间片用完引起，原因 3 是由于 I/O 请求引起。例如进程执行了 P 操作，由于申请的资源得不到满足进入阻塞队列。原因 4 是由于 I/O 完成引起的，例如某进程执行了 V 操作将信号量值减 1，若信号量的值小于，意味着有等待该资源的进程，将该进程从阻塞队列中唤醒使其进入就绪队列。正确答案是 C。

试题 1 答案

(1) D

试题 2 分析

此题考查的是 NTFS 权限。根据题干需求，赋予相应用户对该文件夹具有写权限即可。写就相当于可以实现创建新文件，修改文件内容，但是不能删除文件的权限组合。

试题 2 答案

(2) D

试题 3 分析

进程在运行中不断地改变其运行状态。通常，一个运行进程必须具有以下三种基本状态。

就绪（Ready）状态：当进程已分配到除 CPU 以外的所有必要的资源，只要获得处理机便可立即执行，这时的进程状态称为就绪状态。

执行（Running）状态：当进程已获得处理机，其程序正在处理机上执行，此时的进程状态称为执行状态。

阻塞（Blocked）状态：正在执行的进程，由于等待某个事件发生而无法执行时，便放弃处理机而处于阻塞状态。引起进程阻塞的事件可有多种，例如，等待 I/O 完成、申请缓冲区不能满足、等待信件（信号）等。

试题 3 答案

（3）C

试题 4 分析

本题考查虚拟存储的构成。

虚拟存储器是操作系统自动实现存储信息调度和管理的，但需要有硬件资源的配合实现。

主存的特点是速度快但容量小，CPU 可直访问。外存的特点的容量大和速度慢，CPU 不能直接访问。用户的程序和数据通常放在外存中。因此需要经常在主与外存间取来送去。由用户来干预调度很不方便。虚拟存储器用来解决这个矛盾，使用户感到他可以直接访问整个内外存空间，而不需要用户干预。因此容量很大的速度较快的外存储器（硬磁盘）成为虚拟存储器主要组成部分。

虚拟储存器中硬盘中的数据和主存中的数据的调度方法与高速缓存 Cache 的调度方法类似。即把经常访问的数据调入告诉主存中保存。不需要的数据用一定的替代算法再送回硬盘中。这些调入调出的操作都是由虚拟存储器自动完成的。

综上所述，构成虚拟存储器既需要硬件也需要软件。

试题 4 答案

（4）A

试题 5 分析

进程是操作系统中最基本的并行单位、资源分配单位和调度单位，通常可分为用户进程和系统进程。前者控制用户作业的运行，后者完成系统内部分工的管理工作。进程也是一个具有一定独立功能的程序在某个数据集合上的一次运行，其中可能要设计多个程序，而一个程序的运行过程总可能有若干进程依次或并行活动。

试题 5 答案

（5）C

试题 6 分析

本题要求限制进程申请的资源数来确保系统的安全。若要使系统不发生死锁，则应保证系统处于"安全状态"。亦即要保证所有的进程能在有限的时间中得到所需的资源。我们可以假设允许每个进程最多可以申请 x 个资源（1≤x≤m），那么最坏的情况是每个进程都已得到（x–1）个资源。现均要申请最后一个资源，因而只要系统至少还有一个资源又可供其他进程使用，所以不可能发生死锁。也就是说，只要不等式 n（x–1）+1≤m 成立，则系统一定不会发生死锁（n 表示进程数，m 表示需要的资源数）。

结合题干的描述，现有 6 个并发进程，假设每个进程最多可以申请两个资源，为保证系统不发生死锁，应该使不等式 6×（2–1）+1≤m。

解上述不等式即可知道 m≥7 时，系统才不会出现死锁的现象。

试题 6 答案

（6）B

试题 7 分析

进程是一个动态的概念，程序是一个静态的概念。程序是指令的有序集合，没有任何执行的含义。进程则强调过程，他被动态创建，并在调度执行后消亡。程序好比是曲谱，而进程就想是按照曲谱演奏的音乐。

试题 7 答案

（7）D

试题 8 分析

文件系统把所有文件的文件目录放在一个特殊的文件中，这个全部由文件目录项组成的文件成为"目录文件"，它为文件管理提供了重要的依据。目前常用的目录机构形式有单级和多级目录。由于所有文件都在一个目录文件中，则对所有系统中文件数增多时查找时间也相应增大，使搜索速度减慢。如果文件重名，对使用文件会造成影响。因此单级目录结构只适合于较小的文件系统。多级目录也称为"树型目录结构"，其中将第一级作为系统根目录，称为"目录树的根节点"。其他各级中的目录都是这个目录树的分支节点，统称"子目录"。多级目录很好的解决了文件重名的问题。

试题 8 答案

（9）D

试题 9 分析

本题考查操作系统基本概念。

财务软件、汽车防盗程序、办公管理软件和气象预报软件都属于应用软件，而选项 A、C 和 D 中含有这些软件。选项 B 中汇编程序、编译程序和数据库管理系统软件都属于系统软件。

计算机系统由硬件和软件两部分组成。通常把未配置软件的计算机称为裸机，直接使用裸机不仅不方便，而且将严重降低工作效率和机器的利用率。操作系统（Operating System）的目的是为了填补人与机器之间的鸿沟，即建立用户与计算机之间的接口而为裸机配置的一种系统软件。由下图可以看出，操作系统是裸机上的第一层软件，是对硬件系统功能的首次扩充。它在计算机系统中占据重要而特殊的地位，所有其他软件，如编辑程序、汇编程序、编译程序和数据库管理系统等系统软件，以及大量的应用软件都在操作系统基础上的，并得到它的支持和取得它的服务。从用户角度看，当计算机配置了操作系统后，用户不再直接使用计算机系统硬件，而是利用操作系统所提供的命令和服务去操纵计算机，操作系统已成为现代计算机系统中必不可少的最重要的系统软件，因此把操作系统看作是用户与计算机之间的接口。因此，操作系统紧贴系统硬件之上，所有其他软件之下（是其他软件的共同环境）。

试题 9 答案

（9）B　　（10）D

试题 10 分析

本题考查的是操作系统文件管理方面的基础知识。

存放在磁盘空间上的各类文件必须进行编目，操作系统才能实现文件的管理，这与图书馆中的藏书需要编目录、一本书需要分章节是类似的。用户总是希望能"按名存取"文件中的信息。为此，文件系统必须为每一个文件建立目录项，即为每个文件设置用于描述和控制文件的数据结构，记载该文件的基本信息，如文件名、文件存放的位置、文件的物理结构等。这个数据结构称为文件控制块 FCB，文件控制块的有序集合称为文件目录。

试题 10 答案

（11）C

试题 11 分析

Windows 操作系统中的文件目录结构：

在对数据文件进行操作时，一般要用盘符指出被操作的文件或目录在哪一磁盘。盘符也称驱动器名。

文件是按一定格式建立在外存储介质上的一组相关信息的集合。计算机中的文件，一般上存储在磁盘、光盘或磁带中，如果没有特殊说明，我们认为文件上存储在磁盘上的，称为磁盘文件。每一个文件必须有一个名字，称为文件名。

文件目录，即 Windows 操作系统中的文件夹。为了实现对文件的统一管理，同时又方便用户，操作系统采用树状结构的目录来实现对磁盘上所有文件的组织和管理。根目录用"\"表示，从根目录或当前目录至所要找的文件或目录所需要经过的全部子目录的顺序组合。

绝对路径指的是从根目录开始到目标文件或目录的一条路径。所以 f1.java 文件的绝对路径是"D:\Program\java-prog\f1.java"。

试题 11 答案

（12）C

试题 12 分析

在一个单处理机中处理器只有一个，非管态（即用户进程执行状态）的某一时刻处于运行状态的进程至少且最多只有一个；处于就绪或阻塞状态的进程可能有多个，这样处于就绪态的进程数最多只能是进程总数减 1。如果出了运行态的一个进程外，其余进程均处于阻塞态，则就绪态的进程个数为 0。

试题 12 答案

（13）A

试题 13 分析

操作系统提供了 5 个方面的功能：进程管理、文件管理、存储管理、设备管理和作业管理。处理机管理是对处理机的执行"时间"进行管理。通过进程管理协调多道程序之间的关系，解决对处理器实施分配调度策略、进行分配和进行回收等问题，以使 CPU 资源得到最充分的利用。文件管理主要包括存储分配与回收、存储保护、地址映射和主存扩充。存储管理是对主存储器"空间"进行管理。设备管理是对硬件设备的管理，设备管理不仅涵盖了进行实际 I/O 操作的设备，还涵盖了例如设备控制器、通道等输入输出支持设备。作业管理包括任务、界面管理、人机交互、语音控制等。

试题 13 答案

（14）C

试题 14 分析

本题考查对操作系统死锁方面基本知识掌握的程度。系统中同类资源分配不当会引起死锁。一般情况下，若系统中有 m 个单位的存储器资源，它被 n 个进程使用，当每个进程都要求 w 个单位的存储器资源，当 m>nw 时，可能会引起死锁。

（1）情况 a：m=2，n=1，w=2，系统中有 2 个资源，1 个进程使用，该进程最多要求 2 个资源，所以不会发生死锁。

（2）情况 b：m=2，n=2，w=1，系统中有 2 个资源，2 个进程使用，每个进程最多要求 1 个资源，所以不会发生死锁。

（3）情况 c：m=2，n=2，w=2，系统中有 2 个资源，2 个进程使用，每个进程最多要求 2 个资源，此时，采用的分配策略是轮流地为每个进程分配，则第一轮系统先为每个进程分配 1 个，此时，系统中已无可供分配的资源，使得各个进程都处于等待状态导致系统发生死锁。

（4）情况 d：m=4，n=3，w=2，系统中有 4 个资源，3 个进程使用，每个进程最多要求 2 个资源，此时，采用的分配策略是轮流地为每个进程分配，则第一轮系统先为每个进程分配 1 个资源，此时，系统中还剩 1 个资源，可以使其中的一个进程得到所需资源并运行完毕，所以不会发生死锁。

（5）情况 e：m=4，n=3，w=3，系统中有 4 个资源，3 个进程使用，每个进程最多要求 3 个资源，此时，采用的分配策略是轮流地为每个进程分配，则第一轮系统先为每个进程分配 1 个，第二轮系统先为一个进程分配 1 个，此时，系统中已无可供分配的资源，使得各个进程都处于等待状态导致系统发生死锁。

试题 14 答案

(15) D

试题 15 分析

这是一个典型的生产者和消费者问题。其中进程 Pa 和 Pb 分别为生产者和消费者，管道为临界区。我们的程序应该设置一个同步信号量，为 1 时说明管道已满拒绝 Pa 再写入数据；为 0 时说明管道为空拒绝 Pb 再读出数据。管道初始是没有数据的，所以初始值为 0（特例情况即管道的大小为 1 个单位）。程序还需要 1 个互斥信号量来保证程序只有一个进程访问管道，其初始值为 1。

试题 15 答案

(16) B

试题 16 分析

本题主要考查进程管理中有关死锁的知识点。当有多个任务竞争同样的两个或多个临界资源时会出现死锁，产生死锁的必要条件是互斥、不可抢占、保持与等待、循环等待。

试题 16 答案

(17) D

试题 17 分析

本题考查页式存储管理中的地址变换知识。在页式存储管理中，有效地址除页的大小，取整为页号，取余为页内地址。本题页面的大小为 8KB，有效地址 9612 除 8192，取整为 1，取余为 1420。我们先查页表得物理块号 3，因此有效地址 a 为 8192×3+1420=25 996。

试题 17 答案

(18) B

试题 18 分析

本题考查操作系统内存管理方面的基本概念。操作系统内存管理方案有许多种，其中，分页存储管理系统中的每一页只是存放信息的物理单位，其本身没有完整的意义，因而不便于实现信息的共享，而段却是信息的逻辑单位，各段程序的修改互不影响，无内碎片，有利于信息的共享。

试题 18 答案

(19) C

试题 19 分析

当采用生产者与消费者方式解决同步和互斥时通常需要两个私用信号量，即 empty 和 full，以及一个公用信号量 mutex。其中 empty 表示空缓区数目的信号量。full 是表示满缓冲区数目的信号量。mutex 是对临界缓冲区进行操作的互斥信号量。

试题 19 答案

（20）C

试题 20 分析

本题考查虚存管理方面的基础知识。

虚存管理中最常见的虚存组织有分段技术、分页技术、段页式技术 3 种，但没有块式虚存管理。

试题 20 答案

（21）D

试题 21 分析

由题意可知，信号量有如下几种状态：

m：没有进程进入到临界区，可以允许 m 个进程进入。

m–1：有一个进程进入到临界区，还可以允许 m–1 个进入。

………

0：有 m 个进程进入到临界区，不允许任何进程进入，但暂时没有资源等待。

–1：临界区已经被占满，而且已经有一个进程进入到等待队列中。

–（n–m）=m–n：最坏的情况，临界区已满，且剩下的进程全部进入到等待队列。

试题 21 答案

（22）B

试题 22 分析

死锁的预防就是打破形成死锁的任一必要条件（资源互斥条件、不可剥夺条件、保持且等待条件、环路等待条件）。在该题中，A、B 选项使其分别不满足保持且等待条件、环路等待条件。C 答案使其打破不可剥夺条件，而 D 选项中的银行家算法属于死锁避免的范围，而非死锁预防策略的范畴。

试题 22 答案

（23）D

试题 23 分析

产生死锁的基本原因是系统提供的资源数量有限，而资源分配不当和进程推进顺序等非法操作也可能造成死锁。

试题 23 答案

（24）C

试题 24 分析

首先可以使用逆向思维进行思考：三个进程，每个进程需要 2 个同类资源，那么总共需要多少个资源呢？有以下几种情况。

（1）资源总数为 1，则不管哪个进程占用该资源，都会导致无条件死锁。

（2）资源总数为 2，可分为两种情况：一个资源占用 2 个该资源，知道它执行完毕后释放,由另一个进程同时占用2个资源,最后由第三个进程使用,这样不会导致死锁;另一种情况是两个资源不为某一进程独占,则也会导致死锁,我们称这种状态是不安全的。

(3)资源总数为3,与(2)中的情况一样,也是不安全的。

(4)资源总数为4,无论资源如何分配,都不会导致死锁。

用公式可以总结如下:

资源总数(安全的)=进程数×(每个进程所需资源数–1)+1

因此,正确答案应该是4个,答案为B。

试题 24 答案

(25) B

试题 25 分析

影响缺页中断率的因素有四个:

(1)分配给作业的主存块数的多少。多则越页中断率低,反之缺页中断率高。

(2)页面大小。页面大,缺页中断率低。页面小,缺页中断率高。

(3)程序编制方法。以数组运算为例,如果每一行元素存放在一页中,则当按行处理各元素时缺页中断率低。当按列处理各元素时,缺页中断率高。

(4)页面调度算法。页面调度算法对缺页中断率影响很大,但不可能找到一种最佳的算法。

试题 25 答案

(26) D

试题 26 分析

SPOOLing 技术是外围设备联机并行操作,是一种速度匹配技术,也是一种虚拟设备技术。这种技术科使得独占的设备变成可共享的设备,使得设备的利用率和系统效率都能够得到提高。此技术用一种物理设备模拟另一类物理设备,是个作业在执行期间只使用虚拟的设备,而不直接使用物理的独占设备。

试题 26 答案

(27) C

试题 27 分析

这是一道基本知识题。文件的存取方法依赖于文件的物理结构和存放文件的存储设备特性。

试题 27 答案

(28) C

试题 28 分析

二级目录将文件的目录分为两级。一级是主目录,另一级是根目录。二级目录只有一个总目录和若干个子目录,文件的用户名就是子目录名。总目录表的内容是子目录的名称、位置、大小，子目录表中的内容是其下子对象的名称、位置、大小等信息。

试题 28 答案

（29）C

试题 29 分析

PC 启动时，首先要坐的就是执行 BIOS 引导程序。而系统 BIOS 的启动代码首先要做的事情就是进行 POST（Power On Self Test，加电自检）。POST 的主要任务是检测系统中的一些关键设备是否存在和能否正常工作，如内存和显卡等。

试题 29 答案

（30）C

试题 30 分析

能够实现虚拟存储依据的是程序的局部性原理。亦即程序的时间局部性和空间局部性。时间局部性是指一旦一个指令被执行了，则在不就得将来它可能被再次执行。空间局部性是指一旦一个指令的一个存储单元被访问，那么它附近的单元将很快被访问。程序的局部性原理是虚拟存储技术引入的前提。

试题 30 答案

（31）B

第 3 章 计算机系统开发基础

从历年的考试试题来看，本章的考点在综合知识考试中的平均分数为 3.5 分，约为总分的 5%。考试试题分数主要集中在系统开发模型、软件测试、项目管理基础知识这 3 个知识点上。

3.1 考点提炼

根据考试大纲，结合历年考试真题，希赛教育的软考专家认为，考生必须要掌握以下几个方面的内容：

1. 系统开发模型

在系统开发模型方面，涉及的考点有各种生命周期模型（**重点**）。其中瀑布模型、原型化方法、演化模型、增量模型、螺旋模型、喷泉模型、V 模型是需要重点掌握的。

【考点 1】常见生命周期模型

以下是对一些主要的开发模型和方法进行简单的介绍。

① 瀑布模型

瀑布模型也称为生命周期法，是生命周期法中最常用的开发模型，它把软件开发的过程分为软件计划、需求分析、软件设计、程序编码、软件测试和运行维护 6 个阶段，规定了它们自上而下、相互衔接的固定次序，如同瀑布流水，逐级下落。采用瀑布模型的软件过程如图 3-1 所示。

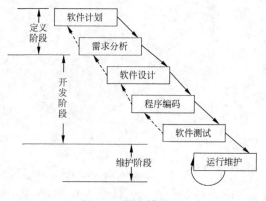

图 3-1 瀑布模型图

a. 软件计划（问题的定义及规划）：主要确定软件的开发目标及其可行性。

b. 需求分析：在确定软件开发可行的情况下，对软件需要实现的各个功能进行详细分析。需求分析阶段是一个很重要的阶段，这一阶段做得好，将为整个软件开发项目的成功打下良好的基础。

c. 软件设计：主要根据需求分析的结果，对整个软件系统进行设计，如系统框架设计、数据库设计等。软件设计一般分为总体设计（概要设计）和详细设计。

d. 程序编码：将软件设计的结果转换成计算机可运行的程序代码。在程序编写中必须要制定统一、符合标准的编写规范，以保证程序的可读性、易维护性，提高程序的运行效率。

e. 软件测试：在软件设计完成后要经过严密的测试，以发现软件在整个设计过程中存在的问题并加以纠正。在测试过程中需要建立详细的测试计划并严格按照测试计划进行测试，以减少测试的随意性。

f. 运行维护：运行维护是软件生命周期中持续时间最长的阶段。

瀑布模型是最早出现的软件开发模型，在软件工程中占有重要的地位，它提供了软件开发的基本框架。瀑布模型的本质是"一次通过"，即每个活动只做一次，最后得到软件产品，也称做"线性顺序模型"或者"传统生命周期"，其过程是从上一项活动接收该项活动的工作对象作为输入，利用这一输入实施该项活动应完成的内容，给出该项活动的工作成果，作为输出传给下一项活动；对该项活动实施的工作进行评审，若其工作得到确认，则继续下一项活动，否则返回前项，甚至更前项的活动进行返工。

瀑布模型有利于大型软件开发过程中人员的组织与管理，有利于软件开发方法和工具的研究与使用，从而提高了大型软件项目开发的质量和效率。然而软件开发的实践表明，上述各项活动之间并非完全是自上而下的，而是呈线性图式，因此，瀑布模型存在严重的缺陷。

a. 由于开发模型呈线性，所以当开发成果尚未经过测试时，用户无法看到软件的效果。这样，软件与用户见面的时间间隔较长，也增加了一定的风险。

b. 在软件开发前期未发现的错误传到后面的开发活动中时，可能会扩散，进而可能会导致整个软件项目开发失败。

c. 在软件需求分析阶段，完全确定用户的所有需求是比较困难的，甚至可以说是不太可能的。

② 快速原型模型

快速原型模型是通过迅速建造一个软件原型，来理解和澄清问题，使开发人员与用户达成共识，最终在确定的客户需求基础上开发客户满意的软件产品。快速原型模型适用于需求不明确的项目。

③ 演化模型

演化模型（变换模型）是在快速开发一个原型的基础上，根据用户在调用原型的过程中提出的反馈意见和建议，对原型进行改进，获得原型的新版本，重复这一过程，直到演化成最终的软件产品。

④ 螺旋模型

螺旋模型将瀑布模型和变换模型相结合,它综合了两者的优点,并增加了风险分析。它以原型为基础,沿着螺线自内向外旋转,每旋转一圈都要经过制订计划、风险分析、实施工程、客户评价等活动,并开发原型的一个新版本。经过若干次螺旋上升的过程,得到最终的系统,如图 3-2 所示。

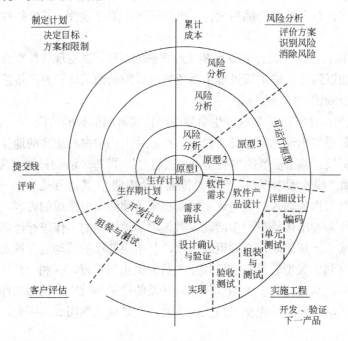

图 3-2 螺旋模型图

⑤ 喷泉模型

喷泉模型对软件复用和生命周期中多项开发活动的集成提供了支持,主要支持面向对象的开发方法。"喷泉"一词本身体现了迭代和无间隙特性。系统某个部分常常重复工作多次,相关功能在每次迭代中随之加入演进的系统。所谓无间隙是指在开发活动中,分析、设计和编码之间不存在明显的边界,如图 3-3 所示。

⑥ 智能模型

智能模型是基于知识的软件开发模型,它综合了上述若干模型,并把专家系统结合在一起。该模型应用基于规则的系统,采用归约和推理机制,帮助软件人员完成开发工作,并使维护在系统规格说明一级进行。

⑦ V 模型

在开发模型中,测试常常作为亡羊补牢的事后行为,但也有以测试为中心的开发模型,那就是 V 模型。V 模型只得到软件业内比较模糊的认可。V 模型宣称测试并不是一个事后弥补行为,而是一个同开发过程同样重要的过程,如图 3-4 所示。

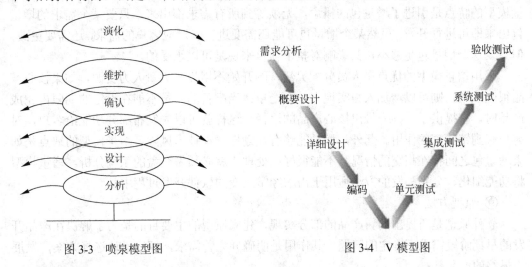

图 3-3　喷泉模型图　　　　　　　　图 3-4　V 模型图

V 模型描述了一些不同的测试级别,并说明了这些级别所对应的生命周期中不同的阶段。在图 3-4 中,左边下降的是开发过程各阶段,与此相对应的是右边上升的部分,即测试过程的各个阶段。请注意在不同的组织中,对测试阶段的命名可能有所不同。

V 模型的价值在于它非常明确地标明了测试过程中存在的不同级别,并且清楚地描述了这些测试阶段和开发过程期间各阶段的对应关系。

a. 单元测试的主要目的是针对编码过程中可能存在的各种错误。例如,用户输入验证过程中边界值的错误。

b. 集成测试的主要目的是针对详细设计中可能存在的问题,尤其是检查各单元与其他程序部分之间的接口上可能存在的错误。

c. 系统测试主要针对概要设计,检查系统作为一个整体是否有效地得到运行。例如,在产品设置中是否达到了预期的高性能。

d. 验收测试通常由业务专家或用户进行,以确认产品能真正符合用户业务上的需要。

⑧ 增量模型

增量模型融合了瀑布模型的基本成分(重复的应用)和原型实现的迭代特征。增量模型采用随着时间的进展而交错的线性序列,每一个线性序列产生软件的一个可发布的"增量"。当使用增量模型时,第一个增量往往是核心的产品,也就是说,第一个增量实现了基本的需求,但很多补充的特征还没有发布。客户对每一个增量的使用和评估,都作为下一个增量发布的新特征和功能。这个过程在每一个增量发布后不断重复,直到产生最终的完善产品。增量模型强调每一个增量均发布一个可操作的产品。

增量模型像原型实现模型和其他演化方法一样,本质上是迭代的。但与原型实现不同的是，增量模型强调每一个增量均发布一个可操作产品。早期的增量是最终产品的"可拆卸"版本，但它们确实提供了为用户服务的功能，并且提供了给用户评估的平台。增量模型的特点是引进了增量包的概念，无须等到所有需求都出来，只要某个需求的增量包出来即可进行开发。虽然某个增量包可能还需要进一步适应客户的需求，还需要更改，但只要这个增量包足够小，其影响对整个项目来说是可以承受的。

采用增量模型的优点是人员分配灵活，刚开始不用投入大量人力资源，如果核心产品很受欢迎，则可以增加人力实现下一个增量；当配备的人员不能在设定的期限内完成产品时，它提供了一种先推出核心产品的途径，这样就可以先发布部分功能给客户，对客户起到镇静剂的作用。此外，增量能够有计划地管理技术风险。增量模型的缺点是如果增量包之间存在相交的情况且不能很好地处理，就必须做全盘的系统分析。增量模型将功能细化、分别开发的方法适用于需求经常改变的软件开发过程中。

⑨ 原型方法

软件原型是所提出的新产品的部分实现，建立原型的主要目的是为了解决在产品开发的早期阶段需求不确定的问题，其作用是明确并完善需求，探索设计选择方案，发展为最终的产品。

原型有很多种分类方法。从原型是否实现功能来分，软件原型可分为水平原型和垂直原型两种。水平原型也称为行为原型，用来探索预期系统的一些特定行为，并达到细化需求的目的。水平原型通常只是功能的导航，但并未真实实现功能。水平原型主要用在界面上。垂直原型也称为结构化原型，实现了一部分功能。垂直原型主要用在复杂的算法实现上。

从原型的最终结果来分，软件原型可分为抛弃型原型和演化型原型。抛弃型原型也称为探索型原型，是指达到预期目的后，原型本身被抛弃。抛弃型原型主要用在解决需求不确定性、二义性、不完整性、含糊性等方面。演化型原型为开发增量式产品提供基础，是螺旋模型的一部分，也是面向对象软件开发过程的一部分。演化型原型主要用在必须易于升级和优化方面，适用于 Web 项目。

2. 软件测试

在软件测试方面，涉及的考点有测试分类（重点）、阶段测试（重点）、性能测试、第三方测试。

【考点 2】测试分类

（1）测试的类型

软件测试方法一般分为两大类，即动态测试和静态测试。

① 动态测试

动态测试是指通过运行程序发现错误，分为黑盒测试法、白盒测试法和灰盒测试法。不管是哪一种测试，都不能做到穷尽测试，只能选取少量最有代表性的输入数据，期望用较少的代价暴露出较多的程序错误。这些被选取出来的数据就是测试用例（一个完整的测试用例应该包括输入数据和期望的输出结果)。

  a. 黑盒法。把被测试对象看成一个黑盒子，测试人员完全不考虑程序的内部结构和处理过程，只在软件的接口处进行测试，依据需求规格说明书，检查程序是否满足功能要求。因此，黑盒测试又称为功能测试或数据驱动测试。常用的黑盒测试用例的设计方法有等价类划分、边值分析、错误猜测、因果图和功能图等。

  b. 白盒法。把测试对象看做一个打开的盒子，测试人员需了解程序的内部结构和处理过程，以检查处理过程的细节为基础，对程序中尽可能多的逻辑路径进行测试，检验内部控制结构和数据结构是否有错，实际的运行状态与预期的状态是否一致。由于白盒测试是结构测试，所以被测对象基本上是源程序，以程序的内部逻辑为基础设计测试用例。常用的白盒测试用例设计方法有基本路径测试、循环覆盖测试、逻辑覆盖测试。

  c. 灰盒法。灰盒测试是一种介于白盒测试与黑盒测试之间的测试，它关注输出对于输入的正确性。同时也关注内部表现，但这种关注不像白盒测试那样详细且完整，而只是通过一些表征性的现象、事件及标志来判断程序内部的运行状态。

  ② 静态测试

  静态测试是指被测试程序不在机器上运行，而是采用人工检测和计算机辅助静态分析的手段对程序进行检测。静态分析中进行人工测试的主要方法有桌前检查（Desk Checking）、代码审查和代码走查。经验表明，使用这种方法能够有效地发现 30%~70% 的逻辑设计和编码错误。

  值得说明的是，使用静态测试的方法也可以实现白盒测试。例如，使用人工检查代码的方法来检查代码的逻辑问题，也属于白盒测试范畴。

  【考点3】阶段测试

  为了保证系统的质量和可靠性，应力求在分析、设计等各个开发阶段结束前，对软件进行严格的技术评审。而软件测试是为了发现错误而执行程序的过程。

  根据测试的目的、阶段的不同，可以把测试分为单元测试、集成测试、确认测试、系统测试等种类。

  ① 单元测试

  单元测试又称为模块测试，是针对软件设计的最小单位（程序模块）进行正确性检验的测试工作。其目的在于检查每个程序单元能否正确实现详细设计说明中的模块功能、性能、接口和设计约束等要求，发现各模块内部可能存在的各种错误。单元测试需要从程序的内部结构出发设计测试用例，多个模块可以平行地独立进行单元测试。

  单元测试根据详细设计说明书，包括模块接口测试、局部数据结构测试、路径测试、错误处理测试和边界测试，单元测试通常由开发人员自己负责。而由于通常程序模块不是单独存在的，因此常常要借助驱动模块（相当于用于测试模拟的主程序）和桩模块（子模块）完成。单元测试的计划通常是在软件详细设计阶段完成。

② 集成测试

集成测试也称为组装测试、联合测试（对于子系统而言，则称为部件测试）。它主要是将已通过单元测试的模块集成在一起，主要测试模块之间的协作性。集成测试计划通常是在软件概要设计阶段完成。

从组装策略而言，可以分为一次性组装和增量式组装，增量式组装又包括自顶向下、自底向上、混合式三种，其中混合式组装又称为三明治式测试。

a．自顶向下集成测试：是一种构造程序结构的增量实现方法。模块集成的顺序是首先集成主控模块（主程序），然后按照控制层次结构向下进行集成。隶属于（和间接隶属于）主控模块的模块按照深度优先或者广度优先的方式集成到整个结构中去。

b．自底向上集成测试：是从原子模块（比如在程序结构的最底层的模块）开始来进行构造和测试的，跟自顶向下集成测试相反。

c．三明治式测试：是一种组合的折中测试策略，从"两头"往"中间"测试，其在程序结构的高层使用自顶向下策略，而在下面的较低层中使用自底向上策略，类似于"两片面包间夹馅的三明治"而得名。

软件集成的过程是一个持续的过程，会形成多个临时版本。在不断的集成过程中，功能集成的稳定性是真正的挑战。在每个版本提交时，都需要进行冒烟测试，即对程序主要功能进行验证。冒烟测试也称为版本验证测试或提交测试。

③ 确认测试

确认测试也称为有效性测试，主要是验证软件的功能、性能及其他特性是否与用户要求（需求）一致。确认测试计划通常是在需求分析阶段完成的。根据用户的参与程度，通常包括4种类型：

a．内部确认测试：主要由软件开发组织内部按软件需求说明书进行测试。

b．α测试（Alpha 测试）：由用户在开发环境下进行测试。

c．β测试（Beta 测试）：由用户在实际使用环境下进行测试。

d．验收测试：针对软件需求说明书，在交付前以用户为主进行的测试。

④ 系统测试

如果项目不只包含软件，还有硬件和网络等，则要将软件与外部支持的硬件、外设、支持软件、数据等其他系统元素结合在一起，在实际运行环境下，对计算机系统的一系列集成与确认测试。一般地，系统测试的主要内容包括功能测试、健壮性测试、性能测试、用户界面测试、安全性测试、安装与反安装测试等。系统测试计划通常是在系统分析阶段（需求分析阶段）完成的。

不管是哪个阶段的测试，一旦测试出问题，就要进行修改。修改之后，为了检查这种修改是否会引起其他错误，还要对这个问题进行测试，这种测试称为回归测试或退化测试。

3．项目管理基础

在项目管理基础方面，涉及的考点有软件项目估算、项目进度计划与监控（重点）、质量管理、软件过程改进（重点）。

【考点 4】项目进度计划于监控

项目的进度安排与任何一个多重任务工作的进度安排基本差不多。项目的进度计划和工作的实际进展情况，通常表现为各项任务之间的进度依赖关系，因而通常使用图表的方式来说明。

（1）甘特图

甘特图（Gantt 图）使用水平线段表示任务的工作阶段，线段的起点和终点分别对应着任务的开工时间和完成时间，线段的长度表示完成任务所需的时间。而跟踪甘特图则是在甘特图的基础上，加上一个表示现在时间的纵线，可以直观地看出进度是否延误。甘特图的优点在于标明了各任务的计划进度和当前进度，能动态地反映项目进展；其缺点在于难以反映多个任务之间存在的复杂逻辑关系。

（2）PERT 技术和 CPM 方法

PERT（计划评审技术）和 CPM（关键路径法）都是采用网络图来描述一个项目的任务网络，通常使用两张图来定义网络图。一张图给出某一特定项目的所有任务，另一张图给出应按照什么次序来完成这些任务，给出各个任务之间的衔接。PERT 技术和 CPM 方法都为项目计划人员提供了一些定量的工具。

① 确定关键路径：即决定项目开发时间的任务链。
② 应用统计模型：对每个单独的任务确定最可能的持续时间的估算值。
③ 计算边界时间：为具体的任务定义时间窗口。

CPM 是借助网络图和各活动所需的时间（估计值），计算每一活动的最早或最迟开始和结束时间。CPM 方法的关键是计算总时差，这样可决定哪一个活动有最小时间弹性。CPM 方法的核心思想是将 WBS 分解的活动按逻辑关系加以整合，统筹计算出整个项目的工期和关键路径。

在网络图中的某些活动可以并行地进行，所以完成工程的最少时间是从开始顶点到结束顶点的最长路径长度，称从开始顶点到结束顶点的最长（工作时间之和最大）路径为关键路径（临界路径），关键路径上的活动为关键活动。在一条路径中，每个工作的时间之和等于工程工期，这条路径就是关键路径。

例如，在图 3-5 中，一共有 3 条路径，分别是 ABEG、ACFG 和 ABDFG，其路径长度分别为 16、17 和 21。因此，图 3-5 的关键路径为 ABDFG。如果图 3-5 是代表某个项目的网络计划图，则该项目的工期为 21 天。

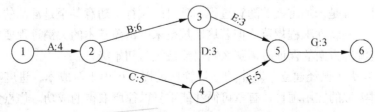

图 3-5 某项目的网络计划图

又如，某网络工程的计划图如图3-6所示。

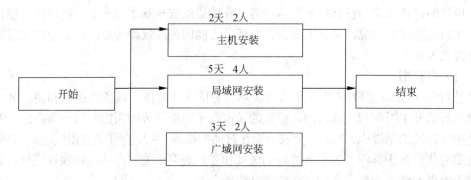

图3-6 某网络工程的计划图

在图3-6中，一共有3条路径，分别是①开始→主机安装→结束；②开始→局域网络安装→结束；③开始→广域网络安装→结束。从图中可知，这3条路径可以并行执行，因此，项目的最短工期为5天。如果每个技术人员均能胜任每项工作，则至少需要投入6人才能完成该项目。因为主机安装只需要2天2人，而广域网络安装也只需要3天2人，因此，这两项工作采用安排2人顺序执行的方式。例如，前2天从事主机安装，后3天从事广域网络安装，这样，合计为5天，不会影响整个项目的工期。

（3）评估项目进度

最常见的方法是挣值分析，它是把实际进度和计划进度进行比较，发现项目是否拖期或超前。通过计算实际已花费在项目上的工作量，来预计该项目所需的成本和完成时间日期。

【考点5】软件过程改进

在软件过程改进方面，主要考查软件过程能力成熟度模型（Capability Maturity Model，CMM）和能力成熟度模型集成（Capability Maturity Model Integration，CMMI）。

（1）CMM

CMM模型描述和分析了软件过程能力的发展程度，确立了一个软件过程成熟程度的分级标准。

① 初始级：软件过程的特点是无秩序的，有时甚至是混乱的。软件过程定义几乎处于无章法和步骤可循的状态，软件产品所取得的成功往往依赖极个别人的努力和机遇。初始级的软件过程是未加定义的随意过程，项目的执行是随意甚至是混乱的。也许，有些企业制定了一些软件工程规范，但若这些规范未能覆盖基本的关键过程要求，且执行没有政策、资源等方面的保证时，那么它仍然被视为初始级。

② 可重复级：已经建立了基本的项目管理过程，可用于对成本、进度和功能特性进行跟踪。对类似的应用项目，有章可循并能重复以往所取得的成功。焦点集中在软件管理过程上。一个可管理的过程则是一个可重复的过程，一个可重复的过程则能逐渐演

化和成熟。从管理角度可以看到一个按计划执行的且阶段可控的软件开发过程。

③ 已定义级：用于管理的和工程的软件过程均已文档化、标准化，并形成整个软件组织的标准软件过程。全部项目均采用与实际情况相吻合的、适当修改后的标准软件过程来进行操作。要求制定企业范围的工程化标准，而且无论是管理还是工程开发都需要一套文档化的标准，并将这些标准集成到企业软件开发标准过程中去。所有开发的项目需根据这个标准过程，剪裁出项目适宜的过程，并执行这些过程。过程的剪裁不是随意的，在使用前需经过企业有关人员的批准。

④ 已管理级：软件过程和产品质量有详细的度量标准。软件过程和产品质量得到了定量的认识和控制。已管理级的管理是量化的管理。所有过程需建立相应的度量方式，所有产品的质量（包括工作产品和提交给用户的产品）需有明确的度量指标。这些度量应是详尽的，且可用于理解和控制软件过程和产品，量化控制将使软件开发真正变成一个工业生产活动。

⑤ 优化级：通过对来自过程、新概念和新技术等方面的各种有用信息的定量分析，能够不断地、持续地进行过程改进。如果一个企业达到了这一级，表明该企业能够根据实际的项目性质、技术等因素，不断调整软件生产过程以求达到最佳。

在 CMM 中，每个成熟度等级（第一级除外）规定了不同的关键过程域，一个软件组织如果希望达到某一个成熟度级别，就必须完全满足关键过程域所规定的要求，即满足关键过程域的目标。每个级别对应的关键过程域（KPA）见表 3-1。

表 3-1 关键过程域的分类

等级\过程分类	管理方面	组织方面	工程方面
优化级		技术改进管理 过程改进管理	缺陷预防
可管理级	定量管理过程		软件质量管理
已定义级	集成（综合）软件管理 组间协调	组织过程焦点 组织过程定义 培训程序	软件产品工程 同级评审
可重复级	需求管理 软件项目计划 软件项目跟踪与监控 软件子合同管理 软件质量保证 软件配置管理		

（2）CMMI

与 CMM 相比，CMMI 涉及面更广，专业领域覆盖软件工程、系统工程、集成产品开发和系统采购。据美国国防部资料显示，运用 CMMI 模型管理的项目，不仅降低了项目的成本,而且提高了项目的质量与按期完成率。

CMMI 可以看做是把各种 CMM 集成到一个系列的模型中,CMMI 的基础源模型包括软件 CMM 2.0 版(草稿 C)、EIA-731 系统工程,以及集成化产品和过程开发 IPD CMM(IPD)0.98a 版。CMMI 也描述了 5 个不同的成熟度级别。

每一种 CMMI 模型都有两种表示法:阶段式和连续式。这是因为在 CMMI 的三个源模型中,CMM 是"阶段式"模型,系统工程能力模型是"连续式"模型,而集成产品开发(IPD)CMM 是一个混合模型,组合了阶段式和连续式两者的特点。两种表示法在以前的使用中各有优势,都有很多支持者,因此,CMMI 产品开发群组在集成这三种模型时,为了避免由于淘汰其中任何一种表示法而失去对 CMMI 支持的风险,并没有选择单一的结构表示法,而是为每一个 CMMI 都推出了两种不同表示法的版本。

不同表示法的模型具有不同的结构。连续式表示法强调的是单个过程域的能力,从过程域的角度考察基线和度量结果的改善,其关键术语是"能力";而阶段式表示法强调的是组织的成熟度,从过程域集合的角度考察整个组织的过程成熟度阶段,其关键术语是"成熟度"。

尽管两种表示法的模型在结构上有所不同,但 CMMI 产品开发群组仍然尽最大努力确保了两者在逻辑上的一致性,二者的需要构件和期望部件基本上都是一样的。过程域、目标在两种表示法中都一样,特定实践和共性实践在两种表示法中也不存在根本区别。因此,模型的两种表示法并不存在本质上的不同。组织在进行集成化过程改进时,可以从实用角度出发选择某一种偏爱的表示法,而不必从哲学角度考虑两种表示法之间的差异。

阶段式模型也把组织分为 5 个不同的级别。

① 初始级:代表了以不可预测结果为特征的过程成熟度,过程处于无序状态,成功主要取决于团队的技能。

② 已管理级:代表了以可重复项目执行为特征的过程成熟度。组织使用基本纪律进行需求管理、项目计划、项目监督和控制、供应商协议管理、产品和过程质量保证、配置管理,以及度量和分析。对于级别 2 而言,主要的过程焦点在于项目级的活动和实践。

③ 严格定义级:代表了以组织内改进项目执行为特征的过程成熟度。强调级别 3 的关键过程域的前后一致的、项目级的纪律,以建立组织级的活动和实践。

④ 定量管理级:代表了以改进组织性能为特征的过程成熟度。4 级项目的历史结果可用来交替使用,在业务表现的竞争尺度(成本、质量、时间)方面的结果是可预测的。

⑤ 优化级:代表了以可快速进行重新配置的组织性能和定量的、持续的过程改进为特征的过程成熟度。

CMMI 的具体目标是:

① 改进组织的过程,提高对产品开发和维护的管理能力。

② 给出能支持将来集成其他科目 CMM 的公共框架。

③ 确保所开发的全部有关产品符合将要发布的关于软件过程改进的国际标准 ISO/IEC 15504 对软件过程评估的要求。

使用在 CMMI 框架内开发的模型具有下列优点：

① 过程改进能扩展到整个企业级。

② 先前各模型之间的不一致和矛盾将得到解决。

③ 既有分级的模型表示，也有连续的模型表示，任你选用。

④ 原先单科目过程改进的工作可与其他科目的过程改进工作结合起来。

⑤ 基于 CMMI 的评估将与组织原先评估得分相协调，从而保护当前的投资，并与 ISO/IEC 15504 评估结果相一致。

⑥ 节省费用，特别是当要运用多科目改进时，以及进行相关的培训和评估时。

⑦ 鼓励组织内各科目之间进行沟通和交流。

3.2 强化练习

试题 1

渐增式开发方法有利于 (1) 。

(1) A．获取软件需求 B．快速开发软件
　　C．大型团队开发 D．商业软件开发

试题 2

基于计算机的信息系统主要包括计算机硬件系统、计算机软件系统、数据及其存储介质、通信系统、信息采集设备、 (2) 和工作人员等七大部分件。

(2) A．信息处理系统 B．信息管理者
　　C．安全系统 D．规章制度

试题 3

(3) 是面向对象程序设计语言不同于其他语言的主要特点，是否建立了丰富的 (4) 是衡量一个面向对象程序设计语言成熟与否的重要标志之一。

(3) A．继承性 B．信息传递 C．多态性 D．静态联编
(4) A．函数库 B．类库 C．类型库 D．方法库

试题 4

在面向对象的软件工程中，一个组件包含了 (5) 。

(5) A．所有的属性和操作 B．各个类的实例
　　C．每个演员（device or user）的作用 D．一些协作类的集合

试题 5

常见的软件开发模型有瀑布模型、演化模型、螺旋模型、喷泉模型等。其中 (6)

适用于需求明确或很少变更的项目。

(6) A．瀑布模型　　　　B．演化模型　　　　C．螺旋模型　　　　D．喷泉模型

试题 6

一个项目为了修正一个错误而进行了变更，这个错误被修正后却引起了 (7)。

(7) A．单元测试　　　　B．接受测试　　　　C．回归测试　　　　D．安装测试

试题 7

软件能力成熟度模型（CMM）将软件能力成熟度自低到高依次划分为初始级、可重复级、定义级、管理级和优化级，其中 (8) 对软件过程和产品都有定量的理解与控制。

(8) A．可重复级和定义级　　　　　　　　B．定义级和管理级
　　C．管理级和优化级　　　　　　　　　D．定义级、管理级和优化级

试题 8

确定构建软件系统所需要的人数时不必考虑 (9)。

(9) A．系统的市场前景　　　　　　　　　B．系统的规模
　　C．系统的技术复杂性　　　　　　　　D．项目计划

试题 9

如图 3-7 所示的 PERT 图中，事件 6 的最晚开始时刻是 (10)。

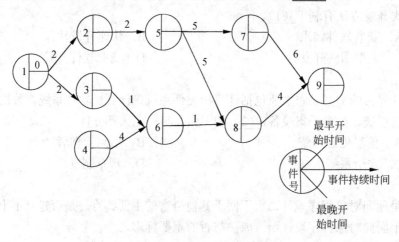

图 3-7　某项目的网络计划图

(10) A．0　　　　　B．3　　　　　C．10　　　　　D．11

试题 10

某项目组拟开发一个大规模系统，且具备了相关领域及类似规模系统的开发经验。下列过程模型中， (11) 最合适开发此项目。

(11) A．原型模型　　　　B．瀑布模型　　　　C．V 模型　　　　D．螺旋模型

试题 11

下列叙述中，与提高软件可移植性相关的是 (12) 。

(12) A．选择时间效率高的算法

B．尽可能减少注释

C．选择空间效率高的算法

D．尽量用高级语言编写系统中对效率要求不高的部分

试题 12

在开发一个系统时，如果用户对系统的目标是不很清楚，难以定义需求，这时最好使用 (13) 。

(13) A．原型法　　　　B．瀑布模型　　　　C．V-模型　　　　D．螺旋模型

试题 13

应该在 (14) 阶段制定系统测试计划。

(14) A．需求分析　　　B．概要设计　　　　C．详细设计　　　D．系统测试

试题 14

软件设计时需要遵循抽象、模块化、信息隐蔽和模块独立原则，在划分软件系统模块时，应尽量做到 (15) 。

(15) A．高内聚高耦合　　　　　　　　　B．高内聚低耦合

C．低内聚高耦合　　　　　　　　　D．低内聚低耦合

试题 15

ISO/IEC 9126 软件质量模型中第一层定义了六个质量特性，并为各质量特性定义了相应的质量子特性。子特性 (16) 属于可靠性质量特性。

(16) A．准确性　　　　B．易理解性　　　　C．成熟性　　　　D．易学性

试题 16

使用 LOC（lins of code）度量软件规模的优点是 (17) 。

(17) A．容易计算　　　　　　　　　　　B．与使用的编程语言有关

C．与采用的开发模型有关　　　　　D．在设计之前就可以计算出 LOC

试题 17

在软件项目管理中可以使用各种图形工具来辅助决策，下面对 Gantt 图的描述中，不正确的是 (18) 。

(18) A．Gantt 图表现了各个活动的持续时间

B．Gantt 图表现了各个活动的起始时间

C．Gantt 图反映了各个活动之间的依赖关系

D．Gantt 图表现了完成各个活动的进度

试题 18

CMM 模型将软件过程的成熟度分为 5 个等级，在 (19) 使用定量分析来不断地改

进和管理软件过程。

(19) A. 优化级　　　　B. 管理级　　　　C. 定义级　　　　D. 可重复级

试题 19

某网络工程计划图如图 3-8 所示,边上的标记为任务编码及其需要的完成时间(天),则整个工程的工期为 (20) 。

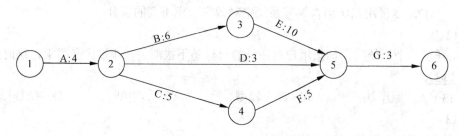

图 3-8　某项目的网络计划图

(20) A. 23　　　　B. 10　　　　C. 17　　　　D. 21

试题 20

采用 UML 进行软件设计时,可用 (21) 关系表示两类实体之间存在的特殊/一般关系,用聚集关系表示事物之间存在的整体/部分关系。

(21) A. 依赖　　　　B. 聚集　　　　C. 泛化　　　　D. 实现

试题 21

一个软件项目的活动图如图 3-9 所示,其中顶点表示项目里程碑,边表示包含的活动,边上的权重表示活动的持续时间,则里程碑 (22) 在关键路径上。

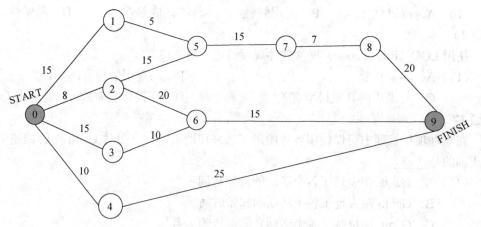

图 3-9　某软件项目活动图

(22) A. 1　　　　B. 2　　　　C. 3　　　　D. 4

试题 22

软件风险一般包含 (23) 两个特征。

(23) A．救火和危机管理　　　　　　　　B．已知风险和未知风险
　　　C．不确定性和损失　　　　　　　　D．员工和预算

试题 23

面向对象开发方法的基本思想是尽可能按照人类认识客观世界的方法来分析和解决问题，(24) 方法不属于面向对象方法。

(24) A．Booch　　　B．Coad　　　C．OMT　　　D．Jackson

试题 24

程序的 3 种基本控制结构是 (25)。

(25) A．过程、子程序和分程序　　　　　B．顺序、选择、重复
　　　C．递归、堆栈、队列　　　　　　　D．调用、返回、跳转

试题 25

栈是一种按后进先出原则插入和删除操作的数据结构，因此 (26) 必须用栈。

(26) A．函数或过程进行递归调用及返回处理
　　　B．将一个元素序列进行逆置
　　　C．链表节点的申请和释放
　　　D．可执行程序的装入和卸载

试题 26

软件开发中的瀑布模型典型的刻画了软件生命周期的阶段划分，与其最适应的软件开发方法是 (27)。

(27) A．构件化方法　　B．结构化方法　　C．面向对象方法　　D．快速原型法

试题 27

利用结构化分析模型进行接口设计时，应以 (28) 为依据。

(28) A．数据流图　　B．实体.关系图　　C．数据字典　　D．状态迁移图

试题 28

确定软件的模块划分及模块之间的调用关系是 (29) 阶段的任务。

(29) A．需求分析　　B．概要设计　　C．详细设计　　D．编码

试题 29

模块 A 直接访问模块 B 的内部数据，则模块 A 和模块 B 的耦合类型为 (30)。

(30) A．数据耦合　　B．标记耦合　　C．公共耦合　　D．内容耦合

试题 30

软件产品的可靠性并不取决 (31)。

(31) A．潜在错误的数量　　　　　　　　B．潜在错误的位置
　　　C．软件产品的使用方式　　　　　　D．软件产品的开发方式

3.3 习题解答

试题 1 分析

  增量模型又称渐增模型,把软件产品作为一系列的增量构件来设计、编码、集成和测试。这样可以并行开发构件,快速开发软件。

试题 1 答案

  (1) B

试题 2 分析

  信息系统主要包括计算机硬件系统、计算机软件系统、数据及其存储介质、通信系统、信息采集设备、规章制度和工作人员等 7 大部分。

试题 2 答案

  (2) D

试题 3 分析

  面向对象程序设计语言的特点主要有继承性、封装性和多态性,其中,继承性是其他类型的程序语言所不具有的。衡量一个面向对象程序设计语言成熟与否的重要标志之一是看其是否建立了丰富的类库。

试题 3 答案

  (3) A   (4) B

试题 4 分析

  在面向对象的软件工程中,一个组件(component)包含了一些协作的类的集合。这属于常识知识。

试题 4 答案

  (5) D

试题 5 分析

  本题考查的是常见的软件开发模型的基本概念。

  瀑布模型给出了软件生存周期中制定开发计划、需求分析、软件设计、编码、测试和维护等阶段以及各阶段的固定顺序,上一阶段完成后才能进入到下一阶段,整个过程如同瀑布流水。该模型为软件的开发和维护提供了一种有效的管理模式,但在大量的实践中暴露出其缺点,其中最为突出的是缺乏灵活性,特别是无法解决软件需求不明确或不准确的问题。这些问题有可能造成开发出的软件并不是用户真正需要的,并且这一点只有在开发过程完成后才能发现。所以瀑布模型适用于需求明确,且很少发生较大变化的项目。

试题 5 答案

  (6) A

试题 6 分析

本地考查软件测试的基本概念，这里的回归测试是在软件发生变更之后进行的测试，以发现在变更时可能引起的其他错误。

试题 6 答案

（7）C

试题 7 分析

本题考查软件能力成熟度模型（CMM）的成熟度等级。CMM 将软件过程能力成熟度划分为 5 级，每一级都为下一级提供一个基础。管理级对软件过程和产品都有定量的理解与控制，因此管理级和优化级均对软件过程和产品有定量的理解与控制。

试题 7 答案

（8）C

试题 8 分析

本题考查项目管理基础知识。在规划软件开发资源时为了确定系统开发所需的人员数量，需要综合考虑软件系统的规模、系统的技术复杂性、项目计划和开发人员的技术背景等方面。系统的市场前景与开发管理人员无关，主要是决策者和销售者所关心的事情。

试题 8 答案

（9）A

试题 9 分析

计算如下：先计算每个任务的最早时间： 2 号开始的最早时间是 0+2=2，5 号是 2+2=4，7 号是 4+5=9，3 号是 0+2=2，4 号是 0，6 的两个前驱任务 3，4 中取最迟的，则是 4，8 号的两个前驱任务是 5 和 6，取最迟的是 9，9 的两个前驱是 7，8，去最迟的时间是 15.

接下来计算最迟开始时间，9 号任务的最迟时间是 15，就是最早开工时间，因为 9 是最后一个任务了。倒过来计算 7 的最迟时间是 15–6=9，8 号的最迟是 15–4=11，8 号的前驱是 6，因此 6 的最迟时间是 11–1=10，其余依次类推即可。

试题 9 答案

（10）C

试题 10 分析

本题考查软件开发生命周期模型的基本知识。

常见的软件生存周期模型有瀑布模型、演化模型、螺旋模型、喷泉模型等。瀑布模型是将软件生存周期各个活动规定为依线性顺序连接的若干阶段的模型，适合于软件需求很明确的软件项目的模型。V 模型是瀑布模型的一种演变模型，将测试和分析与设计关联进行，加强分析与设计的验证。原型模型是一种演化模型，通过快速构建可运行的原型系统，然后根据运行过程中获取的用户反馈进行改进。演化模型特别适用于对软件需求缺乏准确认识的情况。螺旋模型将瀑布模型和演化模型结合起来，加入了两种模型均忽略的风险分析。

　　本题中项目组具备了所开发系统的相关领域及类似规模系统的开发经验，即需求明确，瀑布模型最适合开发此项目。

试题 10 答案

　　（11）B

试题 11 分析

　　软件可移植性指与软件从某一环境转移到另一环境下的难易程度。为获得较高的可移植性，在设计过程中常采用通用的程序设计语言和运行支撑环境。尽量不用与系统的底层相关性强的语言。

试题 11 答案

　　（12）D

试题 12 分析

　　应用原型法的主要目的就是获取需求，使用原型法，在用户的共同参与下可以改善和加快需求获取过程。

试题 12 答案

　　（13）A

试题 13 分析

　　软件开始是一个长时间的过程，其测试计划的制定应该是尽可能的早，一般在需求分析阶段就开始指定测试计划。

试题 13 答案

　　（14）A

试题 14 分析

　　内聚性能是一个软件模块内部相关性。而耦合性能指不同软件模块之间的相关性或者说依赖性。高内聚指一个软件模块由相关性很强的代码组成，只负责完成一项任务，即单一责任原则；低耦合指不同软件模块之间通过稳定的接口交互，而不需要关心模块内部如何实现。高内聚和低耦合是相互矛盾的，分解力度越粗的系统耦合性越低；分解力度越细的系统内聚性越高。过度低耦合的软件系统模块内部不可能高内聚，而过度高内聚的软件模块之间必然是高度依赖的，因此软件设计时尽量做到高内聚、低耦合。

试题 14 答案

　　（15）B

试题 15 分析

　　本题考查 ISO/IEC 9126 软件质量模型中第一层定义的可靠性。可靠性包括成熟性、容错性和易恢复性子特性。子特性易理解性和易学性属于易使用性，子特性准确性属性功能性。

试题 15 答案

（16）C

试题 16 分析

代码行技术（LOC）是比较简单的定量估算软件规模的方法。它的计算过程是：首先由多名有经验的软件工程师分别估计出软件的最小规模（a）、最大规模（b）和最可能的规模（p），然后分别计算三种规模的平均值 α、β 和 θ，最后代入公式 $L=(\alpha+4\theta+\beta)/6$，就可以得出程序规模的估计值 L。

试题 16 答案

（17）A

试题 17 分析

甘特图的优点是直观表明各个任务的计划进度和当前进度，能动态地反映软件开发进展的情况，是小型项目中常用的工具。缺点是不能显式地描绘各个任务间的依赖关系，关键任务也不明确。

试题 17 答案

（18）C

试题 18 分析

CMM 为软件企业的过程能力提供了一个阶梯式的进化框架，将软件过程改进的进化步骤组织成 5 个成熟度等级，每一个级别定义了一组过程能力目标，并描述了要达到这些目标应该采取的实践活动，为不断改进过程奠定了循序渐进的基础。

（1）初始级，企业一般缺少有效的管理，不具备稳定的软件开发与维护的环境。软件过程是未加定义的随意过程，项目的执行随意甚至是混乱的，几乎没有定义过程的规则（或步骤）。

（2）可重复级，企业建立了基本的项目管理过程的政策和管理规程，对成本、进度和功能进行监控，以加强过程能力。

（3）定义级，企业全面采用综合性的管理及工程过程来管理，对整个软件生命周期的管理与工程化过程都已标准化，并综合成软件开发企业标准的软件过程。

（4）管理级，企业开始定量地认识软件过程，软件质量管理和软件过程管理是量化的管理。对软件过程与产品质量建立了定量的质量目标，制定了软件过程和产品质量的详细而具体的度量标准，实现了度量标准化。

（5）优化级，企业将会把工作重点放在对软件过程改进的持续性、预见及增强自身，防止缺陷及问题的发生，不断地提高过程处理能力上。通过来自过程执行的质量反馈和吸收新方法和新技术的定量分析来改善下一步的执行过程，即优化执行步骤，使软件过程能不断地得到改进。

试题 18 答案

（19）A

试题 19 分析

本题主要考查项目管理中进度管理中的网络图方面的知识。题目给出的工程网络图表示各个任务完成需要的时间以及相互依存的关系,整个工程的工期就是网络图中关键路径上各个任务完成时间的总和。就本题而言,关键路径是①—②—③—⑤—⑥,历时23天。

试题 19 答案

(20) A

试题 20 分析

本题考查 UML 实体间联系的概念。UML 实体间相互关系有如下 4 种。

(1) 依赖关系:假设 A 类的变化引起了 B 类的变化,则说明 B 类依赖于 A 类。依赖关系有如下 3 种情况。

A 类是 B 类的一个成员变量;

A 类是 B 类方法中的一个参数;

A 类向 B 类发送消息,从而影响 B 类发生情况。

(2) 泛化关系:A 是 B 和 C 的父类,B 和 C 具有公共类(父类)A,说明 A 是 B 和 C 的一般化也称泛化。在 UML 中对泛化关系有如下 3 个要求。

子类与父类应该完全一致,父类所具有的属性和操作,子类应该都有;

子类中除了与父类一致的信息以外,还包括额外的信息;

可以使用父类的实例处也可以使用子类的实例。

(3) 聚集关系:聚集关系是所有关系当中最通用的关系,指的是两个类的实例之间存在某种语义上的联系且这种联系不存在非常明确的定义,如学校、教室、老师。聚集关系分为如下两种。

聚合关系:整体与部分的关系,二者可以分开;

组合关系:整体与部分的关系,二者不可以分开。

(4) 实现关系:用来规定接口和实现接口的类或者构建结构的关系,接口是操作的集合,而这些操作用于规定类或者构建的一种服务。

试题 20 答案

(21) C

试题 21 分析

本题主要考查关键路径求解的问题。

从开始顶点到结束顶点的最长路径为关键路径(临界路径),关键路径上的活动为关键活动。

在本题中找出的最长路径是 Start->2->5->7->8->Finish,其长度为 8+15+15+7+20=65,而其他任何路径的长度都比这条路径小,因此我们可以知道里程碑 2 在关键路径上。

试题 21 答案

(22) B

试题 22 分析

这是一道软件风险概念题，软件风险包括不确定性和损失两个特征。不确定性指风险有可能发生，也可能不发生；损失是当风险确实发生时所引起的不希望的损失或结果。救火和危机管理是对不合适，但经常采用的软件风险管理策略，已知风险和未知风险是对软件风险进行分类的一种方式，员工和预算是在识别项目风险时需要识别的因素。

试题 22 答案

(23) C

试题 23 分析

本题考查面向对象开发方法，该方法有 Booch、Coad、和 OMT 方法，Jackson 是一种面向数据结构的开发方法。

试题 23 答案

(24) D

试题 24 分析

本题考查的是结构化程序设计中的 3 种基本控制结构，是一道概念题。选择也成为"判断"，重复也称为"循环"。

试题 24 答案

(25) B

试题 25 分析

栈结构最大的特点就是后进先出，因此非常适合函数的递归调用和及时返回。

试题 25 答案

(26) A

试题 26 分析

结构化的分析与设计的软件开发方法是采用结构化技术来完成软件开发的各项任务。该方法把软件生命周期的全过程依次划分为若干阶段，然后顺序地完成每个阶段的任务，与瀑布模型有很好的结合度，是与其最相适应的开发方法。

试题 26 答案

(27) B

试题 27 分析

数据流图是结构化分析模型需求分析阶段得到的结果，描述了系统的功能，在进行接口设计时，应以它为依据。

试题 27 答案

(28) A

试题 28 分析

需求分析阶段的任务主要是要解决系统做什么的问题，即弄清楚问题的要求，包括需要输入什么数据，要得到什么结果，最后应输出什么。

概要设计的主要任务是把需求分析得到的结果转换为软件结构和数据结构，即将一个复杂系统按功能进行模块划分、建立模块的层次结构及调用关系、确定模块间的接口及人机界面、确定数据的结构特性，以及数据库的设计等。

详细设计是在概要设计的基础上更细致的设计，它包括具体的业务对象设计、功能逻辑设计、界面设计等工作。详细设计是系统实现的依据，需要更多地考虑设计细节。

编码即编写程序代码，具体实现系统。

试题 28 答案
（29）B

试题 29 分析
软件工程中对象之间的耦合度就是对象之间的依赖性。指导使用和维护对象的主要问题是对象之间的多重依赖性。对象之间的耦合越高，维护成本越高。因此对象的设计应使类和构件之间的耦合最小耦合性由低到高分别是：非直接耦合、数据耦合、标记耦合、控制耦合、外部耦合、公共耦合、内容耦合。其中内容耦合指的是当一个模块直接修改或操作另一个模块的数据，或者直接访问入另一个模块时，就发生了内容耦合。

试题 29 答案
（30）D

试题 30 分析
软件产品的可靠性取决于潜在错误的数量、潜在错误的位置以及软件产品的使用方式，但不包括软件产品的开发方式。

软件可靠性与软件缺陷有关，也与系统输入和系统使用有关。理论上说，可靠的软件系统应该是正确、完整、一致和健壮的。但是实际上任何软件都不可能达到百分之百的正确，而且也无法精确度量。一般情况下，只能通过对软件系统进行测试来度量其可靠性。

这样，给出如下定义："软件可靠性是软件系统在规定的时间内及规定的环境条件下，完成规定功能的能力"。根据这个定义，软件可靠性包含了以下三个要素：

（1）规定的时间

软件可靠性只是体现在其运行阶段，所以将"运行时间"作为"规定的时间"的度量。"运行时间"包括软件系统运行后工作与挂起（开启但空闲）的累计时间。由于软件运行的环境与程序路径选取的随机性，软件的失效为随机事件，所以运行时间属于随机变量。

（2）规定的环境条件

环境条件指软件的运行环境。它涉及软件系统运行时所需的各种支持要素，如支持硬件、操作系统、其他支持软件、输入数据格式和范围以及操作规程等。不同的环境条件下软件的可靠性是不同的。具体地说，规定的环境条件主要是描述软件系统运行时计算机的配置情况以及对输入数据的要求,并假定其他一切因素都是理想的。有了明确规定的环境条件,还可以有效判断软件失效的责任在用户方还是研制方。

(3) 规定的功能

软件可靠性还与规定的任务和功能有关。由于要完成的任务不同,软件的运行剖面会有所区别,则调用的子模块就不同(即程序路径选择不同),其可靠性也就可能不同。所以要准确度量软件系统的可靠性必须首先明确它的任务和功能。

试题 30 答案

(31) D

第 4 章　知识产权与标准化

从历年的考试试题来看，本章的考点在综合知识考试中的平均分数为 1 分，约为总分的 1.3%。考试试题分数主要集中在知识产权保护、著作权确认、标准化这 3 个知识点上。

4.1　考点提炼

根据考试大纲，结合历年考试真题，希赛教育的软考专家认为，考生必须要掌握以下几个方面的内容：

1. 知识产权

在知识产权方面，涉及的考点有《中华人民共和国著作权法》（重点）、《中华人民共和国专利权法》（重点）、《计算机软件保护条例》这三部法律条文关于产权保护、著作权人确立等方面的内容。

【考点 1】《中华人民共和国著作权法》

（1）著作权人的确定

著作权法在认定著作权人时，是根据创作的事实进行的，而创作就是指直接产生文学、艺术和科学作品的智力活动。而为他人创作进行组织，提供咨询意见、物质条件或者进行其他辅助工作的，不属于创作的范围，不被确认为著作权人。

如果在创作的过程中，有多人参与，那么该作品的著作权将由合作的作者共同享有。合作的作品是可以分割使用的，作者对各自创作的部分可以单独享有著作权，但不能够在侵犯合作作品整体的著作权的情况下行使。

而如果遇到作者不明的情况，那么作品原件的所有人可以行使除署名权以外的著作权，直到作者身份明确。

另外值得注意的是，如果作品是委托创作的话，著作权的归属应通过委托人和受托人之间的合同来确定。如果没有明确的约定，或者没有签订相关合同，则著作权仍属于受托人。

（2）著作权

根据著作权法及实施条例规定，著作权人对作品享有 5 种权利。

① 发表权：即决定作品是否公之于众的权利。

② 署名权：即表明作者身份，在作品上署名的权利。

③ 修改权：即修改或者授权他人修改作品的权利。

④ 保护作品完整权：即保护作品不受歪曲、篡改的权利。
⑤ 使用权、使用许可权和获取报酬权、转让权：即以复制、表演、播放、展览、发行、摄制电影、电视、录像或者改编、翻译、注释、编辑等方式使用作品的权利，以及许可他人以上述方式使用作品，并由此获得报酬的权利。

(3) 著作权保护期限

根据著作权法相关规定，著作权的保护是有一定期限的。

① 著作权属于公民。署名权、修改权、保护作品完整权的保护期没有任何限制，永远属于保护范围。而发表权、使用权和获得报酬权的保护期为作者终生及其死亡后的50年（第50年的12月31日）。作者死亡后，著作权依照继承法进行转移。

② 著作权属于单位。发表权、使用权和获得报酬权的保护期为50年（首次发表后的第50年的12月31日），若50年内未发表的，不予保护。但单位变更、终止后，其著作权由承受其权利义务的单位享有。

【考点2】《中华人民共和国专利法》

(1) 专利法的保护对象

专利法的客体是发明创造，也就是其保护的对象。这里的发明创造是指发明、实用新型和外观设计。

① 发明：就是指对产品、方法或者其改进所提出的新的技术方案。
② 实用新型：是指对产品的形状、构造及其组合，提出的实用的新的技术方案。
③ 外观设计：对产品的形状、图案及其组合，以及色彩与形状、图案的结合所做出的富有美感并适于工业应用的新设计。

(2) 确定专利权人

根据专利法的规定，专利权归属于发明人或者设计人，就是指对发明创造做出创造性贡献的人。对于在发明创造过程中，只负责组织、提供方便、从事辅助工作的都不属于发明人或设计人。

① 职务发明

如果是执行单位任务，或者是利用本单位的物质技术条件所完成的发明创造，被视为职务发明创造，通常包括：

a．在本职工作中做出的发明创造。
b．在履行单位交付的本职工作之外的任务中所做出的发明创造。
c．退职、退休或者调动工作后1年内做的，与其原来承担的任务相关的发明创造。

对于职务发明的专利申请被批准后，单位是专利权人。对于利用单位的物质技术条件进行发明创造的，发明人、设计人与单位之间可以签订合同，重新规定专利权的归属。

② 合作发明、设计

对于合作发明、设计的，其专利权应属共同所有，但可以根据合作方之间另行签订的合同来确定专利权的归属。

③ 委托发明

一个单位或者个人接受其他单位或个人的委托，所完成的发明创造，若没有签订合同规定专利权归属，则专利权归属发明、设计者。

④ 其他

如果非职务发明，则单位无权压制个人进行专利权申请。对于多个相类似的专利申请，专利权归属最先提交的申请人。

（3）专利权保护期限

我国现行《专利法》规定的发明专利权保护期限为 20 年，实用新型和外观设计专利权的期限为 10 年，均从申请日开始计算。在保护期内，专利权人应该按时缴纳年费。

在专利权保护期限内，如果专利权人没有按规定缴纳年费，或以书面声明放弃其专利权的，专利权可以在期满前终止。

另外，任何单位和个人都可以在授予专利之日起，请求专利复审，如果复审未通过，则将终止专利权。

【考点 3】《计算机软件保护条例》

（1）保护对象

《计算机软件保护条例》的客体是计算机软件，而在此计算机软件是指计算机程序及其相关文档。

根据条例规定，受保护的软件必须是由开发者独立开发的，并且已经固定在某种有形物体上（如光盘、硬盘、软盘）。

另外要注意的是，其对软件著作权的保护只是针对计算机软件和文档，并不包括开发软件所用的思想、处理过程、操作方法或数学概念等。并且著作权人还需在软件登记机构办理登记。

（2）著作权人确定

对于由两个以上开发者或组织合作开发的软件，著作权的归属根据合同约定确定。若无合同，共享著作权。若合作开发的软件可以分割使用，那么开发者对自己开发的部分单独享有著作权，可以在不破坏整体著作权的基础上行使。

如果开发者在单位或组织中任职期间，所开发的软件若符合以下条件的，则软件著作权应归单位或组织所有。

① 对本职工作中明确规定的开发目标所开发的软件。

② 开发出的软件属于从事本职工作活动的结果。

③ 使用了单位或组织的资金、专用设备、未公开的信息等物质、技术条件，并由单位或组织承担责任的软件。

如果是接受他人委托而进行开发的软件，其著作权的归属应由委托人与受托人签订书面合同约定；如果没有签订合同，或合同中未规定的，其著作权由受托人享有。

另外，由国家机关下达任务开发的软件，著作权的归属由项目任务书或合同规定；

若未明确规定，其著作权应归任务接受方所有。

（3）软件著作权保护期限

软件著作权自软件开发完成之日起生效。

① 著作权属于公民。著作权的保护期为作者终生及其死亡后的 50 年（第 50 年的 12 月 31 日）。对于合作开发的，则以最后死亡的作者为准。值得注意的是，在 1991 年实施的上一版条例中，保护期限是 25 年；而在最新的条例中，则已经改为了 50 年。在作者死亡后，将根据继承法转移除了署名权之外的著作权。

② 著作权属于单位。著作权的保护期为 50 年（首次发表后的第 50 年的 12 月 31 日），若 50 年内未发表的，不予保护。但单位变更、终止后，其著作权由承受其权利义务的单位享有。

2．标准化

在标准化方面，涉及的考点标准的层次、标准的类型、标准的表示（重点）。

【考点 4】标准的表示

按照新的采用国际标准管理办法，我国标准与国际标准的对应关系有等同采用（Identical，idt）、修改采用（Modified，mod）、等效采用（Equivalent，eqv）和非等效采用（Not Equivalent，neq）。

等同采用是指技术内容相同，没有或仅有编辑性修改，编写方法完全相对应。等效采用（修改采用）是指主要技术内容相同，技术上只有很少差异，编写方法不完全相对应。

非等效指与相应国际标准在技术内容和文本结构上不同，它们之间的差异没有被清楚地标明。非等效还包括在我国标准中只保留了少量或者不重要的国际标准条款的情况。非等效不属于采用国际标准。

推荐性标准的代号是在强制性标准代号后面加"/T"。国家标准代号如表 4-1 所示。

表 4-1 国家标准代号

序号	代号	含义	管理部门
1	GB	中华人民共和国强制性国家标准	国家标准化管理委员会
2	GB/T	中华人民共和国推荐性国家标准	国家标准化管理委员会
3	GB/Z	中华人民共和国国家标准化指导性技术文件	国家标准化管理委员会

与 IT 行业相关的各行业标准代号如表 4-2 所示。

表 4-2 行业标准代号

序号	代号	行业	管理部门
5	CY	新闻出版	国家新闻出版总署印刷业管理司
6	DA	档案	国家档案局政法司
8	DL	电力	中国电力企业联合会标准化中心

续表

序号	代号	行业	管理部门
12	GA	公共安全	公安部科技司
13	GY	广播电影电视	国家广播电影电视总局科技司
14	HB	航空	国防科工委中国航空工业总公司（航空）
16	HJ	环境保护	国家环境保护总局科技标准司
19	JB	机械	中国机械工业联合会
20	JC	建材	中国建筑材料工业协会质量部
21	JG	建筑工业	建设部（建筑工业）
26	LD	劳动和劳动安全	劳动和社会保障部劳动工资司（工资定额）
39	SJ	电子	信息产业部科技司（电子）
48	WH	文化	文化部科教司
49	WJ	兵工民品	国防科工委中国兵器工业总公司（兵器）
55	YD	通信	信息产业部科技司（邮电）
58	YZ	邮政	国家邮政局计划财务部

另外，国家军用标准的代号为 GJB。地方标准的代号由地方标准代号（DB）、地方标准发布顺序号、标准发布年代号（4位数）3部分组成。企业标准的代号由企业标准代号（Q）、标准发布顺序号和标准发布年代号（4位数）组成。

4.2 强化练习

试题 1

标准化工作的任务是制定标准、组织实施标准和对标准的实施进行监督，__(1)__ 是指编制计划，组织草拟、审批、编号、发布的活动。

(1) A．制订标准　　　　　　　　　　　B．组织实施标准
　　C．对标准的实施进行监督　　　　　D．标准化过程

试题 2

某市标准化行政主管部门制定并发布的工业产品安全的地方标准，在其行政区域内是__(2)__。

(2) A．强制性标准　　B．推荐性标准　　C．实物标准　　D．指导性标准

试题 3

中国企业 M 与美国公司 L 进行技术合作，合同约定 M 使用一项在有效期内的美国专利，但该项美国专利未在中国和其他国家提出申请。对于 M 销售依照该专利生产的产品，以下叙述正确的是__(3)__。

(3) A．在中国销售，M 需要向 L 支付专利许可使用费
　　B．返销美国，M 不需要向 L 支付专利许可使用费

C. 在其他国家销售，M 需要向 L 支付专利许可使用费

D. 在中国销售，M 不需要向 L 支付专利许可使用费

试题 4

我国法律规定，计算机软件著作权的权利自软件开发完成之日起产生，对公民著作权的保护期限是 (4) 。

(4) A. 作者有生之年加死后 50 年　　　　B. 作品完成后 50 年

　　 C. 没有限制　　　　　　　　　　　　D. 作者有生之年

试题 5

知识产权可分为两类，即 (5) 。

(5) A. 著作权和使用权　　　　　　　　　B. 出版权和获得报酬权

　　 C. 使用权和获得报酬权　　　　　　　D. 工业产权和著作权

试题 6

依据我国著作权法的规定，(6) 属于著作人身权。

(6) A. 发行权　　　　　　　　　　　　　B. 复制权

　　 C. 署名权　　　　　　　　　　　　　D. 信息网络传播权

试题 7

李某在《电脑知识与技术》杂志上看到张某发表的一组程序，颇为欣赏，就复印了一百份作为程序设计辅导材料发给了学生。李某又将这组程序逐段加以评析，写成评论文章后投到 WWW.CSAI.CN 网站上发表。李某的行为 (7) 。

(7) A. 侵犯了张某的著作权，因为其未经许可，擅自复印张某的程序

　　 B. 侵犯了张某的著作权，因为在评论文章中全文引用了发表的程序

　　 C. 不侵犯张某的著作权，其行为属于合理使用

　　 D. 侵犯了张某的著作权，因为其擅自复印，又在其发表的文章中全文引用了张某的程序

试题 8

关于软件著作权产生的时间，表述正确的是 (8) 。

(8) A. 自作品首次公开发表时

　　 B. 自作者有创作意图时

　　 C. 自作品得到国家著作权行政管理部门认可时

　　 D. 自作品完成创作之日

试题 9

软件权利人与被许可方签订一份软件使用许可合同。若在该合同约定的时间和地域范围内，软件权利人不得再许可任何第三人以此相同的方法使用该项软件，但软件权利人可以自己使用，则该项许可使用是 (9) 。

(9) A. 独家许可使用　　　　　　　　　　　B. 独占许可使用

　　　　C．普通许可使用　　　　　　　　D．部分许可使用

试题 10
　　利用__(10)__可以对软件的技术信息、经营信息提供保护。
　　（10）A．著作权　　B．专利权　　C．商业秘密权　　D．商标权

试题 11
　　由我国信息产业部批准发布，在信息产业部门范围内统一使用的标准，称为__(11)__。
　　（11）A．地方标准　　B．部门标准　　C．行业标准　　D．企业标准

试题 12
　　已经发布实施的标准（包括已确认或修改补充的标准），经过实施一定时期后，对其内容再次审查，以确保其有效性、先进性和适用性，其周期一般不超过__(12)__年。
　　（12）A．1　　B．3　　C．5　　D．7

试题 13
　　__(13)__确定标准体制和标准化管理体制，规定制定标准的对象与原则，以及实施标准的要求，明确违法行为的法律责任和处罚办法。
　　（13）A．标准化　　　　　　　　　　B．标准
　　　　　C．标准化法　　　　　　　　　D．标准与标准化

试题 14
　　《计算机软件产品开发文件编制指南》（GB 8567—88）是__(14)__标准。
　　（14）A．强制性　　B．推荐性　　C．强制性行业　　D．推荐性行业

试题 15
　　标准化是一门综合性学科，其工作内容极为广泛，可渗透到各个领域。标准化工作的特征包括横向综合性、政策性和__(15)__。
　　（15）A．统一性　　B．灵活性　　C．先进性　　D．安全性

试题 16
　　两个以上的是申请人分别就相同内容的计算机程序的发明创造，先后向国务院专利行政部门提出申请，__(16)__可以获得专利申请权。
　　（16）A．所有的申请人　B．先申请人　　C．先使用人　　D．先发明人

试题 17
　　我国著作权法中，__(17)__系指同一概念。
　　（17）A．出版权与版权　　　　　　　B．著作权与版权
　　　　　C．作者权与专有权　　　　　　D．发行权与版权

试题 18
　　某软件设计师自行将他人使用C程序语言开发的控制程序转换为机器语言形式的控制程序，并固化在芯片中，该软件设计师的行为__(18)__。
　　（18）A．不构成侵权，因为新的控制程序与原控制程序使用的程序设计语言不同

B. 不构成侵权，因为对原控制程序进行了转换与固化，其使用和表现形式不

C. 不构成侵权，将一种程序语言编写的源程序转换为另一种程序语言形式，属于一种"翻译"行为

D. 构成侵权，因为他不享有原软件作品的著作权

试题 19

(19) 不需要登记或标注版权标记就能得到保护。

(19) A．专利权　　　B．商标权　　　C．著作权　　　D．财产权

试题 20

依据著作权法，计算机软件著作权保护的对象是指 (20)。

(20) A．计算机硬件　　　　　　　　　B．计算机软件
　　　C．计算机硬件和软件　　　　　　D．计算机文档

试题 21

依据《计算机软件保护条例》，对软件的保护包括 (21)。

(21) A．计算机程序，但不包括用户手册等文档

B．计算机程序及其设计方法

C．计算机程序及其文档，但不包括开发该软件所用的思想

D．计算机源程序，但不包括目标程序

试题 22

以 ANSI 冠名的标准属于 (22)。

(22) A．国家标准　　　B．国际标准　　　C．行业标准　　　D．项目规范

试题 23

根据《中华人民共和国著作权法》, (23) 是不正确的。

(23) A．创作作品的公民是作者

B．由法人或者其他组织主持，代表法人或者其他组织意志创作，并由法人或者其他组织承担责任的作品，法人或其他组织视为作者

C．如无相反证明，在作品上署名的公民、法人或者其他组织为作者

D．改编、翻译、注释、整理已有作品而产生的作品，其著作权仍归原作品的作者

试题 24

委托开发完成的发明创造，除当事人另有约定的以外，申请专利的权利属于 (24) 所有。

(24) A．完成者　　　　　　　　　　　　B．委托开发人
　　　C．开发人与委托开发人共同　　　D．国家

试题 25

某企业经过多年的发展，在产品研发、集成电路设计等方面取得了丰硕成果，积累

了大量知识财富，(25)不属于该企业的知识产权范畴。

(25) A．专利权　　　　B．版图权　　　　C．商标权　　　　D．产品解释权

试题 26

下面关于著作权的描述，不正确的是 (26)。

(26) A．职务作品的著作权归属认定与该作品的创作是否属于作者的职责范围无关
　　　B．汇编作品指对作品、作品的片段或者不构成作品的数据（或其他资料）选择、编排体现独创性的新生作品，其中具体作品的著作权仍归其作者享有
　　　C．著作人身权是指作者享有的与其作品有关的以人格利益为内容的权利，具体包括发表权、署名权、修改权和保护作品完整权
　　　D．著作权的内容包括著作人身权和财产权

试题 27

由某市标准化行政主管部门制定，报国务院标准行政主管部门和国务院有关行政主管部门备案的某一项标准，在国务院有关行政主管部门公布其行业标准之后，该项地方标准 (27)。

(27) A．与行业标准同时生效　　　　　　B．即行废止
　　　C．仍然有效　　　　　　　　　　　D．修改后有效

试题 28

假设甲、乙二人合作开发了某应用软件，甲为主要开发者。该应用软件所得收益合理分配后，甲自行将该软件作为自己独立完成的软件作品发表，甲的行为 (28)。

(28) A．不构成对乙权利的侵害　　　　　B．构成对乙权利的侵害
　　　C．已不涉及乙的权利　　　　　　　D．没有影响乙的权利

试题 29

甲公司生产的某某牌 U 盘是已经取得商标权的品牌产品，但宽展期满仍未办理续展注册。此时，乙公司未经甲公司许可将该商标用做乙公司生产的活动硬盘的商标，则(29)。

(29) A．乙公司的行为构成对甲公司权利的侵害
　　　B．乙公司的行为不构成对甲公司权利的侵害
　　　C．甲公司的权利没有终止，乙公司的行为应经甲公司的许可
　　　D．甲公司已经取得商标权，不必续展注册，永远受法律保护

试题 30

甲企业开发出某一新产品，并投入生产。乙企业在甲企业之后三个月也开发出同样的新产品，并向专利部门提交专利申请。在乙企业提交专利权申请后的第 5 日，甲企业向该专利部门提交了与乙企业相同的专利申请。按照专利法有关条款，(30)获得专利申请权。

(30) A．甲乙企业同时　　B．乙企业　　　C．甲乙企业先后　　D．甲企业

4.3 习题解答

试题 1 分析

标准化是为了在一定范围内获得最佳秩序,对现实问题或潜在问题制订共同使用和重复使用的条款的活动。标准化法明确规定了标准化工作的任务是制订标准、组织实施标准和对标准的实施进行监督。

制定标准是指,标准制定部门对需要制定标准的项目,编制计划,组织草拟,审批、编号、发布的活动。组织实施标准是指有组织、有计划、有措施地贯彻执行标准的活动。对标准的实施进行监督是指对标准贯彻执行情况进行督、检查和处理的活动。

试题 1 答案

（1）A

试题 2 分析

标准化法第七条规定:国家标准、行业标准分为强制性标准和推荐性标准。保障人体健康,人身、财产安全的标准和法律、行政法规规定强制执行的标准是强制性标准,其他标准是推荐性标准。省、自治区、直辖市标准化行政主管部门制定的工业产品的安全、卫生要求的地方标准,在本行政区域内是强制性标准。

试题 2 答案

（2）A

试题 3 分析

中国企业 M 与美国公司 L 进行技术合作,合同约定 M 使用一项在有效期内的美国专利,但该项美国专利未在中国和其他国家提出申请。对于 M 销售依照该专利生产的产品在中国销售,M 不需要向 L 支付专利许可使用费。

试题 3 答案

（3）D

试题 4 分析

本题考查知识产权保护方面的基本知识。

根据《中华人民共和国著作权法》和《计算机软件保护条例》的规定,计算机软件著作权的权利自软件开发完成之日起产生,公民的软件著作权保护期为公民终生及其死亡之后 50 年；法人或其他组织的软件著作权保护期为 50 年。保护期满,除开发者身份权以外,其他权利终止。一旦计算机软件著作权超出保护期后,软件进入公有领域。计算机软件著作权人的单位终止和计算机软件著作权人的公民死亡均无合法继承人的,除开发者身份权以外,该软件的其他权利进入公有领域。软件进入公有领域后成为社会公共财富,公众可无偿使用。

试题 4 答案

(4) A

试题 5 分析

本题考查知识产权方面的基本知识。我国知识产权法规定，知识产权可分为工业产权和著作权两类。

试题 5 答案

(5) D

试题 6 分析

著作权法规定："著作权人可以全部或者部分转让本条第一款第五项至第十七项规定的权利，并依照约定或者本法有关规定获得报酬。"其中，包括署名权。

试题 6 答案

(6) C

试题 7 分析

《中华人民共和国著作权法》第十二条规定："改编、翻译、注释、整理已有作品而产生的作品，其著作权由改编、翻译、注释、整理人享有，但行使著作权时，不得侵犯原作品的著作权。"根据一件已有的作品，利用改编、翻译、注释、整理等演绎方式而创作的派生作品称之为演绎作品。演绎是一种创作，因而演绎作品是一种新创作的作品。演绎作者对其演绎作品享有完整的著作权。本题中李某将《电脑与编程》杂志上看到张某发表的一组程序逐段加以评析，写成评论文章后投到《电脑编程技巧》杂志上发表，故李某的"评论文章"属于演绎作品，其行为不侵犯张某的著作权，其行为属于合理使用。

试题 7 答案

(7) C

试题 8 分析

本题考查知识产权中关于软件著作权方面的知识。

在我国，软件著作权采用"自动保护"原则。《计算机软件保护条例》第十四条规定："软件著作权自软件开发完成之日起产生。"即软件著作权自软件开发完成之日起自动产生，不论整体还是局部，只要具备了软件的属性即产生软件著作权，既不要求履行任何形式的登记或注册手续，也无须在复制件上加注著作权标记，也不论其是否已经发表都依法享有软件著作权。

一般来讲，一个软件只有开发完成并固定下来才能享有软件著作权。如果一个软件一直处于开发状态中，其最终的形态并没有固定下来，则法律无法对其进行保护。因此，条例（法律）明确规定软件著作权自软件开发完成之日起产生。当然，现在的软件开发经常是一项系统工程，一个软件可能会有很多模块，而每一个模块能够独立完成某一项功能。自该模块开发完成后就产生了著作权。所以说，自该软件开发完成后就产生了著作权。

试题 8 答案

(8) D

试题 9 分析

软件许可使用一般有独占许可使用、独家许可使用和普通许可使用三种形式。独占许可使用，许可的是专有使用权。实施独占许可使用后，软件著作权人不得将软件使用权授予第三方，软件著作权人不能使用该软件；独家许可使用，许可的是专有使用权，实施独家许可使用后，软件著作权人不得将软件使用权授予第三方，软件著作权人自己可以使用该软件；普通许可使用，许可的是非专有使用权，实施普通许可使用后，软件著作权人可以将软件使用权授予第三方，软件著作权人自己可以使用该软件。

试题 9 答案

(9) A

试题 10 分析

本题考查知识产权方面的基础知识，涉及软件商业秘密权的相关概念。

著作权从软件作品性的角度保护其表现形式，源代码（程序）、目标代码（程序）、软件文档是计算机软件的基本表达方式（表现形式），受著作权保护；专利权从软件功能性的角度保护软件的思想内涵，即软件的技术构思、程序的逻辑和算法等的思想内涵，当计算机软件同硬件设备是一个整体，涉及计算机程序的发明专利，可以申请方法专利，取得专利权保护；商标权是为商业化的软件从商品、商誉的角度为软件提供保护，利用商标权可以禁止他人使用相同或者近似的商标，生产（制作）或销售假冒软件产品，商标权受保护的力度大于其他知识产权，对软件的侵权行为更容易受到行政查处。而商业秘密权是商业秘密的合法控制人采取了保密措施，依法对其经营信息和技术信息享有的专有使用权，我国《反不正当竞争法》中对商业秘密的定义为"不为公众所知悉、能为权利人带来经济利益、具有实用性并经权利人采取保密措施的技术信息和经营信息"。软件技术秘密是指软件中适用的技术情报、数据或知识等，包括：程序、设计方法、技术方案、功能规划、开发情况、测试结果及使用方法的文字资料和图表，如程序设计说明书、流程图、用户手册等。软件经营秘密指具有软件秘密性质的经营管理方法以及与经营管理方法密切相关的信息和情报，其中包括管理方法、经营方法、产销策略、客户情报（客户名单、客户需求），以及对软件市场的分析、预测报告和未来的发展规划、招投标中的标底及标书内容等。

试题 10 答案

(10) C

试题 11 分析

我国的国家标准由国务院标准化行政主管部门制定；行业标准由国务院有关行政主管部门制定；地方标准由省、自治区和直辖市标准化行政主管部门制定；企业标准由企业自己制定。而信息产业部属于国务院有关行政主管部门范畴，故由其批准发布的标准属于行业标准。

试题 11 答案

（11）C

试题 12 分析

标准复审（Review Of Standard）是指已经发布实施的现有标准（包括已确认或修改补充的标准），经过实施一定时期后，对其内容再次审查，以确保其有效性、先进性和适用性的过程。1988 年发布的《中华人民共和国标准化法实施条例》中规定，标准实施后的复审周期一般不超过 5 年。

试题 12 答案

（12）C

试题 13 分析

本试题考查《标准化法》的主要内容是什么。《标准化法》分为五章二十六条，其主要内容是确定了标准体制和标准化管理体制（第一章），规定了制定标准的对象与原则以及实施标准的要求（第二章、第三章），明确了违法行为的法律责任和处罚办法（第四章）。

标准是对重复性事物和概念所做的统一规定。标准以科学、技术和实践经验的综合成果为基础，以获得最佳秩序和促进最佳社会效益为目的，经有关方面协商一致，由主管或公认机构批准，并以规则、指南或特性的文件形式发布，作为共同遵守的准则和依据。

标准化是在经济、技术、科学和管理等社会实践中，以改进产品、过程和服务的适用性，防止贸易壁垒，促进技术合作。促进最大社会效益为目的，对重复性事物和概念通过制定、发布和实施标准，达到统一，获最佳秩序和社会效益的过程。

试题 13 答案

（13）C

试题 14 分析

常见的标准代号如下：

（1）GB：中国国家强制标准。

（2）GB/T：中国推荐性国家标准。

（3）GJB：中国国家军用标准。

（4）JB：中国机械行业（含机械、电工及仪器仪表等）强制性行业标准。

（5）ISO：国际标准化组织标准。

（6）NAS：美国国家航空航天标准。

试题 14 答案

（14）A

试题 15 分析

标准化工作的特征包括横向综合性、政策性、统一性。

试题 15 答案

（15）A

试题 16 分析

对于专利权而言，若有多个相类似的专利申请，专利权归属最先提交的申请人，这在《专利法》中有专门的说明。

试题 16 答案

（16）B

试题 17 分析

本题考核有关著作权概念的知识。著作权又称为版权，前者属于大陆法系著作权法的称谓，后者则起源于英美法系。我国在进行著作权立法时就采取大陆法系著作权模式，同时也不排斥英美版权法模式。因此我国 2001 年新修订的著作权法和 1990 年原著作权法第 51 条分别规定"本法所称著作权与版权系同义语"和"本法所称著作权即版权"。可见，我国著作法中著作权和版权系同一概念。

试题 17 答案

（17）B

试题 18 分析

根据《中华人民共和国计算机软件保护条例》的规定，软件著作权人享有翻译权，即将原软件从一种自然语言文字转换成另一种自然语言文字的权利。未经软件著作权人许可，发表或者登记其软件的行为，构成计算机软件侵权。

试题 18 答案

（18）D

试题 19 分析

无形的智力创作性成果不像有形财产那样直观可见，因此，确认智力创作性成果的财产权需要依法审查确认得到法律保护。例如，我国的发明人所完成的发明，其实用新型或者外观设计，已经具有价值和使用价值，但是其完成人尚不能自动获得专利权。完成人必须依照专利法的有关规定，向国家专利局提出专利申请。专利局依照法定程序进行审查，申请符合专利法规定条件的，由专利局做出授予专利权的决定，颁发专利证书。只有当专利局发布授权公告后，其完成人才享有该项知识产权。又如，商标权的获得，我国和大多数国家实行注册制，只有向国家商标局提出注册申请，经审查核准注册后，才能获得商标权。文学艺术作品和计算机软件等的著作权虽然是自作品完成其权利即自动产生，但有些国家也要实行登记或标注版权标记后才能得到保护。我国著作权法第二条规定"中国公民、法人或其他组织的作品，不论是否发表，依照本法享有著作权"。

试题 19 答案

（19）C

试题 20 分析

计算机软件著作权的客体是指著作权法保护的计算机软件著作权的范围（受保护的对象）。根据《著作权法》第三条和《计算机软件保护条例》第二条的规定，著作权法保护的计算机软件是指计算机程序及其有关文档。

计算机程序：根据《计算机软件保护条例》第三条第一款的规定，计算机程序是指为了得到某种结果而可以由计算机等具有信息处理能力的装置执行的代码化指令序列，或者可被自动转换成代码化指令序列的符号化语句序列。计算机程序包括源程序和目标程序，同一程序的源程序文本和目标程序文本视为同一软件作品。

计算机软件的文档：根据《计算机软件保护条例》第三条第二款的规定，计算机程序的文档是指用自然语言或者形式化语言所编写的文字资料和图表，以用来描述程序的内容、组成、设计、功能规格、开发情况、测试结果及使用方法等。文档一般以程序设计说明书、流程图、用户手册等表现。

试题 20 答案

（20）B

试题 21 分析

计算机软件保护条例第二条规定：本条例所称的计算机软件是指计算机程序及其有关文档。

计算机软件保护条例第六条规定：本条例对软件著作权的保护不延及开发软件所用的思想、处理过程、操作方法或者数学概念等。

试题 21 答案

（21）C

试题 22 分析

以 ANSI（American National Standard Institute，美国国家标准学会）冠名的标准属于美国国家标准。

试题 22 答案

（22）A

试题 23 分析

著作权法第十六条规定：有下列情形之一的职务作品，作者享有署名权，著作权的其他权利由法人或者其他组织享有，法人或者其他组织可以给予作者奖励。

（1）主要是利用法人或者其他组织的物质技术条件创作，并由法人或者其他组织承担责任的工程设计图、产品设计图、地图、计算机软件等职务作品；

（2）法律、行政法规规定或者合同约定著作权由法人或者其他组织享有的职务作品。

著作权法第十二条规定：改编、翻译、注释、整理已有作品而产生的作品，其著作权由改编、翻译、注释、整理人享有，但行使著作权时不得侵犯原作品的著作权。

试题 23 答案

(23) D

试题 24 分析

专利法第八条规定：两个以上单位或者个人合作完成的发明创造、一个单位或者个人接受其他单位或者个人委托所完成的发明创造，除另有协议的以外，申请专利的权利属于完成或者共同完成的单位或者个人；申请被批准后，申请的单位或者个人为专利权人。

试题 24 答案

(24) A

试题 25 分析

知识产权是指公民、法人、非法人单位对自己的创造性智力成果和其他科技成果依法享有的民事权。知识产权是智力成果的创造人依法所享有的权利和在生产经营活动中标记所有人依法所享有的权利的总称，包括著作权、专利权、商标权、商业秘密权、植物新品种权、集成电路布图设计权（版图权）和地理标志权等。

试题 25 答案

(25) D

试题 26 分析

汇编作品指对作品、作品的片段或者不构成作品的数据或者其他材料选择、编排体现独创性的新生作品，常见的汇编作品如辞书、选集、期刊和数据库等。汇编作品中具体作品的著作权仍归其作者享有，作者有权单独行使著作权。

职务作品是作为雇员的公民为完成所在单位的工作任务而创作的作品。认定职务作品时应考虑的前提有两个：一是作者和所在单位存在劳动关系；二是作品的创作属于作者的职责范围。

著作权的内容包括著作人身权和财产权。其中著作人身权是指作者享有的与其作品有关以人格利益为内容的权利，具体包括发表权、署名权、修改权和保护作品完整权。

试题 26 答案

(26) A

试题 27 分析

标准化法第六条规定：对需要在全国范围内统一的技术要求，应当制定国家标准。国家标准由国务院标准化行政主管部门制定。对没有国家标准而又需要在全国某个行业范围内统一的技术要求，可以制定行业标准。行业标准由国务院有关行政主管部门制定，并报国务院标准化行政主管部门备案，在公布国家标准之后，该项行业标准即行废止。对没有国家标准和行业标准而又需要在省、自治区、直辖市范围内统一的工业产品的安全、卫生要求，可以制定地方标准。地方标准由省、自治区、直辖市标准化行政主管部门制定，并报国务院标准化行政主管部门和国务院有关行政主管部门备案，在公布国家标准或者行业标准之后，该项地方标准即行废止。

企业生产的产品没有国家标准和行业标准的，应当制定企业标准，作为组织生产的依据。企业的产品标准须报当地政府标准化行政主管部门和有关行政主管部门备案。已有国家标准或者行业标准的，国家鼓励企业制定严于国家标准或者行业标准的企业标准，在企业内部适用。

试题 27 答案

（27）B

试题 28 分析

计算机软件保护条例第十条规定：由两个以上的自然人、法人或者其他组织合作开发的软件，其著作权的归属由合作开发者签订书面合同约定。无书面合同或者合同未做明确约定，合作开发的软件可以分割使用的，开发者对各自开发的部分可以单独享有著作权；但是，行使著作权时，不得扩展到合作开发的软件整体的著作权。合作开发的软件不能分割使用的，其著作权由各合作开发者共同享有，通过协商一致行使；不能协商一致，又无正当理由的，任何一方不得阻止他方行使除转让权以外的其他权利，但是所得收益应当合理分配给所有合作开发者。

根据题意，甲虽然为主要开发者，但软件的版权（其中就包含发表权和署名权）应该归甲、乙二人共同所有。甲自行将该软件作为自己独立完成的软件作品发表，构成了对乙权利的侵害。

试题 28 答案

（28）B

试题 29 分析

商标法第三十七条规定：注册商标的有效期为十年，自核准注册之日起计算。

商标法第三十八条规定：注册商标有效期满，需要继续使用的，应当在期满前六个月内申请续展注册；在此期间未能提出申请的，可以给予六个月的宽展期。宽展期满仍未提出申请的，注销其注册商标。每次续展注册的有效期为十年。续展注册经核准后，予以公告。

在本题中，因为甲公司在其商标"宽展期满仍未办理续展注册"，按照规定，应该"注销其注册商标"，所以乙公司将该商标用做乙公司生产的活动硬盘的商标，无需经甲公司许可，且不构成对甲公司权利的侵害。

试题 29 答案

（29）B

试题 30 分析

专利法第九条规定：两个以上的申请人分别就同样的发明创造申请专利的，专利权授予最先申请的人。

试题 30 答案

（30）B

第 5 章 网络体系结构

从历年的考试试题来看，本章的考点在综合知识考试中的平均分数为 3.6 分，约为总分的 5%。考试试题分数主要集中在 OSI 和 TCP/IP 协议栈的层次、TCP/UDP 协议、IP 协议、其他常见协议这 4 个知识点上。

5.1 考点提炼

根据考试大纲，结合历年考试真题，希赛教育的软考专家认为，考生必须要掌握以下几个方面的内容：

1. 参考模型

在参考模型方面，涉及的考点有 OSI 参考模型（重点）和 TCP/IP 协议栈（重点）。

【考点 1】OSI 参考模型

关键在于各层结构特点、封装特性、代表性协议及其关键特性，主要是记忆与理解。

（1）七层结构

网络体系结构指的是网络各层、层中协议和层间接口的集合。OSI 网络体系结构中共定义了七层，从高到低分别是：

① 应用层：直接为端用户服务，提供各类应用过程的接口和用户接口。诸如：HTTP、Telnet、FTP、SMTP、NFS 等。

② 表示层：使应用层可以根据其服务解释数据的含义，通常包括数据编码的约定、本地句法的转换。诸如：JPEG、ASCII、GIF、DES、MPEG 等。

③ 会话层：主要负责管理远程用户或进程间的通信，通常包括通信控制、检查点设置、重建中断的传输链路、名字查找和安全验证服务。诸如：RPC、SQL、NFS 等。

④ 传输层：实现发送端和接收端的端到端的数据分组（数据段）传送，负责保证实现数据包无差错、按顺序、无丢失和无冗余的传输。其服务访问点为端口。代表性协议有 TCP、UDP、SPX 等。

⑤ 网络层：属于通信子网，通过网络连接交换传输层实体发出的数据（以报文分组的形式）。它解决的问题是路由选择、网络拥塞、异构网络互联的问题。其服务访问点为逻辑地址（也称为网络地址，通常由网络号和主机地址两部分组成）。代表性协议有 IP、IPX 等。

⑥ 数据链路层：建立、维持和释放网络实体之间的数据链路，这种数据链路对网

络层表现为一条无差错的信道(传送数据帧)。它通常把流量控制和差错控制合并在一起。数据链路层可以分为 MAC（媒介访问层）和 LLC（逻辑链路层）两个子层，其服务访问点为物理地址（也称为 MAC 地址）。代表性协议有 IEEE 802.3/.2、HDLC、PPP、ATM 等。

⑦ 物理层：通过一系列协议定义了通信设备的机械的、电气的、功能的、规程的特征。代表性协议有 RS-232、V.35、RJ-45、FDDI 等。物理层的数据将以比特流的形式进行传输。

OSI 模型各层实现的主要功能如表 5-1 所示。

表 5-1 OSI 各层功能分布

层次	主要功能
物理层	提供物理通路、二进制数据传输、定义机械/电气特性和接口
数链层	数据链路的链接与释放、流量控制、构成链路数据单元、差错的检测与恢复、帧定界与同步、传送以帧为单位的信息
网络层	路由的选择与中继、网络连接的激活与终止、网络连接的多路复用、差错的检测与恢复、排序与流量控制、服务选择
传输层	映射传输地址到网络地址、传输连接的建立与释放、多路复用与分割、差错控制及恢复、分段与重组、组块与分块、序号及流量控制
会话层	会话链接到传输链接映射、会话链接的恢复与释放、对会话参数进行协商服务选择、活动管理与令牌管理、数据传送
表示层	数据语法的转换、数据加密与数据压缩、语法表示与连接管理
应用层	应用层包含用户应用程序执行任务所需要的协议和功能

OSI 体系结构方面规定了开放系统在分层、相应层对等实体的通信、标识符、服务访问点、数据单元、层操作、OSI 管理等方面的基本元素、组成和功能等，如表 5-2 所示。

表 5-2 数据封装

层次	物理层	数链层	网络层	传输层	会话层	表示层	应用层
封装单位	比特流	数据帧	数据包	信息报文			

（2）服务访问点

（N）层实体向（N+1）层实体提供服务，（N+1）层实体向（N）层实体请求服务，从概念上讲，这是通过位于（N）层和（N+1）层的界面上的服务访问点（N）SAP 来实现的，如图 5-1 所示。

（N）SAP 是一个访问工具，由一组服务元素和抽象操作组成，并由（N+1）实体在该点调用。我们把（N）层中提供（N）服务的那些（N）实体总称为（N）服务提供者；而把调用（N）服务的（N+1）实体称为（N）服务用户。

第 5 章 网络体系结构

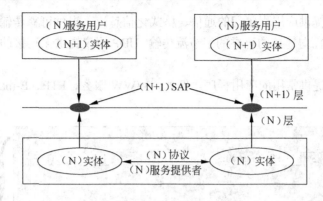

图 5-1 服务访问点 SAP

这里要掌握的是：MAC 地址是物理层的 SAP，为数据链路层服务；LLC 地址是逻辑链路层的 SAP；IP 地址是网络层的 SAP，为传输层提供服务；端口号是传输层上的 SAP，为上层应用提供服务；用户界面是应用层的 SAP，为主体用户提供服务。

【考点 2】TCP/IP 协议栈

TCP/IP 协议族也是一种层次体系结构，共分为 4 层。如图 5-2 所示。

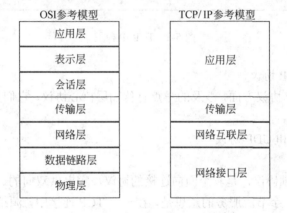

图 5-2 TCP/IP 协议与 OSI 分层对比

其中的底层物理层和数据链路层只要能够支持 IP 层的分组传送即可，因此作为网络接口层来对待，如图 5-3 所示。

各层的功能简介如下。

（1）网络接口层：提供 IP 数据报的发送和接收。例如，以太网的 802.3 协议、令牌环网的 802.5 协议以及分组交互网的 X.25 协议等。

（2）网络层：提供计算机间的分组传输。

主要体现在高层数据的分组生成、底层数据报的分组组装、处理路由、流控、拥塞等方面。

(3) 传输层：提供应用程序间的通信、格式化信息流、提供可靠传输。

TCP 协议提供面向连接的可靠的字节流传输，UDP 协议提供无连接的不可靠的数据包传输。

(4) 应用层：提供常用的应用程序。例如，WWW 服务、FTP、E-mail、Telnet 等。

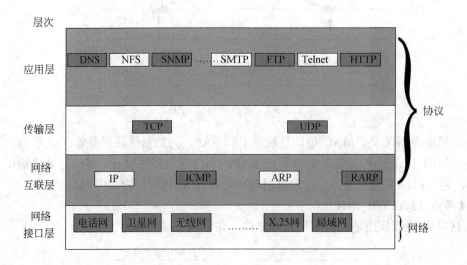

图 5-3　TCP/IP 模型

2. TCP 和 UDP 协议

在 TCP 和 UDP 协议方面，涉及的考点有传输层核心协议，它们分别是 TCP 和 UDP 协议（重点）。

【考点 3】TCP 和 UDP 协议

(1) TCP 协议

TCP 即传输控制协议，是一个面向连接的协议，它提供双向的、可靠的、有流量控制的字节流的服务。字节流服务的意思是，在一个 TCP 连接中，源结点发送一连串的字节给目的结点。可靠服务是指数据有保证地传递、按序、没有重复。TCP 报头格式如图 5-4 所示。

TCP 协议是一种面向连接的、可靠的传输层协议。面向连接是指一次正常的 TCP 传输需要通过在 TCP 客户端和 TCP 服务端建立特定的虚电路连接来完成，该过程通常被称为"三次握手"。三次握手的目标是使数据段的发送和接收同步，同时也向其他主机表明其一次可接收的数据量（窗口大小），并建立逻辑连接。这三次握手的过程可以简述如下：

① 源主机发送一个同步标志位（SYN）置 1 的 TCP 数据段。此段中同时标明初始序号（Initial Sequence Number，ISN），ISN 是一个随时间变化的随机值。

② 目标主机发回确认数据段，此段中的同步标志位（SYN）同样被置1，且确认标志位（ACK）也置1，同时确认序号字段表明目标主机期待收到源主机下一个数据段的序号（即表明前一个数据段已收到并且没有错误）。此外，此段中还包含目标主机的段初始序号。

③ 源主机再回送一个数据段，同样带有递增的发送序号和确认序号。

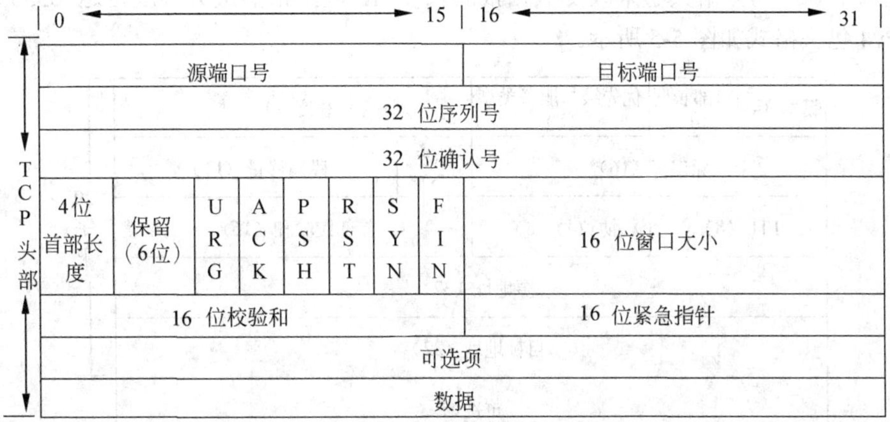

0	15	16	31
源端口号		目标端口号	
32 位序列号			
32 位确认号			
4位首部长度	保留（6位）	URG ACK PSH RST SYN FIN	16 位窗口大小
16 位校验和		16 位紧急指针	
可选项			
数据			

（TCP头部）

图 5-4　TCP 报头格式

至此，TCP 会话的三次握手完成。接下来，源主机和目标主机可以互相收发数据。

基于 TCP 的应用层协议有 SMTP、FTP、HTTP、Telnet、POP 等。

（2）UDP 协议

UDP 即用户数据报协议，是一个无连接服务的协议。它提供多路复用和差错检测功能，但不保证数据的正确传送和重复出现。UDP 报头包括 16 位的源和目的端口号，16 位的以字节为单位的长度总和（数据和报头的和）标识字段，16 位的数据和报头校验和字段。

基于 UDP 的应用层协议有 SNMP、DNS、TFTP、DHCP、RPC 等。

3．IP 协议

在 IP 协议方面，涉及的考点有网络层核心协议，也就是 IP 协议（重点）。

【考点 4】IP 协议

IP 协议实际上是一套由软件程序组成的协议软件，它把各种不同"帧"统一转换成"IP 数据报"格式，这种转换是因特网的一个最重要的特点，使所有各种计算机都能在因特网上实现互通，即具有"开放性"的特点。

数据包也是分组交换的一种形式，就是把所传送的数据分段打成"包"，再传送出去。但是，与传统的"连接型"分组交换不同，它属于"无连接型"，是把打成的每个"包"（分组）都作为一个"独立的报文"传送出去，所以叫做"数据报"。这样，在开始通信之前就不需要先连接好一条电路,各个数据报不一定都通过同一条路径传输,所以叫做"无连接型"。这一特点非常重要,它大大提高了网络的坚固性和安全性。

每个数据报都有包头和包文两个部分,包头中有目的地址等必要内容,使每个数据报不经过同样的路径都能准确地到达目的地。在目的地重新组合还原成原来发送的数据,这就要求 IP 具有分组打包和集合组装的功能。在实际传送过程中,数据报还要求能根据所经过网络规定的分组大小来改变数据报的长度,IP 数据报的最大长度可达 65535 个字节。IPv4 包头格式如图 5-5 所示。

版本（4）	首部长度（4）	优先级与服务类型（8）	总长度（16）	
标识符（16）		标志（3）	段偏移量（13）	
TTL（8）	协议号（8）		首部校验和（16）	20字节
源地址（32）				
目标地址（32）				
可选项				
数据				

图 5-5　IPv4 包头格式

IP 协议运行在网络层上,可实现异构的网络之间的互联互通。它是一种不可靠、无连接的协议。IP 定义了在整个 TCP/IP 互联网上数据传输所用的基本单元(由于采用的是无连接的分组交换,因此也称为数据报),规定了互联网上传输数据的确切格式。IP 软件完成路由选择的功能,选择一个数据发送的路径。除了数据格式和路由选择精确而正式的定义之外,还包括一组不可靠分组传送思想的规则。这些规则指明了主机和路由器应该如何处理分组,何时采用何种方法发出错误信息,以及在什么情况下可以放弃分组。IP 协议是 TCP/IP 互联网设计中最基本的部分。对于 IP 协议而言,需要掌握以下几个关键知识点。

① 数据报生存期

为了防止因出现网络路由环路,而导致 IP 数据报在网络中无休止地转发,IP 协议在 IP 包头设置了一个数据报生存期(TTL)位,用来存放数据报生存期(以跳为单位,每经过一个路由器为一跳),每经过一个路由器,计数器加 1,超过一定的计数值,就将其丢弃。

② 分段和重装配

在理想情况下,整个数据报被封装在一个物理帧中,可以提高物理网络上的效率。

但由于 IP 数据包经常在许多类型的物理网络上传送，而每种物理网络所能够传送的帧的长度是有限的，例如以太网是 1500 字节，FDDI 是 4470 字节，这个限制称为网络最大传送单元（MTU）。这就使得 IP 协议在设计上不得不处理这样的矛盾：当数据报通过一个可传送更大帧的网络时，如果数据报大小限制为整个最小的 MTU，就会浪费网络带宽资源；但如果数据报大小大于最小的 MTU，就可能出现无法封装的问题。为了有效地解决这个问题，IP 协议采用了分段和重装配机制来解决。

a．分段：IP 协议采用的是遇到 MTU 更小的网络时再分段。

b．重装配：为了能够减少中途路由器的工作，降低出错，重装配工作是直到目的主机时才进行的，也就是分段后，遇到 MTU 更大的网络时并不重装配，而是保持小分组，直到目的主机接收完整后再一次性重装配。

它使用了 4 个字段来处理分段和重装配问题：一是报文 ID 字段，它唯一标识了某个站某个协议层发出的数据；第二个字段是数据长度，即字节数；第三个字段是偏置值，即分段在原来数据报中的位置以 8 个字节的倍数计算；第四个是 M 标志，用来标识是否为最后一个分段。整个分段的步骤为：

a．对数据块的分段必须在 64 位（8 字节）的边界上划分，因而除最后一段外，其他段长都是 64 位的整数倍。

b．对得到的每一个分段都加上原来的数据报的 IP 头，组成短报文。

c．每一个短报文的长度字段修改为它实际包含的字节数。

d．第一个短报文的偏置值设置为 0，其他的偏置值为其前面所有报文长度之和除以 8。

e．最后一个报文的 M 标志置为 0（False），其他报文的 M 标志置为 1（True）。

如图 5-6 所示就是一个"分段"的实例。

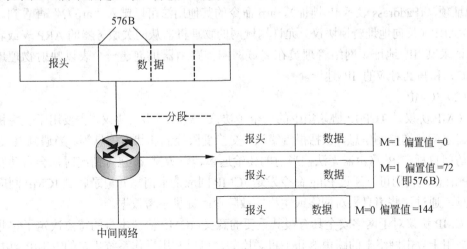

图 5-6　数据报分段示意图

③ IP 数据报格式

IP 协议的数据报格式如图 5-5 所示，其中版本号用来说明 IP 协议的版本（现在是 IPv4，今后会过渡到 IPv6；IHL 是 IP 头长度（即除了用户数据之外），以 32 位字计数，最小是 5，即 20 个字节；服务类型用于区分可靠性、优先级、延迟和吞吐率的参数；总长度是包含 IP 头在内的数据单元总长度；标识符是唯一标识数据报的 ID；标志区有三个，一个未启用，D 代表是否允许分段，M 代表是否分段；协议表示使用的上层协议。

4．其他常见协议

除了 TCP、UDP、IP 协议外，在其他一些常见的协议基本上可以分为底层协议和高层协议，而涉及的具体协议有底层的 ARP/RARP（重点）、ICMP（重点）、HDLC（重点）协议以及高层的 SMTP（重点）、POP3（重点）、FTP（重点）、TFTP（重点）、HTTP（重点）、DNS 协议（重点）。

【考点 5】其他常见协议

（1）ARP 与 RARP

ARP 协议主要负责将局域网中的 32 位 IP 地址转换为对应的 48 位物理地址，即网卡的 MAC 地址，比如 IP 地址为 192.168.0.1，网卡的 MAC 地址为 00-03-0F-FD-1D-2B。整个转换过程是一台主机先向目标主机发送包含 IP 地址信息的广播数据包，即 ARP 请求，然后目标主机向该主机发送一个含有 IP 地址和 MAC 地址的数据包，通过 MAC 地址，两个主机就可以实现数据传输了。

在安装了以太网网络适配器的计算机中有专门的 ARP 缓存，包含一个或多个表，用于保存 IP 地址以及经过解析的 MAC 地址。在 Windows 中要查看或者修改 ARP 缓存中的信息，可以使用 arp 命令来完成，比如在 Windows XP 的命令提示符窗口中，键入 "arp –a" 或 "arp –g" 可以查看 ARP 缓存中的内容；键入 "arp -d IPaddress" 表示删除指定的 IP 地址项（IPaddress 表示 IP 地址）。arp 命令的其他用法可以键入 "arp /?" 查看到。

RARP（反向地址转换协议）允许局域网的物理机器从网关服务器的 ARP 表或者缓存上请求其 IP 地址。网络管理员在局域网网关路由器里创建一个表以映射物理地址（MAC）和与其对应的 IP 地址。

（2）ICMP

ICMP 协议是 TCP/IP 协议集中的一个子协议，属于网络层协议，主要用于在主机与路由器之间传递控制信息，包括报告错误、交换受限控制和状态信息等。当遇到 IP 数据无法访问目标、IP 路由器无法按当前的传输速率转发数据 q 包等情况时，会自动发送 ICMP 消息。我们可以通过 Ping 命令发送 ICMP 回应请求消息并记录收到 ICMP 回应回复消息，通过这些消息来对网络或主机的故障诊断提供参考依据。

ICMP 协议对于网络安全具有极其重要的意义。ICMP 协议本身的特点决定了它非常容易被用于攻击网络上的路由器和主机。比如，可以利用操作系统规定的 ICMP 数据包最大大小不超过 64KB 这一规定，向主机发起 "Ping of Death"（死亡之 Ping）攻击。"Ping of Death"攻击的原理是:如果 ICMP 数据包的大小超过 64KB 上限时,主机就会出现内存分配错误,导致 TCP/IP 堆栈崩溃,致使主机死机。禁用 ICMP 所提供的相应端口,可以限制外来主机的 Ping 入。

ICMP 发送的消息类型主要有如下几种。

① 未达目的地信息

相应于网关的路由表,如果在目的域中指定的网络不可达,如网络距离为无限远,网关会向发送源数据的主机发送目的不可达消息。而且,在一些网络中,网关有能力决定目的主机是否可达。如果目的地不可达,它将向发送源数据的主机发送不可达信息。

在目的主机,如果 IP 模块因为指定的协议模块和进程端口不可用而不能提交数据报,目的主机将向发送源数据的主机发送不可达信息。

另外一种情况是当数据报必须被分段传送,而"不可分段"位打开时,在这种情况下,网关必须抛弃此数据报,并向发送源数据的主机发送不可达信息。

② 超时信息

如果网关在处理数据报时发现生存周期域为零,此数据报必须抛弃。网关同时必须通过超时信息通知源主机。如果主机在组装分段的数据报时因为丢失段未能在规定时间内组装数据,此数据报必须抛弃,网关发送超时信息。

③ 参数问题消息

如果网关或主机在处理数据报时发现包头参数有错误以至不能完成工作,它必须抛弃此数据报。一个潜在的原因可能是变量的错误。网关或主机将通过参数问题消息通知源主机,此消息只有在消息被抛弃时才被发送。指针指向发现错误的数据报包头字节。

④ 源拥塞(抑制)消息

如果没有缓冲容纳,网关会抛弃数据报,如果网关这样做了,它会发送源拥塞消息给发送主机。如果接收的数据报太多无法处理,目的主机也会发送相应的消息给发送主机。此消息要求发送方降低发送速率,网关会给每个抛弃的消息返回源拥塞消息,在接收到此消息后,发送主机应该降低发送速率,直到不再接收到网关发送的源拥塞消息为止。在此之后,源主机可以再提高发送速率,直到接收到目的主机的源拥塞消息为止。网关或主机不会等到已经超过限度后再发送此消息,而是接近自己的处理极限时就发送此消息,这意味着,引发源拥塞消息的数据报仍然可以处理。

⑤ 重定向消息

网关在下面情况下发送重定向消息。网关(G1)从网关相连的网络上接收到数据报,它检查路由表获得下一个网关(G2)的地址(X)。如果 G2 和指定的接收主机在同一网络上,重定向消息发出,此消息建议发送主机直接将数据报发向网关 G2,因为这更近,同时网关 G1 向前继续发送此数据报。

因为在数据报中的 IP 源路由和目的地址域是可选的,所以即使有更好的路由有时也无法发现。

⑥ 回送或回送响应消息

回送消息中接收到的消息应该在回送响应消息中返回。标识符和序列码由回送发送者使用帮助匹配回送请求的响应。

⑦ 时间戳和时间戳响应消息

接收到的时间戳附加在响应里返回，时间是以百万分之一秒为单位计算的，并以标准时午夜开始计时。原时间戳是发送方发送前的时间。接收时间戳是回送者接收到的时间，传送时间是回送者发送的时间。

如果时间以百万分之一秒计算无效，或者不能以标准时提供，可以在时间戳的高字节填充数据以表示这不是标准数据。标识符和序列码由发送者匹配请求的响应。

⑧ 信息请求或信息响应消息

此消息可以在 IP 包头中以源网络地址发送，但同时目的地址域为 0（这表示此网络内）。响应 IP 模块应该发送完全指定地址的响应。发送此消息是主机寻找到自己所在网络号码的一种方法。标识符和序列码由发送者匹配请求的响应。

(3) HDLC

HDLC 帧格式包括标志字段、地址字段、控制字段、数据和校验和，如图 5-7 所示。

图 5-7　HDLC 帧格式

标志字段（01111110）用于确定帧的起始和结束，以进行帧同步和准确识别长度可变的帧。

在两个标志字段之间的比特串中，如果碰巧出现了和标志字段一样的组合，就会被误认为是帧边界。为了避免这种错误，HDLC 采用比特填充法使一个帧中两个标志字段之间不会出现 6 个连续的 1。具体做法是：在发送端，在加标志字段之前，先对比特串扫描，若发现 5 个连续的 1，则立即在其后加一个 0。在接收端收到帧后，去掉头尾的标志字段，对比特串进行扫描，当发现 5 个连续的 1 时，立即删除其后的 0，这样就还原成原来的比特流了。

(4) 简单邮件传送协议

SMTP（简单邮件传送协议）决定了用户代理 UA 与报文传送代理 MTA 建立连接的方法，以及 UA 发送其电子邮件的方法。MTA 也使用 SMTP 在相互之间进行电子邮件的转发，直到电子邮件到达合适的 MTA 并传递给接收的 UA。UA 与 MTA 和 MTA 之间有着相类似的交互处理，其差别在于后者要求 MTA 必须查找一个接收 MTA。

(5) 邮局协议

SMTP 运行的前提是接收邮件的服务器端程序的目的主机一直在运行，否则就不能建立 TCP 连接，而这又不现实，因为桌面计算机每天要关机，不可能建立 SMTP 会话。TCP/IP 专门设计了一个提供对电子邮件信箱进行远程存取的协议，它允许用户的邮箱安置在某个运行邮件服务器程序的计算机（邮件服务器）上，并允许用户从其个人计算机对邮箱的内容进行存取。这个协议就是邮局协议 POP，现在用的是 POP3。

（6）文件传送协议

在客户和服务器的文件传送过程中，有两个进程：控制进程和数据传送进程，同时工作。控制进程负责建立传送 FTP（文件传输协议）命令控制连接，这些命令使服务器知道要传送什么文件。控制进程即前面的子进程，客户端在向服务器发出连接请求时，还要告诉服务器自己的另一个端口号码，用于建立数据传送，数据进程用来建立数据连接，传送每个文件。服务器用自己的传送数据熟知端口（20）与客户端建立数据传送连接，如图 5-8 所示。

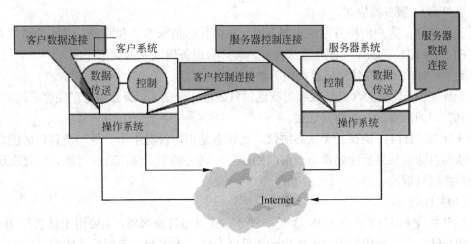

图 5-8 FTP 文件传输服务

（7）普通文件传输协议

Internet 协议包括另外一个被称作普通文件传输协议 TFTP 的文件传输服务。TFTP 在多个方面与 FTP 存在着差异。

首先，TFTP 客户与服务器之间的通信使用的是 UDP 而非 TCP。其次，TFTP 只支持文件传输。也就是说，TFTP 不支持交互，而且没有一个庞大的命令集。最为重要的是，TFTP 不允许用户列出目录内容或者与服务器协商来决定那些可得到的文件名。第三，TFTP 没有授权。客户不需要发送登录名或者口令，文件仅当权限允许全局存取时才能被传输。

（8）远程登录协议

远程登录协议 Telnet 是一个简单的远程终端协议，用户用 Telnet 可通过 TCP 登录到远地的一个主机上。Telnet 将用户的击键传到远地主机，也将远地主机的输出通过 TCP 连接返回到用户屏幕，使用户感觉到像是键盘和屏幕直接连到主机上一样。

Telnet 也使用客户/服务器模式，本地系统运行 Client 进程，远地主机则运行 Server 进程。和 FTP 一样，Server 中的主进程等待新的请求，并产生从属进程来处理每一个连接。

（9）WWW 与超文本传输协议

众所周知，Internet 的基本协议是 TCP/IP 协议，目前广泛采用的 FTP 等是建立在 TCP/IP 协议之上的应用层协议，不同的协议对应着不同的应用。WWW 服务器使用的主要协议是 HTTP 协议，即超文本传输协议。

HTTP 是一个属于应用层的面向对象的协议，由于其简捷、快速的方式，适用于分布式超媒体信息系统。HTTP 协议的主要特点可概括如下。

支持客户/服务器模式。

简单快速：客户向服务器请求服务时，只需传送请求方法和路径。常用的请求方法有 GET、HEAD、POST。每种方法规定了客户与服务器联系的类型不同。

灵活：HTTP 允许传输任意类型的数据对象。

无连接：无连接的含义是限制每次连接只处理一个请求。服务器处理完客户的请求，并收到客户的应答后，即断开连接。

无状态：HTTP 协议是无状态协议。无状态是指协议对于事务处理没有记忆能力。缺少状态意味着如果后续处理需要前面的信息，则它必须重传，这样可能导致每次连接传送的数据量增大。

（10）DNS 协议

域名系统（服务）协议（DNS）是一种分布式网络目录服务，主要用于域名与 IP 地址的相互转换，以及控制因特网的电子邮件的发送。大多数因特网服务依赖于 DNS 来工作，一旦 DNS 出错，就无法连接 Web 站点，电子邮件的发送也会中止。DNS 有两个独立的方面：

定义了命名语法和规范，以利于通过名称委派域名权限。基本语法是：local.group.site

定义了如何实现一个分布式计算机系统，以便有效地将域名转换成 IP 地址。

在 DNS 命名方式中，采用了分散和分层的机制来实现域名空间的委派授权，以及域名与地址相转换的授权。通过使用 DNS 的命名方式来为遍布全球的网络设备分配域名，而这则是由分散在世界各地的服务器实现的。

理论上，DNS 协议中的域名标准阐述了一种可用任意标签值的分布式的抽象域名空间。任何组织都可以建立域名系统，为其所有分布结构选择标签，但大多数 DNS 协议用户遵循官方因特网域名系统使用的分级标签。常见的顶级域有：com、edu、gov、net、org，另外还有一些带国家和地区代码的顶级域如：cn、us、uk、hk 等。

DNS 的分布式机制支持有效且可靠的名字到 IP 地址的映射。多数名字可以在本地映射，不同站点的服务器相互合作能够解决大网络的名字与 IP 地址的映射问题。单个服务器的故障不会影响 DNS 的正确操作。DNS 是一种通用协议，它并不仅限于网络设备名称。

5.2 强化练习

试题 1

在 TCP 协议中，采用 (1) 来区分不同的应用进程。

(1) A．端口号　　　　B．IP 地址　　　　C．协议类型　　　　D．MAC 地址

试题 2

TCP 是互联网中的传输层协议，使用 (2) 次握手协议建立连接。

(2) A．1　　　　　　B．2　　　　　　　C．3　　　　　　　D．4

试题 3

ARP 协议的作用是由 IP 地址求 MAC 地址，ARP 请求是广播发送，ARP 响应是 (3) 发送。

(3) A．单播　　　　　B．组播　　　　　　C．广播　　　　　　D．点播

试题 4

ICMP 协议在网络中起到了差错控制和交通控制的作用。如果在 IP 数据报的传送过程中，如果出现网络拥塞，则路由器发出 (4) 报文。

(4) A．路由重定向　　B．目标不可到达　　C．源抑制　　　　　D．超时

试题 5

TCP 是互联网中的传输层协议，TCP 协议进行流量控制的方法是 (5)。

(5) A．使用停等 ARQ 协议　　　　　　　B．使用后退 N 帧 ARQ 协议
　　C．使用固定大小的滑动窗口协议　　　D．使用可变大小的滑动窗口协议

试题 6

TCP 实体发出连接请求（SYN）后，等待对方的 (6) 响应。

(6) A．SYN　　　　　B．FIN，ACK　　　C．SYN，ACK　　　D．RST

试题 7

使用 (7) 协议远程配置交换机。

(7) A．Telnet　　　　B．FTP　　　　　　C．HTTP　　　　　D．PPP

试题 8

在 TCP/IP 网络中，为各种公共服务保留的端口号范围是 (8)。

(8) A．1～255　　　　B．256～1023　　　C．1～1023　　　　D．1024～65535

试题 9

HDLC 协议是一种 (9)。

(9) A. 面向比特的同步链路控制协议
　　B. 面向字节计数的同步链路控制协议
　　C. 面向字符的同步链路控制协议
　　D. 异步链路控制协议

试题 10

SSL 协议使用的默认端口是 (10) 。

(10) A. 80　　　　　B. 445　　　　　C. 8080　　　　　D. 443

试题 11

关于 ARP 表，以下描述中正确的是 (11) 。

(11) A. 提供常用目标地址的快捷方式来减少网络流量
　　 B. 用于建立 IP 地址到 MAC 地址的映射
　　 C. 用于在各个子网之间进行路由选择
　　 D. 用于进行应用层信息的转换

试题 12

在 FTP 协议中，控制连接是由 (12) 主动建立的。

(12) A. 服务器端　　B. 客户端　　　C. 操作系统　　D. 服务提供商

试题 13

TCP 段头的最小长度是 (13) 字节。

(13) A. 16　　　　　B. 20　　　　　C. 24　　　　　D. 32

试题 14

以下关于 FTP 和 TFTP 描述中，正确的是 (14) 。

(14) A. FTP 和 TFTP 都基于 TCP 协议
　　 B. FTP 和 TFTP 都基于 UDP 协议
　　 C. FTP 基于 TCP 协议，TFTP 基于 UDP 协议
　　 D. FTP 基于 UDP 协议，TFTP 基于 TCP 协议

试题 15

浏览器与 Web 服务器通过建立 (15) 连接来传送网页。

(15) A. UDP　　　　B. TCP　　　　C. IP　　　　　D. RIP

试题 16

下面信息中 (16) 包含在 TCP 头中而不包含在 UDP 头中。

(16) A. 目标端口号　B. 顺序号　　　C. 发送端口号　D. 校验和

试题 17

在 X.25 网络中，(17) 是网络层协议。

(17) A. LAP-B　　　B. X.21　　　　C. X.25PLP　　 D. MHS

试题 18

ARP 协议的作用是 (18) 。

(18) A. 由 IP 地址查找对应的 MAC 地址

　　B. 由 MAC 地址查找对应的 IP 地址

　　C. 由 IP 地址查找对应的端口号

　　D. 由 MAC 地址查找对应的端口号

试题 19

ARP 报文封装在 (19) 中传送。

(19) A. 以太帧　　B. IP 数据报　　C. UDP 报文　　D. TCP 报文

试题 20

简单邮件传输协议（SMTP）默认的端口号是 (20) 。

(20) A. 21　　B. 23　　C. 25　　D. 80

试题 21

关于 HDLC 协议的帧顺序控制，下面的语句中正确的是 (21) 。

(21) A. 如果接收器收到一个正确的信息帧（I），并且发送顺序号落在接收窗口内，则发回确认帧

　　B. 信息帧（I）和管理帧（S）的控制字段都包含发送顺序号

　　C. 如果信息帧（I）的控制字段是 8 位，则发送顺序号的取值范围是 0～127

　　D. 发送器每发出一个信息帧（I），就把窗口向前滑动一格

试题 22

以下关于 X.25 网络的描述中，正确的是 (22) 。

(22) A. X.25 的网络层提供无连接的服务

　　B. X.25 网络丢失帧时，通过检查帧顺序号重传丢失帧

　　C. X.25 网络使用 LAP-D 作为传输控制协议

　　D. X.25 网络采用多路复用技术，帧中的各个时槽被预先分配给不同的终端

试题 23

下面语句中，正确地描述了网络通信控制机制的是 (23) 。

(23) A. 在数据报系统中，发送方和接收方之间建立了虚拟通道，所有的通信都省略了通路选择的开销

　　B. 在滑动窗口协议中，窗口的滑动由确认的帧编号控制，所以可以连续发送多个帧

　　C. 在前向纠错系统中，由接收方检测错误，并请求发送方重发出错帧

　　D. 由于 TCP 协议的窗口大小是固定的，无法防止拥塞出现，所以需要超时机制来处理网络拥塞的问题

试题 24

关于无连接的通信，下面的描述中正确的是 (24) 。

(24) A. 由于为每一个分组独立地建立和释放逻辑连接，所以无连接的通信不适合传送大量的数据
B. 由于通信对方和通信线路都是预设的，所以在通信过程中无须任何有关连接的操作
C. 目标的地址信息被加在每个发送的分组
D. 无连接的通信协议 UDP 不能运行在电路交换或租用专线网络上

试题 25

下面关于 ICMP 协议的描述中，正确的是 (25) 。

(25) A. ICMP 协议根据 MAC 地址查找对应的 IP 地址
B. ICMP 协议把公网的 IP 地址转换为私网的 IP 地址
C. ICMP 协议根据网络通信的情况把控制报文传送给发送方主机
D. ICMP 协议集中管理网络中的 IP 地址分配

试题 26

在 TCP/IP 体系结构中，BGP 协议是一种 (26) ，BGP 报文封装在 (27) 中传送。

(26) A. 网络应用　　　B. 地址转换协议　　C. 路由协议　　　D. 名字服务
(27) A. 以太帧　　　　B. IP 数据包　　　　C. UDP 报文　　　D. TCP 报文

试题 27

以太网中的帧属于 (28) 协议数据单元。

(28) A. 物理层　　　　B. 数据链路层　　　C. 网络层　　　　D. 应用层

试题 28

在 ISO OSI/RM 中，(29) 实现数据压缩功能。

(29) A. 应用层　　　　B. 表示层　　　　　C. 会话层　　　　D. 网络层

试题 29

在 OSI 参考模型中，实现端到端的应答、分组排序和流量控制功能的协议层是 (30) 。

(30) A. 数据链路层　　B. 网络层　　　　　C. 传输层　　　　D. 会话层

试题 30

在 OSI 参考模型中，上层协议实体与下层协议实体之间的逻辑接口叫做服务访问点（SAP）。在 Internet 中，网络层的服务访问点是 (31) 。

(31) A. MAC 地址　　　B. LLC 地址　　　　C. IP 地址　　　　D. 端口号

5.3 习题解答

试题 1 分析

TCP 属于传输层协议，它可以支持多种应用层协议。应用层协议访问 TCP 服务的访问点是端口号，不同的端口号用于区分不同的应用进程。例如 HTTP 协议对应的端口号

是 80，FTP 对应的端口号是 20 和 21。

试题 1 答案

（1）A

试题 2 分析

建立 TCP 连接需要收发双方进行三次握手。

试题 2 答案

（2）C

试题 3 分析

ARP 协议的作用是由 IP 地址求 MAC 地址。当源主机要发送一个数据帧时，必须在本地的 ARP 表中查找目标主机的 MAC（硬件）地址。如果 ARP 表查不到，就广播一个 ARP 请求分组，这种分组可到达同一子网中的所有主机，它的含义是：“如果你的 IP（协议）地址是这个，请回答你的 MAC 地址是什么。”收到该分组的主机一方面可以用分组中（发送结点的）的两个源地址更新自己的 ARP 表，另一方面用自己的 IP 地址与目标 IP 地址字段比较，若相符则发回一个 ARP 响应分组，向发送方报告自己的 MAC 地址，若不相符则不予回答。ARP 请求通过广播帧发送，ARP 响应通过单播帧发送给源站。

试题 3 答案

（3）A

试题 4 分析

ICMP（Internet Control Message Protocol）属于网络层协议，用于传送有关通信问题的消息。ICMP 报文封装在 IP 数据报中传送，因而不保证可靠的提交。ICMP 报文有很多种类，用于表达不同的路由控制信息，其报文格式如图 5-9 所示。其中的类型字段表示 ICMP 报文的类型，代码字段可表示报文的少量参数，当参数较多时写入 32 位的参数字段，ICMP 报文携带的信息包含在可变长的信息字段中，校验和字段是关于整个 ICMP 报文的校验和。

类型	代码	校验和
参数		
信息（可变长）		

图 5-9　ICMP 报文格式

下面简要解释 ICMP 各类报文的含义。

（1）目标不可到达（类型 3）：如果路由器判断出不能把 IP 数据报送达目标主机，则向源主机返回这种报文。另一种情况是目标主机找不到有关的用户协议或上层。

服务访问点，也会返回这种报文。出现这种情况的原因可能是 IP 头中的字段不正确；或是数据报中说明的源路由无效；也可能是路由器必须把数据报分段，但 IP 头中的 D 标志已置位。

（2）超时（类型11）：路由器发现IP数据报的生存期已超时，或者目标主机在一定时间内无法完成重装配，则向源端返回这种报文。

（3）源抑制（类型4）：这种报文提供了一种流量控制的初等方式。如果路由器或目标主机缓冲资源耗尽而必须丢弃数据报，则每丢弃一个数据报就向源主机发回一个源抑制报文，这时源主机必须减小发送速度。另外一种情况是系统的缓冲区已用完，并预感到行将发生拥塞，则发出源抑制报文。但是与前一种情况不同，涉及的数据报尚能提交给目标主机。

（4）参数问题（类型12）：如果路由器或主机判断出IP头中的字段或语义出错，则返回这种报文，报文头中包含一个指向出错字段的指针。

（5）路由重定向（类型5）：路由器向直接相连的主机发出这种报文，告诉主机一个更短的路径。例如路由器R1收到本地网络上的主机发来的数据报，R1检查它的路由表，发现要把数据报发往网络X，必须先转发给路由器R2，而R2又与源主机在同一网络中。于是R1向源主机发出路由重定向报文，把R2的地址告诉它。

（6）回声（请求/响应，类型8/0）：用于测试两个结点之间的通信线路是否畅通。收到回声请求的结点必须发出回声响应报文。该报文中的标识符和序列号用于匹配请求和响应报文。当连续发出回声请求时，序列号连续递增。常用的PING工具就是这样工作的。

（7）时间戳（请求/响应，类型13/14）：用于测试两个结点之间的通信延迟时间。请求方发出本地的发送时间，响应方返回自己的接收时间和发送时间。这种应答过程如果结合强制路由的数据报实现，则可以测量出指定线路上的通信延。

（8）地址掩码（请求/响应，类型17/18）：主机可以利用这种报文获得它所在的LAN的子网掩码。首先主机广播地址掩码请求报文，同一LAN上的路由器以地址掩码响应报文回答，告诉请求方需要的子网掩码。了解子网掩码可以判断出数据报的目标结点与源结点是否在同一LAN中。

试题4答案

（4）C

试题5分析

TCP使用可变大小的滑动窗口协议来进行流量控制。这种流控方案把肯定应答信号与控制窗口滑动的信号分开处理，在控制数据流动速率方面给接收方提供了更大的自由度。在基础网络可靠的情况下，这种控制策略能产生平滑的数据流动，在基础网络不可靠时，它还是一种差错控制手段。

试题5答案

（5）D

试题6分析

TCP采用三次握手协议来建立和释放连接，参见图5-10所示。

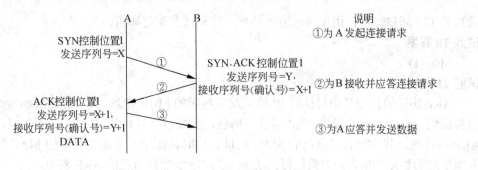

图 5-10 TCP 三次握手

可见，当 TCP 实体发出连接请求（SYN）后，等待对方的 SYN，ACK 响应。

试题 6 答案

（6）C

试题 7 分析

Telnet 协议的功能是远程登录。通过 Telnet 终端可以登录到远程交换机，进行配置和管理，前提是必须为交换机配置主机名或 IP 地址。Telnet 命令的一般格式为 "telnet Hostname/IP 地址"。例如，在 Windows 的 "运行" 窗口中输入 Telnet 192.168.1.23 就可以登录到交换机进行配置了。

试题 7 答案

（7）A

试题 8 分析

端口号是传输层的服务访问点。在 TCP 和 UDP 报文中，端口号字段占 16 位，所以它的取值范围是 0～65535。常用的公共服务占用的端口号是 1～1023，端口 1024 保留，其他专用协议在 1025～65535 中选用端口号。

试题 8 答案

（8）C

试题 9 分析

数据链路控制协议分为面向字符的协议和面向比特的协议。面向字符的协议以字符作为传输的基本单位，并用 10 个专用字符控制传输过程。面向比特的协议以比特作为传输的基本单位，它的传输效率高，广泛地应用于公用数据网中。HDLC 是面向比特的数据链路控制协议。

试题 9 答案

（9）A

试题 10 分析

本题属于记忆题。

80 端口是 Web 服务默认端口。8080 端口一般用于局域网内部提供 Web 服务。445

端口和 139 端口一样，用于局域网中共享文件夹或共享打印机。

试题 10 答案

（10）D

试题 11 分析

ARP 协议的作用是由目标的 IP 地址发现对应的 MAC 地址。如果源站要和一个新的目标通信，首先由源站发出 ARP 请求广播包，其中包含目标的 IP 地址，然后目标返回 ARP 应答包，其中包含了自己的 MAC 地址。这时，源站一方面把目标的 MAC 地址装入要发送的数据帧中，一方面把得到的 MAC 地址添加到自己的 ARP 表中。当一个站与多个目标进行了通信后，在其 ARP 表中就积累了多个表项，每一项都是 IP 地址与 MAC 地址的映射关系。ARP 表通常用于由 IP 地址查找对应的 MAC 地址。

试题 11 答案

（11）B

试题 12 分析

文件传输协议 FTP 利用 TCP 连接在客户机和服务器之间上传和下载文件。FTP 协议占用了两个 TCP 端口，FTP 服务器监听 21 号端口，准备接受用户的连接请求。当用户访问 FTP 服务器时便主动与服务器的 21 号端口建立了控制连接。如果用户要求下载文件，则必须等待服务器的 20 号端口主动发出建立数据连接的请求，文件传输完成后数据连接随之释放。在客户端看来，这种处理方式被叫做被动式 FTP，Windows 系统中默认的就是这种处理方式。由于有的防火墙阻止由外向内主动发起的连接请求，所以 FTP 数据连接可能由于防火墙的过滤而无法建立。为此有人发明了一种主动式 FTP，即数据连接也是由客户端主动请求建立的，但是在服务器中接收数据连接的就不一定是 20 号端口了。

试题 12 答案

（12）B

试题 13 分析

TCP 头部如图 5-11 所示，

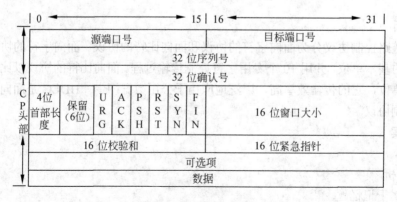

图 5-11 TCP 报头格式

除了"任选项+补丁"之外共有 5 行,20 个字节

试题 13 答案

(13) B

试题 14 分析

本题考查 FTP 的基本知识。

FTP(File Transfer Protocol,文件传输协议)是 TCP/IP 的一种具体应用,它工作在 OSI 模型的第 7 层,TCP 模型的第 4 层上,即应用层,使用 TCP 传输,FTP 连接是可靠的,而且是面向连接,为数据的传输提供了可靠的保证。

TFTP(TrivialFileTransferProtocol,简单文件传送协议)的功能与 FTP 类似,但是为了保持简单和短小,TFTP 使用 UDP 协议。

试题 14 答案

(14) C

试题 15 分析

浏览器与 Web 服务器之间通过 HTTP 协议传送网页数据。支持 HTTP 协议的下层协议为 TCP 协议,所以在开始传送网页之前浏览器与 Web 服务器必须先建立一条 TCP 连接。

试题 15 答案

(15) B

试题 16 分析

TCP 和 UDP 是 TCP/IP 协议中的两个传输层协议,它们使用 IP 路由功能把数据包发送到目的地,从而为应用程序及应用层协议(包括:HTTP、SMTP、SNMP、FTP 和 Telnet)提供网络服务。TCP 提供的是面向连接的、可靠的数据流传输,而 UDP 提供的是非面向连接的、不可靠的数据流传输。TCP 报头格式如图 5-12 所示。

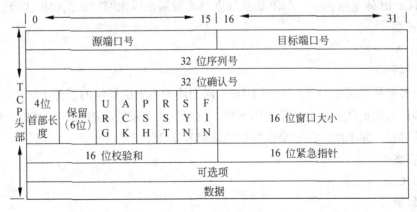

图 5-12 TCP 报头格式

TCP 首部的数据格式如上图所示。如果不计任选字段,它通常是 20 个字节。UDP

首部的各字段如下图所示。UDP 报头格式如图 5-13 所示。

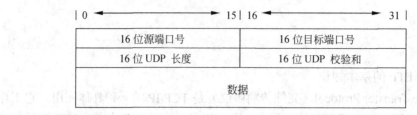

图 5-13　UDP 报头格式

因此，顺序号包含在 TCP 头中而不包含在 UDP 头中。

试题 16 答案

（16）B

试题 17 分析

LAP-B 是 X.25 的数据链路层协议；X.21 是指 DTE-DCE 之间接口（物理上）的规定，这个在概念上类似于 RS-232，属于物理层的范畴；X.25 PLP 是 x.25 的网络层；MHS 是信息处理服务。

试题 17 答案

（17）C

试题 18 分析

在 TCP/IP 体系结构中，ARP 协议是知道对方的 IP 地址，解析出对方的 MAC 地址。

试题 18 答案

（18）A

试题 19 分析

在 TCP/IP 体系结构中，ARP 协议数据单元封装在以太网的数据帧中传送。

试题 19 答案

（19）A

试题 20 分析

端口号是传输层协议（TCP 或 UDP）向上边的应用层提供的服务访问点。0～1023 之间的端口号固定地分配给了常见的应用。用户自己开发的应用可以在 1025～65535 之间选择端口号。简单邮件传输协议默认的端口号是 25。

试题 20 答案

（20）C

试题 21 分析

在 HDLC 通信方式中，所有信息都是以帧的形式传送的。HDLC 定义了 3 种类型的帧，每种类型都具有不同的控制字段格式。信息帧（I）携带的是向用户传输的数据。另外，如果使用 ARQ 机制，那么信息帧（I）中还捎带了流量控制和差错控制数据。管理帧（S）在未使用捎带技术时提供了 ARQ 机制。无编号帧（U）提供了增补的链路控制功能。控制字段中的前一位或两位用作帧类型的标识。管理帧（S）的控制字段并不包含发送顺序号，因此备选项 B 是错误的。信息帧（I）发送顺序号占用 3 比特，取值范围是 0～7，因此备选项 C 也是错误的。

　　滑动窗口协议中，发送器每发出一个信息帧（I），窗口不向前滑动，只有等到确认后才把窗口向前滑动，因此备选项 D 是错误的；接收器如果收到一个正确的信息帧（I），并且发送顺序号落在接收窗口内，则发回确认帧，备选项 A 是正确的。

试题 21 答案

　　（21）A

试题 22 分析

　　X.25 描述了将一个分组终端连接到一个分组网络上所需要做的工作。通过虚电路它能负责维护一个通过单一物理连接的多用户会话，每个用户会话被分配一个逻辑信道。它提供了高优先级类型和正常优先级类型。

　　X.25 分层：物理层、数据链路层、分组层，这 3 层对应于 OSI 模型的最底下 3 层。

　　物理层：规定用户主机或终端与分组交换网之间的物理接口，其标准为 X.21。

　　链路层：所用的标准 LAP-B。是 HDLC 的一个子集。

　　分组层：提供外部虚电路服务。

　　三层之间的关系：用户数据被送到 X.25 第三层，在第三层加上含有控制信息的报头，从而组成了一个分组。控制信息用于协议的操作。整个 X.25 分组然后送到 LAP-B 实体，LAP-B 在此分组的前后各加上控制信息组成一个 LAP-B 帧，在帧中加入控制信息也是为了协议的操作。

　　X.25 的分组层提供虚电路服务，数据以分组形式通过外部虚电路传输。虚电路有两类型：呼叫虚电路，是通过呼叫建立和呼叫清除等过程动态地建立起来的虚电路；永久虚电路则是固定的虚电路。

　　由于 X.25 的分组层提供虚电路服务，是有连接的服务，因此备选项 A 是错误的。"网络丢失帧时，通过检查帧顺序号重传丢失帧"是有连接服务的特点，备选项 B 是正确的。链路层所用的传输控制协议标准为 LAP-8，备选项 C 是错误的。X.25 网络采用虚电路来进行不同站点间的数据传输，备选项 D 是错误的。

试题 22 答案

　　（22）B

试题 23 分析

　　在数据报系统中，每个分组被视为独立的，它和以前发送的分组间没有什么关系。在前进的道路上，每个节点为分组选择下一个节点，因此分组虽然具有相同的目的地址，但并不是按照相同的路由前进。备选项 A 是错误的。

在滑动窗口协议中，接收方收到一个正确的帧，并且发送顺序号落在接收窗口内，则发回确认帧，发送方根据确认帧的帧编号来向前滑动窗口，窗口内的帧可以连续发送，备选项 B 是正确的。

前向纠错技术（Forward Error Correction，FEC）长期以来一直与高级线路编码方案一起广泛应用在物理链路层。这些技术检查和纠正 WAN 链路上的比特错误，以确保上层协议收到无错误的数据包。前向纠错技术通过在发送每 N 个数据包后添加一个错误恢复包来纠正错误。这个 FEC 包内含可被用来构建由 N 个数据包组成的分组内的任意一个数据包的信息。如果这 N 个数据包中的一个包恰巧在 WAN 传输过程中丢失，FEC 包用于在 WAN 链路的远端上重建丢失的数据包。这就消除了重新在 WAN 上传输丢失数据包的需要，从而大大减少应用响应时间，提高 WAN 的效率。

TCP 协议中除了重传计时器管理外，也可以通过慢启动、拥塞时的动态调整窗口大小等窗口管理机制进行拥塞控制。备选项 D 是错误的。

试题 23 答案

（23）B

试题 24 分析

面向连接的方式功能强大，允许流量控制、差错控制以及顺序交付等。无连接的服务是不可靠的服务，无法许诺不会出现的交付和重复的差错，但这种协议代价很小，更适应于某些服务，比如内部的数据采集、向外的数据分发、请求—响应，以及实时应用等。因此在运输层既有面向连接的位置，也有无连接的用武之地。每一个分组独立地建立和释放逻辑连接，也适合传送大量的数据。

无连接的服务的通信线路不都是预设的。无连接的服务需要将目标地址信息加在每个发送的分组上，便于每个分组路由到达目的地。UDP 在电路交换或租用专线网络上也能运行。

试题 24 答案

（24）C

试题 25 分析

通过 IP 包传送的 ICMP 信息主要用于涉及网络操作或错误操作的不可达信息。ICMP 包发送是不可靠的，所以主机不能依靠接收 ICMP 包解决任何网络问题。

ICMP 的主要功能如下：

（1）通告网络错误。比如，某台主机或整个网络由于某些故障不可达。如果有指向某个端口号的 TCP 或 UDP 包没有指明接受端，这也由 ICMP 报告。

（2）通告网络拥塞。当路由器缓存太多包，由于传输速度无法达到它们的接收速度，将会生成"ICMP 源结束"信息。对于发送者，这些信息将会导致传输速度降低。当然，更多的 ICMP 源结束信息的生成也将引起更多的网络拥塞，所以使用起来较为保守。

（3）协助解决故障。ICMP 支持 Ech。功能，即在两个主机间一个往返路径上发送一个包。ping 是一种基于这种特性的通用网络管理工具，它将传输一系列的包，测量平均往返次数并计算丢失百分比。

（4）通告超时。如果一个 IP 包的 TTL 降低到零，路由器就会丢弃此包，这时会生成一个 ICMP 包通告这一事实。TraceRoute 是一个工具，它通过发送小 TTL 值的包及监视 ICMP 超时通告可以显示网络路由。

根据 MAC 地址查找对应的 IP 地址是 RARP 协议的功能。把公网的 IP 地址转换为私网的 IP 地址是 NAT 的功能。备选项 D 是拼凑的备选项。

试题 25 答案

（25）C

试题 26 分析

BGP 协议是一种路由协议，叫做边界网关协议（Border Gateway Protocol），运行在不同自治系统的路由器之间。BGP 报文通过 TCP 连接传送，这是因为边界网关之间不仅需要进行身份认证，还要可靠地交换路由信息，所以使用了面向连接的网络服务。

试题 26 答案

（26）C　（27）D

试题 27 分析

局域网只有物理层和数据链路层。物理层规定了传输介质及其接口的机械特性、电气特性、接口电路的功能以及信令方式和数据速率等。IEEE 802 标准把数据链路层划分为两个子层。与物理介质无关的部分叫做逻辑链路控制 LLC（Logical Link Control）子层，与物理介质相关的部分叫做介质访问控制 MAC（Media Access Control）子层。所以局域网的数据链路层有两种不同的协议数据单元：LLC 帧和 MAC 帧。从高层来的数据加上 LLC 的帧头就称为 LLC 帧，再向下传送到 MAC 子层，加上 MAC 的帧头和帧尾，组成 MAC 帧。物理层则把 MAC 帧当作比特流透明地在数据链路实体间传送。虽然 LLC 标准只有一个（由 IEEE802.2 定义，与 HDLC 兼容），但是支持它的 MAC 标准却有多个，并且都是与具体的传输介质和拓扑结构相关的。

以太帧属于 MAC 子层，是 MAC 层的协议数据单元。另外其他局域网（例如令牌环网或令牌总线网）的协议数据单元也属于 MAC 帧。

试题 27 答案

（28）B

试题 28 分析

ISO OSI/RM 七个协议层的功能可以概括描述如下。

（1）物理层：规定了网络设备之间的物理连接的标准，在网络设备之间透明地传输比特流。

（2）数据链路层：在通信子网中进行路由选择和通信控制。

（3）网络层：主要是确定数据报（Packet）从发送方到接收方应该如何选择路由，以及拥塞控制、数据报的分片与重组。

（4）传输层：提供两个端系统之间的可靠通信。

（5）会话层：建立和控制两个应用实体之间的会话过程。

（6）表示层：提供统一的网络数据表示。

（7）应用层：提供两个网络用户之间的分布式应用环境（普通用户）和应用开发环境（高级用户，即网络程序员）。

这样的描述虽然没有穷尽各个协议层的功能细节，但是表达了个个协议层的主要功能。当然 ISO 对各个协议层的功能也进行了扩充，但是以上所述是 OSI/RM 各个协议层最原始和最重要的功能。由于数据压缩属于数据表示的范畴，所以应归于表示层。

试题 28 答案

（29）B

试题 29 分析

此题主要考查了 ISO OSI/RM 体系结构中各层的主要功能。

（1）物理层：物理层主要是设计处理机械的、电气的和过程的接口，以及物理层下的物理传输介质等问题。

（2）数据链路层：负责在两个相邻结点间的线路上，无差错地传送以帧（Frame）为单位的数据以及流量控制信息，即差错控制、流量控制、帧同步。

（3）网络层：主要是确定数据报（Packet）从发送方到接收方应该如何选择路由，以及拥塞控制、数据报的分片与重组。

（4）传输层：负责两个端节点之间的可靠网络通信和流量控制，即面向连接的通信、端到端的流量控制、差错控制。

（5）会话层：建立、管理和终止应用程序会话和管理表示层实体之间的数据交换。

（6）表示层：翻译、加解密、压缩和解压。

（7）应用层：提供了大量容易理解的协议，允许访问网络资源。

试题 29 答案

（30）C

试题 30 分析

此题引用了 ISO OSI/RM 的服务访问点的概念，但问的却是 TCP/IP 参考模型的知识，因为 Internet 使用的是 TCP/IP 协议。

在 TCP/IP 参考模型中，网络接口层的 SAP 是 MAC 地址。在网际层（也可称为网络层）使用的协议主要是 IP 协议，其 SAP 便是 IP 地址；而传输层使用的主要协议为 TCP 和 UDP，TCP 使用的 SAP 为 TCP 的端口号，UDP 使用的 SAP 为 UDP 的端口号。

试题 30 答案

（31）C

第6章 数据通信基础

从历年的考试试题来看，本章的考点在综合知识考试中的平均分数为 7 分，约为总分的 9.3%。考试试题分数主要集中在信道特征、数字编码、差错控制技术这 3 个知识点上。

6.1 考点提炼

根据考试大纲，结合历年考试真题，希赛教育的软考专家认为，考生必须要掌握以下几个方面的内容：

1. 数据通信基础

在数据通信基础方面，涉及的考点有信道特征（重点）、数字编码类型（重点）、PCM 编码（重点）。

【考点1】信道特征

一个历年考试常常出现的考点：计算信道的数据速率。

信道的数据速率计算公式如图 6-1 所示。

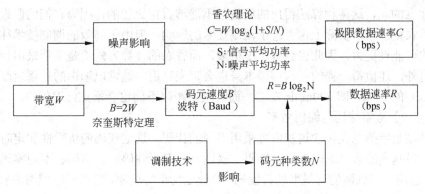

图 6-1 信道的数据速率计算公式

从图 6-1 中，可以看出在计算信道的数据速率时有两种考虑，一是考虑噪声；二是考虑理想传输。

（1）香农理论

在使用香农理论时，由于 S/N（信噪比）的比值通常太大，因此通常使用分贝数（dB）来表示：dB=$10 \times \log_{10}$（S/N）

例如，S/N=1000 时，用分贝表示就是 30dB。如果带宽是 3kHz，则这时的极限数据速率就应该是：$C=3000\times\log_2(1+1000)\approx3000\times9.97\approx30\text{Kbps}$。

对于有噪声的信道中，我们用误码率来表示传输二进制位时出现差错的概率（出错的位数/传送的总位数），通常的要求是小于 10^{-6}。

(2) 奈奎斯特定理

奈奎斯特定理（也称为奈式定理或尼奎斯特定理）的表达很简单，即 $R=2W\log_2N$。

在计算时，最关键的在于理解码元和比特的转换关系。码元 N 是一个数据信号的基本单位，而比特是一个二进制位，即比特位，一位可以表示 2 个值。因此，如果码元可取 2 个离散值，则 N 值为 2，只需 1 比特表示。若可取 4 个离散值，则 N 值为 4，需要 2 比特来表示。

码元有多少个不同种类，取决于其使用的调制技术，如表 6-1 所示。关于调制技术的更多细节参见后面的知识点，在此只列出常见的调制技术所携带的码元数。

表 6-1 调制技术与码元数

调制技术	名称	码元种类	比特位
ASK	幅度键控	2	1
FSK	频移键控	2	1
PSK	相位键控（2 相调制）	2	1
DPSK	4 相键控调制	4	2
QPSK	正交相移键控	4	2

要注意的是，这两种算法得出的结论是不能够直接比较的，因为它们的假设条件不同。在香农定理中，实际上也考虑了调制技术的影响，但由于高效的调制技术往往也会使出错的可能性更大，因此也会有一个极限，而香农的计算方式就是不管采用什么调制技术。另外，还值得一提的是，信道本身也会带来延迟，通常电缆中的传播速度是光速（300m/μs）的 67%，即 200m/μs 左右；而且根据距离不同也会增加延迟的值。

【考点2】数字编码与编码效率

二进制数字信息在传输过程中可采用不同的代码，这些代码的抗噪性和定时能力各不相同。最基本的数字编码有单极性码、极性码、双极性码、归零码、不归零码、双相码 6 种，常用于局域网的有曼彻斯特编码、差分曼彻斯特编码，常用于广域网的有 4B/5B 码、8B/10B 码。

(1) 基本编码

基本的编码方法有极性编码、归零性编码和双相码。

① 极性编码

极包括正极和负极。因此从这里就可以理解单极性码，就是只使用一个极性，再加零电平（正极表示 0，零电平表示 1）；极性码就是使用了两极（正极表示 0，负极表示 1）；双极性码则使用了正负两极和零电平（其中有一种典型的双极性码是信号交替反转编码 AMI，它用零电平表示 0，1 则使电平在正、负极间交替翻转）。码的极性变化如图 6-2 所示。

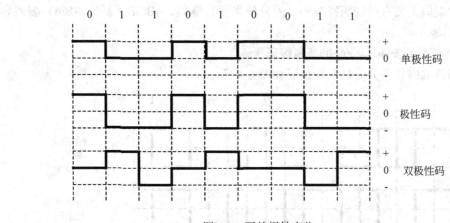

图 6-2　码的极性变化

在极性编码方案中，都是始终使用某一特定的电平来表示特定的数，因此当发送连续多个 "1" 或 "0" 时，将无法直接从信号判断出个数。要解决这个问题，就需要引入时钟信号。

② 归零性编码

归零指的是编码信号量是否回归到零电平。归零码就是指码元中间的信号回归到 0 电平。不归零码则不回归零（而是当 1 时电平翻转，0 时不翻转），也称为差分机制。

③ 双相码

通过不同方向的电平翻转（低到高代表 0，高到低代表 1），这样不仅可以提高抗干扰性，还可以实现自同步，它也是曼码的基础。

归零码和双相码如图 6-3 所示。

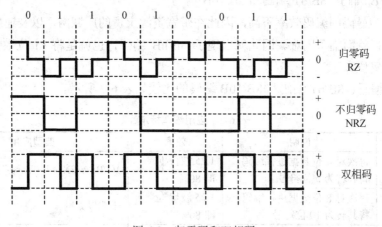

图 6-3　归零码和双相码

（2）应用性编码

应用性编码主要有曼彻斯特编码、差分曼彻斯特编码、4B/5B 编码、8B/6T 编码和 8B/10B 编码等。

① 曼彻斯特编码和差分曼彻斯特编码

曼彻斯特编码和差分曼彻斯特编码如图 6-4 所示。

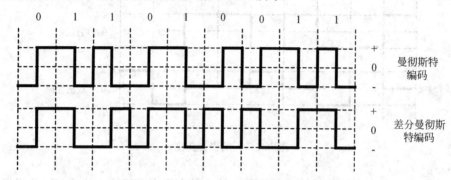

图 6-4　曼彻斯特编码和差分曼彻斯特编码

曼彻斯特编码是一种双相码，用低到高的电平转换表示 0，用高到低的电平转换表示 1（注意：某些教材中关于此相反的描述也是正确的），因此它也可以实现自同步，常用于以太网（802.3 10M 以太网）。

差分曼彻斯特编码是在曼彻斯特编码的基础上加上了翻转特性，遇 0 翻转，遇 1 不变，常用于令牌环网。要注意的一个知识点是：使用曼码和差分曼码时，每传输 1bit 的信息，就要求线路上有 2 次电平状态变化（2 Baud），因此要实现 100Mbps 的传输速率，就需要有 200MHz 的带宽，即编码效率只有 50%。

② 4B/5B 编码、8B/6T 编码和 8B/10B 编码

正是因为曼码的编码效率不高，因此在带宽资源宝贵的广域网，以及速度要求更高的局域网中，就面临了困难。因此就出现了 mBnB 编码，也就是将 m 位数据编码成 n 位符号（代码位）。

4B/5B 编码、8B/6T 编码和 8B/10B 编码的比较如表 6-2 所示。

表 6-2　应用编码标准

编码方案	说明	效率	典型应用
4B/5B	每次对 4 位数据进行编码，将其转为 5 位符号	1.25 波特/位 即 80%	100Base-FX、100Base-TX、FDDI
8B/10B	每次对 8 位数据进行编码，将其转为 10 位符号	1.25 波特/位 即 80%	千兆以太网
8B/6T	8bit 映射为 6 个三进制位	0.75 波特/位	100Base-T4

第6章 数据通信基础

【考点3】调制技术

最基本的调制技术包括幅度键控（ASK）、频移键控（FSK）和相移键控（PSK），它们之间的特性如表6-3所示。

表6-3 调制技术及其特性

调制技术	说明	特点
ASK	用恒定的载波振幅值表示一个数（通常是1），无载波表示另一个数	实现简单，但抗干扰性差、效率低（典型数据率仅为1200bps）
FSK	由载波频率（fc）附近的两个频率（f1、f2）表示两个不同值，fc恰好为中值	抗干扰性较ASK更强，但占用带宽较大，典型速度也是1200bps
PSK	用载波的相位偏移来表示数据值	抗干扰性最好，而且相位的变化可以作为定时信息来同步时钟

最常用的是脉冲编码调制技术（PCM），简称脉码调制。关于 PCM 原理中有以下几个关键知识点。

（1）PCM 要经过取样、量化、编码三个步骤。

（2）根据奈奎斯特取样定理，取样速率应大于模拟信号的最高频率的 2 倍。我们都知道 44kHz 的音乐让人感觉到最保真，这是因为人耳可识别的最高频率约为 22kHz，因此当采样率达到 44kHz 时就可以得到最满意的效果。

（3）量化是将样本的连续值转成离散值，采用的方法类似于求圆周长时，用内切正多边形的方法。而平时，我们说 8 位，16 位的声音，指的就是 2^8，2^{16} 位量化。

（4）编码就是将量化后的样本值变成相应的二进制代码。

2．传输交换

在传输交换方面，涉及的考点有数据通信方式、数据交换方式、多路复用技术（重点）、流控技术。

【考点4】多路复用技术

（1）多路复用技术

常见的多路复用技术包括频分多路复用（FDM）、时分多路复用（TDM）和波分多路复用（WDM），其中时分多路复用又包括同步时分复用和统计时分复用。表6-4 中列出了它们的关键知识点。

表6-4 复用技术及其特性

复用技术	特点与描述	典型应用
FDM	在一条传输介质上使用多个不同频率的模拟载波信号进行传输，每个载波信号形成一个不重叠、相互隔离（不连续）的频带。接收端通过带通滤波器来分离信号	无线电广播系统 有线电视系统（CATV） 宽带局域网 模拟载波系统

复用技术		特点与描述	典型应用
TDM	同步 TDM	每个子通道按照时间片轮流占用带宽,但每个传输时间划分为固定大小的周期,即使子通道不使用也不能够给其他子通道使用	T1/E1 等数字载波系统 ISDN 用户网络接口 SONET/SDH（同步光纤网络）
	统计 TDM	是对同步时分复用的改进,固定大小的周期可以根据子通道的需求动态地分配	ATM
WDM		与 FDM 相同,只不过不同子信道使用的是不同波长的光波来承载,而非频率,常用到 ILD	用于光纤通信

(2) 常见复用标准

在电话的语音通信中,通常是对 4kHz 的话音通道按 8kHz 的速率采样,用 128 级(2^7,因此需要 7bit)量化,因此每个话音信道的比特率是 56Kbps。而由于在传输时,需要在每个 7bit 组后加上 1bit 的信令位,因此构成了 64Kbps 的数字信道。

常见的复用标准如表 6-5 所示。

表 6-5 常见的复用标准

名称	原理与组成	应用地区
T1 载波（一次群,DS1）	采用同步时分复用技术将 24 个话音通路（每个话音信道称为 DS0）复合在一条 1.544Mbps 的高带信道上	美国和日本
E1 载波	采用同步时分复用技术将 30 个话音信道（64Kbps）和 2 个控制信道（16Kbps）复合在一条 2.048Mbps 的高速信道上	欧洲发起,除美、日外多用
T2（DS2）	由 4 个 T1 时分复用而成,达到 6.312Mbps	美国和日本
T3（DS3B）	由 7 个 T2 时分复用而成,达到 44.736Mbps	美国和日本
T4（DS4B）	由 6 个 T3 时分复用而成,达到 274.176Mbps	美国和日本

3. 差错控制技术

在差错控制技术方面,涉及的考点奇偶校验、海明校验（重点）、CRC 校验（重点）。

【考点 5】海明校验

(1) 海明校验

可以在数据代码上添加若干冗余位组成码字。而将一个码字变成另一个码字时必须改变的最小位数就是码字之间海明距离,简称码距。码距是不同码字的海明距离的最小值。

① 可查出多少位错误：可以发现"≤码距-1"位的错误。

② 可以纠正多少位错误：可以纠正"<码距/2"位的错误,因此如果要能够纠正 n 位错误,则所需最小的码距应该是 2n+1。

要计算海明校验码,首先要知道海明校验码是放置在 2 的幂次位上的,即 1,2,4,8,16,32,…,而对于信息位为 m 的原始数据,需加入 k 位的校验码,它满足 m+k+1<2^k。而有一种简单的方法,则是从第 1 位开始写,遇到校验位留下空格。例如,原始信息为 101101100,并采用偶校验,则如图 6-5 所示。

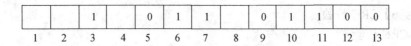

图 6-5 采用偶校验

然后根据以下公式填充校验位"1，2，4，8"：
Bit 1=B3 ⊕ B5 ⊕ B7 ⊕ B9 ⊕ B11 ⊕ B13 = 1 ⊕ 0 ⊕ 1 ⊕ 0 ⊕ 1 ⊕ 0 =1
Bit 2=B3 ⊕ B6 ⊕ B7 ⊕ B10 ⊕ B11 = 1 ⊕ 1 ⊕ 1 ⊕ 1 ⊕ 1 =1
Bit 4=B5 ⊕ B6 ⊕ B7 ⊕ B12 ⊕ B13 = 0 ⊕ 1 ⊕ 1 ⊕ 0 ⊕ 0 =0
Bit 8=B9 ⊕ B10 ⊕ B11 ⊕ B12 ⊕ B13 = 0 ⊕ 1 ⊕ 1 ⊕ 0 ⊕ 0=0
注：⊕指的是半加—进位加法、异或；Bn 代表位数。
最后将结果填入，得到如图 6-6 所示的结果。

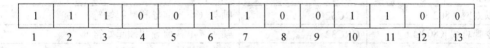

图 6-6 添加校验码后的结果

而如果给出一个加入了校验码的信息，并说明有一位错误，要找出，则可以采用基本相同的方法，假如给出的是如图 6-7 所示的情况。

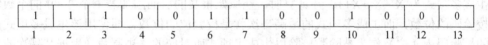

图 6-7 用于纠错的例子

可根据以下公式计算：
Bit 1=B1 ⊕ B3 ⊕ B5 ⊕ B7 ⊕ B9 ⊕ B11 ⊕ B13 = 1 ⊕ 1 ⊕ 0 ⊕ 1 ⊕ 0 ⊕ 0 ⊕ 0 =1
Bit 2=B2 ⊕ B3 ⊕ B6 ⊕ B7 ⊕ B10 ⊕ B11 = 1 ⊕ 1 ⊕ 1 ⊕ 1 ⊕ 1 ⊕ 0 =1
Bit 4=B4 ⊕ B5 ⊕ B6 ⊕ B7 ⊕ B12 ⊕ B13 = 0 ⊕ 0 ⊕ 1 ⊕ 1 ⊕ 0 ⊕ 0 =0
Bit 8=B8 ⊕ B9 ⊕ B10 ⊕ B11 ⊕ B12 ⊕ B13 =0 ⊕ 0 ⊕ 1 ⊕ 0 ⊕ 0 ⊕ 0=0
然后从高位往下写，得到 1011，即十进制的 11，因此出错的位数为第 11 位。这个过程如表 6-6 所示。

表 6-6 纠错的过程

	1	2	3	4	5	6	7	8	9	10	11	12	13
B8	0	0	0	0	0	0	0	1	1	1	1	1	1
B4	0	0	0	1	1	1	1	0	0	0	0	1	1
B2	0	1	1	0	0	1	1	0	0	1	1	0	0
B1	1	0	1	0	1	0	1	0	1	0	1	0	1

【考点 6】CRC 校验
（1）CRC 校验
CRC 由于其实现的原理十分易于用硬件实现，因此广泛地应用于计算机网络上的差错控制。而 CRC 的考查点主要有 3 个：常见的 CRC 应用标准、计算 CRC 校验码、验算一个加了 CRC 校验的码是否有错误。
① 常见的 CRC 校验位
常见的 CRC 标准及应用可以归纳为表 6-7 所示。

表 6-7 CRC 标准及应用

网络协议	CRC 位	应用点
HDLC	CRC16/CRC32	除帧标志位外的全帧
FR（帧中继）	CRC16	除帧标志位外的全帧
ATM	CRC8	帧头校验
以太网（802.3）	CRC32	帧头（不含前导和帧起始符）
令牌总线（802.4）	CRC32	帧头（不含前导和帧起始符）
令牌环（802.5）	CRC32	帧头（从帧控制字段到 LLC）
FDDI	CRC32	帧头（从帧控制字段到 INFO）

② 计算 CRC 校验码
要计算 CRC 校验码，需根据 CRC 生成多项式进行。例如：原始报文为 11001010101，其生成多项式为 X^4+X^3+X+1。在计算时，在原始报文的后面添加若干个 0（0 的个数等于校验码的位数，而生成多项式的最高幂次就是校验位的位数，即使用该生成多项式产生的校验码为 4 位）作为被除数，除以生成多项式所对应的二进制数（根据其幂次的值决定，得到 11011，因为生成多项式中除了没有 x^2 之外，其他位都有）。然后使用模 2 除，得到的商就是校验码，如图 6-8 所示。

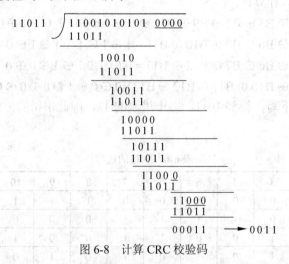

图 6-8 计算 CRC 校验码

然后将 0011 添加到原始报文的后面，就是结果 110010101010011。

③ 检查信息码是否有 CRC 错误

要想检查信息码是否出现了 CRC 错误的计算很简单，只需用待检查的信息码做被除数，除以生成多项式，如果能够整除就说明没有错误，否则就是出错了。另外要注意的是，当 CRC 检查出现错误时，它是不会进行纠错的，通常是让信息的发送方重发一遍。

6.2 强化练习

试题 1

4B/5B 编码是一种两级编码方案，首先要把数据变成 (1) 编码，再把 4 位分为一组的代码变换成 5 单位的代码。

（1）A．NRZ-I　　　　　B．AMI　　　　　C．QAM　　　　　D．PCM

试题 2

图 6-9 表示了某个数据的两种编码，这两种编码分别是 (2)。

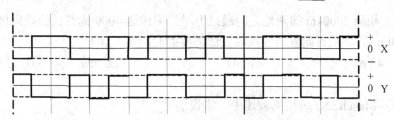

图 6-9　两种编码波形

（2）A．X 为差分曼彻斯特码，Y 为曼彻斯特码

B．X 为差分曼彻斯特码，Y 为双极性码

C．X 为曼彻斯特码，Y 为差分曼彻斯特码

D．X 为曼彻斯特码，Y 为不归零码

试题 3

图 6-10 所示的调制方式是 (3)。

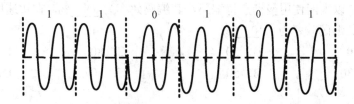

图 6-10　某种调制方式波形

（3）A. FSK　　　　B. 2DPSK　　　　C. ASK　　　　D. QAM

试题 4

图 6-11 所示的调制方式是 2DPSK，若载波频率为 2400Hz，则码元速率为　(4)　。

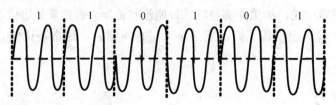

图 6-11　2DPSK 调制方式波形

（4）A. 100 Baud　　B. 200 Baud　　C. 1200 Baud　　D. 2400 Baud

试题 5

在相隔 2000km 的两地间通过电缆以 4800b/s 的速率传送 3000 比特长的数据包，从开始发生到接收数据需要的时间是　(5)　。

（5）A. 480ms　　B. 645ms　　C. 630ms　　D. 635ms

试题 6

在地面上相隔 2000km 的两地之间通过卫星信道传送 4000 比特长的数据包，如果数据速率为 64kb/s，则从开始发送到接收完成需要的时间是　(6)　。

（6）A. 48ms　　B. 640ms　　C. 322.5ms　　D. 332.5ms

试题 7

下面关于 Manchester 编码的叙述中，错误的是　(7)　。

（7）A. Manchester 编码是一种双相码
　　　B. Manchester 编码提供了比特同步信息
　　　C. Manchester 编码的效率为 50%
　　　D. Manchester 编码应用在高速以太网中

试题 8

设信道采用 2DPSK 调制，码元速率为 300 波特，则最大数据速率为　(8)　b/s。

（8）A. 300　　B. 600　　C. 900　　D. 1200

试题 9

10BASE-T 以太网使用曼彻斯特编码，其编码效率为　(9)　%。在快速以太网中使用 4B/5B 编码，其编码效率为　(10)　%。

（9）A. 30　　B. 50　　C. 80　　D. 90
（10）A. 30　　B. 50　　C. 80　　D. 90

试题 10

SDH 同步数字体系是光纤信道的复用标准，其中最常用的 STM-1（OC-3）的数据

速率是 (11)，STM-4（OC-12）的数据速率是 (12)。

(11) A. 155.520Mbps　　B. 622.080Mbps　　C. 2488.320Mbps　　D. 10Gbps

(12) A. 155.520Mbps　　B. 622.080Mbps　　C. 2488.320Mbps　　D. 10Gbps

试题 11

假设模拟信号的最高频率为 5MHz，如果每个样本量化为 256 个等级，则传输的数据速率是 (13)。

(13) A. 10Mb/s　　B. 50Mb/s　　C. 80Mb/s　　D. 100Mb/s

试题 12

采用 CRC 校验的生成多项式为 $G(x)=x^{16}+x^{15}+x^2+1$，它产生的校验码是 (14) 位。

(14) A. 2　　B. 4　　C. 16　　D. 32

试题 13

关于曼彻斯特编码，下面叙述中错误的是 (15)。

(15) A. 曼彻斯特编码是一种双相码

　　 B. 采用曼彻斯特编码，波特率是数据速率的 2 倍

　　 C. 曼彻斯特编码可以自同步

　　 D. 曼彻斯特编码效率高

试题 14

E1 信道的数据速率是 (16)。

(16) A. 1.544Mb/s　　B. 2.048Mb/s　　C. 6.312Mb/s　　D. 44.736Mb/s

试题 15

假设模拟信号的最高频率为 5MHz，采样频率必须大于 (17)，才能使得到的样本信号不失真。

(17) A. 5MHz　　B. 10MHz　　C. 15MHz　　D. 20MHz

试题 16

在以太网中使用 CRC 校验码，其生成多项式是 (18)。

(18) A. $G(X)=X^{16}+X^{12}+X^5+1$

　　 B. $G(X)=X^{16}+X^{15}+X^2+1$

　　 C. $G(X)=X^{12}+X^{11}+X^3+X^2+X+1$

　　 D. $G(X)=X^{32}+X^{26}+X^{23}+X^{22}+X^{16}+X^{12}+X^{11}+X^{10}+X^8+X^7+X^5+X^4+X^3+X+1$

试题 17

在异步通信中，每个字符包含 1 位起始位、7 位数据位、1 位奇偶校验位和 1 位终止位，每秒钟传送 100 个字符，则有效数据速率为 (19)。

(19) A. 500b/s　　B. 600b/s　　C. 700b/s　　D. 800b/s

试题 18

采用 CRC 进行差错校验，生成多项式为 $G(X)=X^4+X+1$，信息码字为 10110，则计

算出的 CRC 校验码是 (20)。

(20) A. 0000　　　　B. 0100　　　　C. 0010　　　　D. 1111

试题 19

采用海明码进行差错校验，信息码字为 1001011，为纠正一位错，则需要 (21) 比特冗余位。

(21) A. 2　　　　B. 3　　　　C. 4　　　　D. 8

试题 20

曼彻斯特编码的特点是在每个比特的中间有电平翻转，它的编码效率是 (22)。

(22) A. 50%　　　　B. 60%　　　　C. 80%　　　　D. 100%

试题 21

使用海明码进行前向纠错，如果冗余位为 4 位，那么信息位最多可以用到 (23) 位。

(23) A. 6　　　　B. 8　　　　C. 11　　　　D. 16

试题 22

使用海明码进行前向纠错，假定码字为 a6a5a4a3a2a1ao，并且有下面的监督关系式：

S2=a2+a4+a5+a6

S1=a1+a3+a5+a6

S0=a0+a3+a4+a6

若 S2S1S0=110，则表示出错位是 (24)。

(24) A. a3　　　　B. a4　　　　C. a5　　　　D. a6

试题 23

若采用后退 N 帧 ARQ 协议进行流量控制，帧编号为 7 位，则发送窗口的最大长度为 (25)。

(25) A. 7　　　　B. 8　　　　C. 127　　　　D. 128

试题 24

若信息码字为 11100011，生成多项式 $G(x)=x^5+x^4+x+1$，则计算出的 CRC 校验码为 (26)。

(26) A. 01101　　　　B. 11010　　　　C. 001101　　　　D. 0011010

试题 25

海明码（Hamming Code）是一种 (27)。

(27) A. 纠错码　　　　B. 检错码　　　　C. 语音编码　　　　D. 压缩编码

试题 26

图 6-12 所示是一种 (28) 调制方式。

(28) A. ASK　　　　B. FSK　　　　C. PSK　　　　D. DPSK

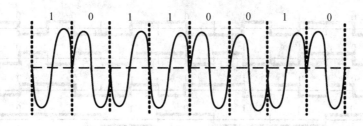

图 6-12 某种调制方式波形效果图

试题 27

设信道带宽为 3400Hz，调制为 4 种不同的码元，根据尼奎斯特定理，理想信道的数据速率为 (29) 。

(29) A．3.4Kb/s　　　　B．6.8Kb/s　　　　C．13.6Kb/s　　　　D．34Kb/s

试题 28

在异步通信中，每个字符包含 1 位起始位、7 位数据位、1 位奇偶位和 2 位终止位，若每秒钟传送 100 个字符，采用 4 相相位调制，则码元速率为 (30)。

(30) A．50 波特　　　　B．500 波特　　　　C．550 波特　　　　D．1100 波特

试题 29

下图的两种编码方案如图 6-13 所示，二者分别是 (31)。

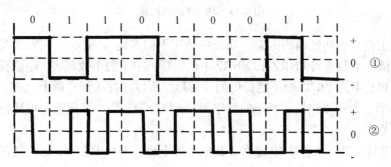

图 6-13 两种波形效果图

(31) A．①差分曼彻斯特编码，②双相码

　　　B．①NRZ 编码，②差分曼彻斯特编码

　　　C．①NRZ-I 编码，②曼彻斯特编码

　　　D．①极性码，②双极性码

试题 30

图 6-14 所示的 4 种编码方式中属于差分曼彻斯特编码的是 (32)。

(32) A．a　　　　B．b　　　　C．c　　　　D．d

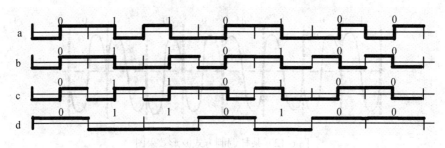

图 6-14　4 种编码图

6.3　习题解答

试题 1 分析

采用 4B/5B 编码能够提高编码的效率,降低电路成木。这种编码方法的原理如图 6-15 所示。

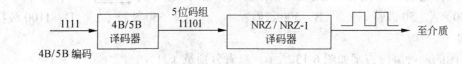

图 6-15　4B/5B 编码原理

这实际上是一种两级编码方案。系统中使用不归零码（NRZ），在发送到传输介质时变成见 1 就翻不归零码（NRZ-1）。NRZ-1 代码序列中 1 的个数越多,越能提供同步信息,如果遇到长串的"0",则不能提供同步信息,所以在发送到介质上之前还需经过一次 4B/5B 编码。发送器扫描要发送的位序列,4 位分为一组,然后按照对应规则变换成 5 位二进制代码。

5 位二进制代码的状态共有 32 种,其中 1 的个数都不少于 2 个,这样就保证了传输的代码能提供足够多的同步信息。

试题 1 答案

（1）A

试题 2 分析

首先可以断定图中所示是两种双相码,然后按照曼彻斯特编码的特点（以正负或负正脉冲来区别"1"和"0"）和差分曼彻斯特编码的特点（以位前沿是否有电平跳变来区别"1"和"0"）可以断定,X 为曼彻斯特编码,Y 为差分曼彻斯特编码。

试题 2 答案

（2）C

试题 3 分析

根据波形可以看出，这是一种差分编码，所以应选 2DPSK。

试题 3 答案

（3）B

试题 4 分析

2DPSK 调制方式波形中，每一位包含两个周期，如果载波频率为 2400Hz，则码元速率就是 1200 波特。

试题 4 答案

（4）C

试题 5 分析

一个数据包从开始发送到接收完成的时间包含发送时间 t_f 和传播延迟时间 t_p 两部分，可以计算如下：

对电缆信道：t_p=2000km/(200km/ms)=10ms，t_f=3000b/4800b/s=625ms，t_p+t_f=635ms

试题 5 答案

（5）D

试题 6 分析

卫星通信一般是指同步卫星通信，同步卫星距地球约 3.6 万公里，电磁波一个来回约 270ms，从开始发送到接收完成需要的时间=发送时间+卫星信道延时时间=4000/64+270=62.5+270=332.5ms。这里要注意 2000km 干扰信息，因为只要是卫星通信，不管在地球上相隔多远，他们的通信延时都是要经过先发送到卫星，再从卫星返回这么一个过程。

试题 6 答案

（6）D

试题 7 分析

本题考查数据编码的基础知识。

Manchester 编码是一种双相码，即码元取正负两个不同的电平，或者说由正负两个不同的码元表示一个比特，这样编码的效率为 50％，但是由于每个比特中间都有电平跳变，因而提供了丰富的同步信息。这种编码用在数据速率不太高的以太网中。

差分 Manchester 编码也是一种双相码，但是区分"0"和"1"的方法不同。Manchester 编码正变负表示"0"，负变正表示"1"，而差分 Manchester 编码是"0"比特前沿有跳变，"1"比特前沿没有跳变。这种编码用在令牌环网中。

在曼彻斯特和差分曼彻斯特编码中，每比特中间都有一次电平跳变，因此波特率是数据速率的两倍。对于 100Mb/s 的高速网络，如果采用这类编码方法，就需要 200M 的波特率，其硬件成本是 100M 波特率硬件成本的 5～10 倍。

试题 7 答案

(7) D

试题 8 分析

本题考查数字调制的基础知识。2DPSK 是一种差分相位调制技术，利用前后码元之间的相位变化来表示二进制数据，例如传送"1"时载波相位相对于前一码元的相移为 π，传送"0"时载波相位相对于前一码元的相移为 0。在这种调制方案中，每一码元代表一个比特，由于码元速率为 300 波特，所以最大数据速率为 300b/s。

试题 8 答案

(8) A

试题 9 分析

使用曼彻斯特编码和差分曼彻斯特编码时，每传输 1bit 的信息，就要求线路上有 2 次电平状态变化（2 Baud），因此要实现 100Mbps 的传输速率，就需要有 200MHz 的带宽，即编码效率只有 50%。正是因为曼码的编码效率不高，因此在带宽资源宝贵的广域网，以及速度要求更高的局域网中，就面临了困难。因此就出现了 mBnB 编码，也就是将 m 比特位编码成为 n 波特（代码位）。其中 4B/5B 效率为 80%。

试题 9 答案

(9) B (10) C

试题 10 分析

SDH 的速率是一个必须记住的知识点，SDH 是通信技术中的传输技术，是目前骨干网接及接入网中使用最广的传输技术。其基本传输单元是 STM-1，上有 SMT-4、STM-16 和 STM-64 等，都是 4 倍的关系。STM-1 的传输速率是 155.520Mbps。

其中 STM-1 光接口数据速率是 155Mbps，STM-4 是 622Mbps，STM-16 是 2.5Gbps，STM-64 是 10Gbps，其中 STM-1 对应 OC-3，STM-4 对应 OC-12。

试题 10 答案

(11) A (12) B

试题 11 分析

按照尼奎斯特采样定理，为了恢复原来的模拟信号，取样速率必须大于模拟信号最高频率的 2 倍，即

$$f = \frac{1}{T} > 2f_{max}$$

其中 f 为采样频率，T 为采样周期，f_{max} 为模拟信号的最高频率。所以当模拟信号的频率为 5MHz 时，采样频率必须大于 10MHz。

当样本量空间被量化为 256 个等级时，每个样本必须用 8 比特来表示。根据计算：

$$8 \times 10MHz = 80Mb/s$$

试题 11 答案

(13) C

试题 12 分析

循环冗余校验码 CRC（Cyclic Redundancy Check）的长度取决于生成多项式的幂次。如果生成多项式为 G（x）=$x^{16}+x^{15}+x^2+1$，则产生的 CRC 校验码必定是 16 位。

试题 12 答案

（14）C

试题 13 分析

双相码的特点是每一位中都有一个电平转换，因而这种代码的最大优点是自定时。曼彻斯特编码是一种双相码，通常用高电平到低电平的转换边表示 0，用低电平到高电平的转换边表示 1，相反的规定也是可能的。位中间的电平转换边既表示了数据代码，也作为定时信号使用。曼彻斯特编码用在 10M 以太网中。差分曼彻斯特编码也是一种双相码，与曼彻斯特编码不同的是，位中间的电平转换只作为定时信号，而不表示数据。数据的表示在于每一位开始处是否有电平转换：有电平转换表示 0，无电平转换表示1。差分曼彻斯特编码用在令牌环网中。

曼彻斯特编码和差分曼彻斯特编码的每一个码元都要调制为两个不同的电平，因而调制速率是码元速率的二倍，也就是说编码效率只有 50%。这无疑对信道的带宽提出了更高的要求，但由于良好的抗噪声特性和自定时能力，所以在局域网中仍被广泛使用。

试题 13 答案

（15）D

试题 14 分析

国际电报电话咨询委员会于 1993 年后改为 ITU-T，建议了一种 PCM 传输标准，称为 E1 载波。该标准规定，每一帧开始处用 8 位作为同步位，中间有 8 位信令位，再组织 30 路 8 位数据（可传送话音），全帧包括 256 位，每一帧用 125μs 时间传送。可计算出 E1 载波的数据速率为 256b/125μs=2.048Mb/s，每个话音信道的数据速率为 8b/125μs=64Kb/s。

试题 14 答案

（16）B

试题 15 分析

按照尼奎斯特采样定理，为了恢复原来的模拟信号，取样速率必须大于模拟信号最高频率的二倍，即

$$f = \frac{1}{T} > 2f\max$$

其中 f 为采样频率，T 为采样周期，$f\max$ 为模拟信号的最高频率。所以当模拟信号的频率为 5MHz 时，采样频率必须大于 10MHz。

试题 15 答案

（17）B

试题 16 分析

为了能对不同的错误模式进行校验,已经研究出了几种 CRC 生成多项式的国际标准:

CRC-CCITT　$G(X)=X^{16}+X^{12}+X^{5}+1$

CRC-16　$G(X)=X^{16}+X^{15}+X^{2}+1$

CRC-12　$G(X)=X^{12}+X^{11}+X^{3}+X^{2}+X+1$

CRC-32　$G(X)=X^{32}+X^{26}+X^{23}+X^{22}+X^{16}+X^{12}+X^{11}+X^{10}+X^{8}+X^{7}+X^{5}+X^{4}+X^{3}+X+1$

其中 CRC-32 用在以太网中,这种生成多项式能产生 32 位的帧校验序列。

试题 16 答案

（18）D

试题 17 分析

异步通信以字符为传送单位,每个字符添加一个起始位和终止位。按照题中给出的条件,可计算如下:

$$\frac{7}{1+7+1+1} \times 100 = 700 b/s$$

试题 17 答案

（19）C

试题 18 分析

循环冗余校验码的计算方法如下。

$G(X)=X^4+X+1$ 对应的二进制序列为 10011,下面进行"按位异或"运算:

```
101100000
 10011
 ̶0̶0̶10100
  10011
  ̶0̶0̶11100
   10011
   ̶0̶1111
```

1111 就是校验码。

试题 18 答案

（20）D

试题 19 分析

按照海明的理论,纠错编码就是要把所有合法的码字尽量安排在 n 维超立方体的顶点上,使得任一对码字之间的距离尽可能大。如果任意两个码字之间的海明距离是 d,则所有少于等于 d−1 位的错误都可以检查出来,所有少于 d/2 位的错误都可以纠正。

如果对于 m 位的数据,增加 k 位冗余位,则组成 n=m+k 位的纠错码。对于 2^m 个有效码字中的每一个,都有 n 个无效但可以纠错的码字。这些可纠错的码字与有效码字的距离是 1,含单个错。这样,对于一个有效的消息总共有 n+1 个可识别的码字。这 n+1 个码字相对于其他 2^m-1 个有效消息的距离都大于 1。这意味着总共有 $2^m(n+1)$ 个有效的或是可纠错的码字。显然,这个数应小于等于码字的所有可能的个数 2n。于是,有 $2^m(n+1) \leq 2^n$。

因为 n=m+k,可得出 $m+k+1 \leq 2^k$。对于给定的数据位 m,上式给出了 k 的下界,即要纠正单个错误,k 必须取的最小值。根据上式计算,可得 $7+k+1 \leq 2^k$,所以 k=4。

试题 19 答案

(21) C

试题 20 分析

曼彻斯特编码(Manchester Code)是一种双相码(或称分相码)。双相码要求每一位中间都要有一个电平转换,因而这种代码的优点是自定时,同时双相码也有检测差错的功能,如果某一位中间缺少了电平翻转,则被认为是违例代码。在图 6-4 中,我们用高电平到低电平的转换边表示"0",而低电平到高电平的转换边表示"1",相反的表示也是允许的。比特中间的电平转换既表示了数据代码,同时也作为定时信号使用。曼彻斯特编码用在以太网中。

差分曼彻斯特编码类似于曼彻斯特编码,它把每一比特的起始边有无电平转换作为区分"0"和"1"的标志,这种编码用在令牌环网中。

在曼彻斯特编码和差分曼彻斯特编码中,每比特中间都有一次电平跳变,因此波特率是数据速率的两倍。对于 100Mb/s 的高速网络,如果采用这类编码方法,就需要 200M 的波特率,其编码效率为 50%。

试题 20 答案

(22) A

试题 21 分析

本题考查海明编码知识。

海明码属于线性分组编码方式,大多数分组码属于线性编码,其基本原理是,是信息码元与校验码元通过线性方程式联系起来。

海明码的编码规则是:如果有 n 个数据位和 k 个冗余校验位,那么必须满足 $2^k-1 \geq n+k$,此处 k=4,因此有 $n \leq 2^k-1-k=16-1-4=11$,n 最大为 11。

试题 21 答案

(23) C

试题 22 分析

由于 S2 S1 S0=110,S0 没有错,在 S0 的监督式中设计的 a0,a3,a4,a6 都没有错误。而 S2 和 S1 都为 1,则说明 S2 和 S1 出错,得出最终出错的位是 a5。

试题 22 答案

（24）C

试题 23 分析

采用后退 N 帧 ARQ 协议，在全双工通信中应答信号可以由反方向传送的数据帧"捎带"送回，这种机制进一步见笑了通信开销，然而也带来了一些问题。在捎带应答方案中，反向数据帧中的应答字段总是捎带一个应答新号，这样就可能出现对同一个帧的重复应答。假定帧编号字段为 3 位长，发送窗口大小为 8。当发送器收到第一个 ACK1 后把窗口推进到后沿为 1、前沿为 0 的位置，即发送窗口现在包含的帧编号为 1、2、3、4、5、6、7、0，如下所示。

1 2 3 4 5 6 7 0

如果这时又收到一个捎带回的 ACK1，发送器如何动作呢？后一个 ACK1 可能表示窗口中的所有帧都未曾接收，也可能意味着窗口中的帧都已正确接收。这样协议就出现了二义性。然而，如果规定窗口的大小为 7，则就可以避免这种二义性。所以，在后退 N 帧协议中必须限制发送窗口大小 $W_发 \leq 2^K - 1$。根据类似的推理，对于选择重发 ARQ 协议，发送窗口和接收窗口的最大值应为帧编号数的一半，即 $W_发 = W_收 \leq 2^{K-1}$

试题 23 答案

（25）C

试题 24 分析

由生成多项式 $G(x) = x^5 + x^4 + x + 1$ 可以得到除数 110011，由多项表达式中 x 的最高幂次为 5 可知，被除数应该是信息码字后面加 5 个 0。然后用被除数与除数做模二除法得到的结果就是校验码，其计算结果是 11010（模 2 除法的具体过程参考 CRC 校验理论部分）。

试题 24 答案

（26）B

试题 25 分析

海明码是一种纠错码，不但能发现差错，而且还能纠正差错。对于 m 位数据，增加 k 位冗余位，若满足关系式：$m+k+1 \leq 2^k$，则可以纠正 1 位错。

试题 25 答案

（27）A

试题 26 分析

数字数据在传输中可以用模拟信号来表示。用数字数据调制模拟载波信号的三个参数——幅度、频率和相位，分别称为幅度键控、频移键控和相移键控。

按照幅度键控（ASK）调制方式，载波的幅度受到数字数据的调制而取不同的值，例如对应二进制 0，载波振幅为 0；对应二进制 1，载波振幅取 1。调幅技术实现起来简单，但抗干扰性能差。频移键控（FSK）是按照数字数据的值调制载波的频率。例如对应二进制 0 的载波频率为 f_1，而对应二进制 1 的载波频率为 f_2。这种调制技术抗干扰性能好，但占用带宽较大。在有些低速的调制解调器中，用这种调制技术把数字数据变成模拟音频信号传送。相移键控（PSK）是用数字数据的值调制载波相位，例如用 180 相移表示 1，用 0 相移表示 0。这种调制方式抗干扰性能最好，而且相位的变化也可以作为定时信息来同步发送机和接收机的时钟。码元只取两个相位值叫 2 相调制，码元可取 4 个相位值叫 4 相调制。4 相调制时，一个码元代表两位二进制数，采用 4 相或更多相的调制能提供较高的数据速率，但实现技术更复杂。三种数字调制方式表示如图 6-16 所示。

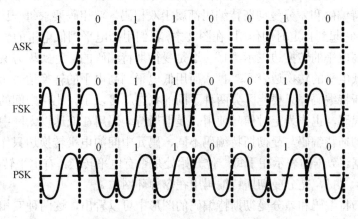

图 6-16　三种模拟调制方式示意图

试题 26 答案

（28）C

试题 27 分析

按照 Nyquist 定理，B=2W（Baud）

码元速率为信道带宽的两倍。同时数据速率还取决于码元的离散状态数，码元携带的信息量 n（比特数）与码元的离散状态数 N 有如下关系：$n=\log_2 N$

所以，综合考虑了信道带宽和码元的离散状态数后得到的公式为：

$$R=B\log_2 N=2W\log_2 N \text{（b/s）}$$

其中，R 表示数据速率，单位是 b/s。据此，数据速率可计算如下：

$$R=B\log_2 N=2W\log_2 N=2\times 3400\times \log_2 4=6800\times 2=13.6\text{Kb/s}$$

试题 27 答案

（29）C

试题 28 分析

根据题中给出的条件，每个字符要占用 1+7+1+2=11（位）。每秒钟传送 100 个字符，则数据速率为 11×100=1100b/s。在采用 4 相相位调制的情况下，数据速率为码元速率的 2 倍，所以码元速率为 550 波特。

试题 28 答案

(30) C

试题 29 分析

在图①中,每个"0"比特的前沿没有电平跳变,每个"1"比特的前沿有电平跳变,这是典型的 NRZ-I 编码的波形。NRZ-I 编码的数据速率与码元速率一致,其缺点是当遇到长串的"0"时会失去同步,所以有时要做出某种变通,例如采用 4B/5B 编码。

曼彻斯特编码和差分曼彻斯特编码都属于双相码。双相码要求每一比特中间都有一个电平跳变,它起到自定时的作用。在图②中,我们用高电平到低电平的转换边表示"0",用低电平到高电平的转换边表示"1",这是曼彻斯特编码的一种实现方案。反之,如果用高电平到低电平的转换边表示"1",而用低电平到高电平的转换边表示"0";也可以认为是曼彻斯特编码,只要能区分两种不同的状态就可以了。比特中间的电平转换边既表示了数据代码,也作为定时信号使用。曼彻斯特编码用在低速以太网中。

差分曼彻斯特编码与曼彻斯特编码不同,码元中间的电平转换边只作为定时信号,而不表示数据。数据的表示在于每一位开始处是否有电平转换:有电平转换表示"0"无电平转换表示"1",差分曼彻斯特编码用在令牌环网中。

在曼彻斯特编码和差分曼彻斯特编码的图形中可以看出,这两种双相码的每一个码元都要调制为两个不同的电平,因而调制速率是码元速率的二倍。这对信道的带宽提出了更高的要求,所以在数据速率很高时实现起来更昂贵,但由于其良好的抗噪声特性和比特同步能力,所以在局域网中仍被广泛使用。

试题 29 答案

(31) C

试题 30 分析

差分曼彻斯特编码是一种双相码。与曼彻斯特编码相同的地方是,每一位都由一正一负两个码元组成,但它又是一种差分码,0 位的前沿有相位变化,1 位的前沿没有相位变化,所以选项 b 图形是差分曼彻斯特编码。

试题 30 答案

(32) B

第 7 章 局域网技术

从历年的考试试题来看，本章的考点在综合知识考试中的平均分数为 9 分，约为总分的 12%。考试试题分数主要集中在 CSMA/CD、无线局域网、VLAN 技术这 3 个知识点上。

7.1 考点提炼

根据考试大纲，结合历年考试真题，希赛教育的软考专家认为，考生必须要掌握以下几个方面的内容：

1. 通信介质与综合布线系统

在通信介质与综合布线系统方面，涉及的考点有通信介质（重点）、综合布线系统（重点）。

【考点 1】常见通信介质

计算机网络中可以使用各种传输介质来组成物理信道，根据其形态可以分为有线传输介质和无线传输介质两大类。表 7-1 列出了有线传输介质的主要知识点。

表 7-1 有线传输介质及其特性

传输介质	类型	距离	速度	特点
同轴电缆	细缆 RG58	185m	10Mbps	安装容易，成本低，抗干扰性较强
	粗缆 RG11	500m	10Mbps	安装较难，成本低，抗干扰性强
	粗缆 RG59	>10km	100~150Mbps	传输模拟信号（CATV），也叫宽带同轴电缆，常使用 FDM（频分多路复用）
屏蔽双绞线（STP）	3 类/5 类	100m	16/100Mbps	相对于 UTP 笨重，令牌环网常用，现在 7 类布线系统又开始使用
无屏蔽双绞线（UTP）	3/4/5/超 5/6 类	100m	16/20/100/155/200Mbps	价格便宜，安装容易，适用于结构化综合布线，随着网卡技术的发展，在短距离内甚至可以达到 1Gbps
光纤	多模	550m	100~1000Mbps	电磁干扰小，数据速度高，误码率小，低延迟
	单模	5km	1~10Gbps	与多模光纤比，特点是：高速度、长距离、高成本、细芯线，常使用 WDM（波分复用）提高带宽

无线传输介质主要包括无线电波、微波和红外线。
① 无线电波：需要专用的频率，易被窃听。
② 微波：可分为地面微波和卫星微波，带宽高、容量大，但受天气影响大。
③ 红外线：设备便宜、带宽高，但传输距离有限，易受室内空气状态影响。

以太网比较常用的传输介质包括同轴电缆（已淘汰，不再介绍）、双绞线、光纤三种。以太网命名格式按照 N－信号－物理介质的格式。格式中每个元素都有其固定的含义，具体如下：

N：以兆位为单位的数据速率，如 10、100、1000。

信号：基带还是宽带。

物理介质：标识介质类型。

用 10Base-T 来举例，如图 7-1 所示。

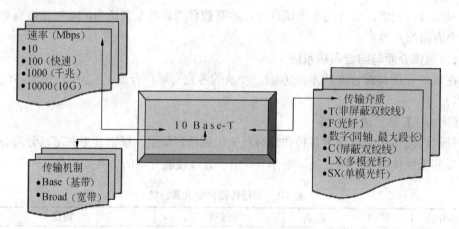

图 7-1　以太网传输介质标识

【考点 2】综合布线系统

如图 7-2 所示，整个综合布线系统通常由工作区子系统、水平子系统、干线子系统、设备间子系统、管理子系统和建筑群主干子系统 6 个部分组成。

（1）工作区子系统：是连接用户终端设备的子系统，主要包括信息插座、信息插座和设备之间的适配器。通俗地说，就是指电脑和网线接口之间的部分。

（2）水平子系统：是连接工作区与主干的子系统，主要包括配线架、配线电缆和信息插座。通俗地说，就是指从楼层弱电井里的配线架到每个房间的网卡接口之间的部分，通常布线是在天花板上，因此与楼层平行。在水平子系统中，使用的是星型拓扑，即将每个网卡接口（信息模块）接回配线架，每个口一根线。

（3）管理子系统：管理子系统是对布线电缆进行端接及配置管理的子系统，通常在各个楼层都会设立。通俗地讲，这就是配线间中的设备部分。

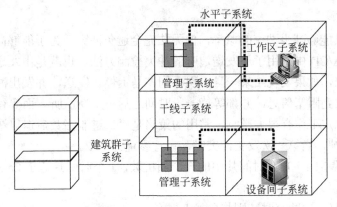

图 7-2　综合布线系统的组成

（4）干线子系统：是用来连接管理间、设备间的子系统。通俗地说，就是将接入层交换机连接到分布层（或核心层）交换机的网络线路，由于其通常是顺着大楼的弱电井而下，是与大楼垂直的，因此也称为垂直子系统。通常来说，干线经常使用光缆，另外高品质的 5 类/超 5 类以及 6 类非屏蔽双绞线也是十分常用的。

（5）设备间子系统：是安装在设备间的子系统，而设备间是指集中安装大型设备的场所。一般来说，大型建筑物都会有一个或多个设备间。通常核心交换机所在的位置就是设备间。它与管理子系统相比，对于物理环境的要求更高。

（6）建筑群主干子系统：它是用来连接楼群之间的子系统，包括各种通信传输介质和支持设备，由于在户外，因此又称为户外子系统。通常包括地下管道、直埋沟内、架空三种方式。现在许多新的建筑物，通常都会预先留好地下管道。

2．以太网技术

在以太网技术方面，涉及的考点有 CSMA/CD 介质访问控制协议（重点）。

【考点 3】CSMA/CD 协议

IEEE 802.3 标准所采用的 CSMA/CD（载波监听多路访问/冲突检测）协议对于总线、星型和树型拓扑结构是最合适的介质访问控制协议，它属于竞争式介质访问控制协议。

① 波监听

冲突虽然没有办法避免，但是可以通过精心设计的监听算法来缓解，各种算法如表 7-2 所示。

表 7-2　载波监听算法

监听算法	信道空闲时	信道忙时	特点
非坚持型监听算法	立即发送	等待 N，再监听	减少冲突，信道利用率降低
1-坚持型监听算法	立即发送	继续监听	提高信道利用率，增大了冲突
P-坚持型监听算法	以概率 P 发送	继续监听	有效平衡，但复杂

注：非坚持型监听算法的 N 可取任意随机值，在 P-坚持型监听算法中，信道空闲将以概率（1-P）延迟一个时间单位（该时间单位为网络传输时延期 τ）。

② 冲突检测

载波监听只能够减少冲突的概率，但无法完全避免冲突。为了能高效地实现冲突检测，在 CSMA/CD 中采用了边发送边听的冲突检测方法。也就是由发送者一边发，一边自己接收回来，如果发现结果一旦出现不同，马上停止发送，并发出冲突信号，这时所有的站都会收到阻塞信息，并都等待一段时间之后再重新监听。而等待的这段时间的长度对网络的稳定工作有很大影响，常用的策略是"二进制指数后退算法"，算法如下：

a. 对每个帧，当第一次发生冲突时，设置参量为 L=2。
b. 退避间隔取 1~L 个时间片中的一个随机数，1 个时间片等于 2a（双向传播时间=2a，即 a=0.5）。
c. 当帧重复一次冲突时，则将参量 L 加倍。
d. 设置一个最大重传次数，超过这个次数，则不再重传，并报告出错。

正是因为采用了边发边听的检测方法，因此检测冲突所需要花的最长时间是网络传播延迟的两倍（最大段长/信号传播速度，这是对于基带系统而言的，有些宽带系统需要网络传播延迟的 4 倍时间才够），这称之为冲突窗口。因此，为了保证在信息发送完成之前能够检测到冲突，发送的时间应该大于等于冲突窗口，这也就规定了最小的帧长=2（网络数据速率×最大段长/信号传播速度）。

③ 性能分析

a. 吞吐率（T）：单位时间内实际传送的位数。

T = 帧长/（网络段长/传播速度+帧长/网络数据速率）

b. 网络利用率（E）：

E = 吞吐率/网络数据速率

另外，802.3 的 MAC 帧结构中有几个小知识点还需要了解。以太网帧结构如图 7-3 所示。

7	1	6	6	2	46~1500	4
前导码	帧起始定界符(SFD)	目的地址(DA)	源地址(SA)	类型(TYPE)	数据区(DATA)	帧检验序列(FCS)

(a) 以太帧格式

7	1	2或6	2或6	2	46~1500	4
前导码	帧起始定界符(SFD)	目的地址(DA)	源地址(SA)	长度(L)	LLC-PDU	帧检验序列(FCS)

(b) IEEE 802.3 帧结构

图 7-3 以太网帧结构

其中帧头中有源地址和目标地址字段，存放着 MAC 地址，通常是 6 字节长（48 位），IEEE 为每个硬件制造商指定了网卡的 MAC 地址的前 3 个字节，后 3 个字节则由制造商编码。目标地址首位为 0，则代表普通地址；如果首位为 1，则说明是组播地址；地址全

1，则代表广播地址。802.3 的最大帧长为 1564 字节（最大的数据帧为 1500 字节），最小帧长为 64 字节，如果不足则需要加入填充位。

3. 无线局域网

在无线局域网（WLAN）方面，涉及的考点有 802.11 标准系列（重点）、WLAN 组网方式（重点）。

【考点 4】802.11 标准系列

IEEE802.11 先后提出了以下多个标准，最早的 802.11 标准只能够达到 1～2Mbps 的速度，在制定更高速度的标准时，就产生了 802.11a 和 802.11b 两个分支，后来又推出了 802.11g 的新标准，如表 7-3 所示。

表 7-3 无线局域网标准

标准	运行频段	主要技术	数据速率
802.11	2.4GHz 的 ISM 频段	扩频通信技术	1Mbps 和 2Mbps
802.11b	2.4GHz 的 ISM 频段	CCK 技术	11Mbps
802.11a	5GHz U-NII 频段	OFDM 调制技术	54Mbps
802.11g	2.4GHz 的 ISM 频段	OFDM 调制技术	54Mbps

注：ISM 是指可用于工业、科学、医疗领域的频段；U-NII 是指用于构建国家信息基础的无限制频段。

IEEE 802.11a、IEEE 802.11b 或 IEEE 802.11g，主要是以物理层的不同作为区分，所以它们的区别直接表现在工作频段以及数据传输速率、最大传输距离这些指标上。而工作在媒介层的标准又分 IEEE 802.11h、IEEE 802.11e、IEEE 802.11i、IEEE802.11n 几种标准。

802.11h 是 802.11a 的扩展，目的是兼容其他 5GHz 频段的标准，如欧盟使用的 HyperLAN2。

802.11e 是 IEEE 为满足服务质量（QoS）方面的要求而制定的 WLAN 标准。在一些对时间敏感、有严格要求的业务（如话音、视频等）中，QoS 是非常重要的指标。在 802.11 MAC 层，802.11e 加入了 QoS 功能，其中的混合协调功能可以单独使用或综合使用以下两种信道接入机制：一种是基于论点式的（Contentionbased）；另一种是基于投票式的（Polled）。

IEEE 802.11i 规定使用 802.1x 认证和密钥管理方式，在数据加密方面，定义了 TKIP（Temporal Key Integrity Protocol）、CCMP（Counter-Mode/CBC-MAC Protocol）和 WRAP（Wireless Robust Authenticated Protocol）三种加密机制。其中 TKIP 采用 WEP 机制里的 RC4 作为核心加密算法，可以通过在现有的设备上升级固件和驱动程序的方法达到提高 WLAN 安全的目的。CCMP 机制基于 AES 加密算法和 CCM（Counter-Mode/CBC-MAC）认证方式，使得 WLAN 的安全程度大大提高，是实现 RSN 的强制性要求。由于 AES 对硬件要求比较高，因此，CCMP 无法通过在现有设备的基础上进行升级实现。WRAP 机制基于 AES 加密算法和 OCB（Offset Codebook），是一种可选的加密机制。

802.11n 主要是结合物理层和 MAC 层的优化来充分提高 WLAN 技术的吞吐。主要的物理层技术涉及了 MIMO、MIMO-OFDM、40MHz、Short GI 等技术，从而将物理层吞吐提高到 600Mbps。在传输速率方面，802.11n 可以将 WLAN 的传输速率由目前 802.11a 及 802.11g 提供的 54Mbps，提高到 300Mbps 甚至高达 600Mbps。得益于将 MIMO（多入多出）与 OFDM（正交频分复用）技术相结合而应用的 MIMO OFDM 技术，提高了无线传输质量，也使传输速率得到极大提升。

【考点 5】WLAN 组网方式

在 802.11 的标准提案中，规定了两种工作模式，分别是有接入点（Access Point, AP，访问点、基站）模式（基础网络设施）和无访问点模式（Ad Hoc 网络）。其结构如图 7-4 所示。

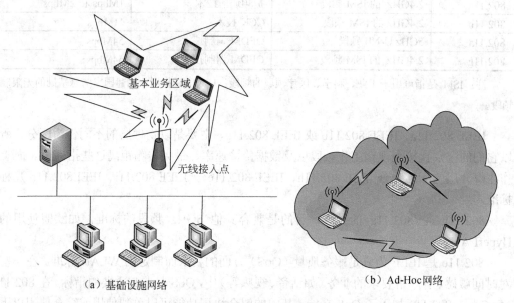

(a) 基础设施网络　　　　　　　　　　(b) Ad-Hoc网络

图 7-4　两种 WLAN 网络拓扑

① 基础设施网络：它需要通过接入点（AP）来访问骨干网，或互相访问。它的作用与网桥类似，负责在 802.11 和 802.3 的 MAC 协议之间进行转换。一个接入点覆盖的部分称为一个基本业务域（BSA），而接入点控制的所有终端组成一个基本业务集（BSS），由两个以上的 BSA 可以组成一个分布式系统（DS）。

② Ad Hoc 网络：不使用接入点，直接通过无线网卡实现点对点连接。和基础设施网络相比，它的可扩展性和灵活性更好，但是路由、协调控制等技术都难以解决。

4．虚拟局域网

在虚拟局域网（VLAN）方面，涉及的考点有 VLAN 分类（重点）、静态 VLAN 配置（重点）、VTP 协议（重点）、STP 协议。

【考点 6】VLAN 分类

VLAN 根据不同的需求，可以有多种划分方式，各种方式的优缺点比较如表 7-4 所示。

表 7-4　VLAN 划分方式

划分方式	简单描述与优缺点比较	适用场合
基于端口	按 VLAN 交换机上的物理端口和内部的 PVC（永久虚电路）端口来划分 优点：定义 VLAN 成员时非常简单，只要将所有的端口都定义为相应的 VLAN 组即可 缺点：如果某用户离开原来的端口到一个新的交换机的某个端口，需重新定义	适合于任何大小的网络
基于 MAC	这种划分 VLAN 的方法是根据每个用户主机的 MAC 地址来划分的 优点：当用户物理位置从一个交换机换到其他交换机时，VLAN 不用重新配置 缺点：初始化时，所有的用户都必须进行配置	适用于小型局域网
基于网络协议	VLAN 按网络层协议来划分，可分为 IP、IPX 等 VLAN 网络 优点：用户的物理位置改变了，不需要重新配置所属的 VLAN，而且可以根据协议类型来划分 VLAN，并且可以减少网络通信量，可使广播域跨越多个 VLAN 交换机 缺点：效率低下	适用于需要同时运行多协议的网络
基于 IP 组播	IP 组播即认为一个 IP 组播组就是一个 VLAN 优点：更大的灵活性，而且也很容易通过路由器进行扩展 缺点：适合局域网，主要是效率不高	适合于不在同一地理范围的局域网用户组成一个 VLAN
基于策略	基于策略的 VLAN 能实现多种分配，包括端口、MAC 地址、IP、协议等 优点：可根据自己的管理模式和需求来决定选择哪种类型的 VLAN 缺点：建设初期步骤繁琐	适用于需求比较复杂的环境
基于用户定义	是指为了适应特别的 VLAN 网络，根据具体的网络用户的特别要求来定义和设计 VLAN，而且可以让非 VLAN 群体用户访问 VLAN，但是需要提供用户密码，在得到 VLAN 管理的认证后才可以加入一个 VLAN	适用于安全性较高的环境

第一种划分方式又叫做静态划分，后面的几种划分方式统称为动态划分。静态划分安全、可靠，易于配置与维护；而动态划分高效、灵活，但安全缺乏保障。

【考点 7】基于端口静态 VLAN 配置

静态 VLAN 配置的过程如下所示：

① 准备工作：

```
vlan database                          #进入 VLAN 配置模式
```

② 创建 VLAN：

```
 vlan v_num name v_name                #创建命名 vlan（可以不要 name 命令）
no vlan v_num                          #清除一个已存在的 VLAN
```

③ 将端口划入 VLAN：

```
switchport mode access                 #配置接口接入模式
    switchport access vlan 2           #进入相应接口，让此接口归属 VLAN2
```

④ 配置交换机管理 IP：

```
interface vlan 1
    ip address 192.168.1.1 255.255.255.0 #给交换机配置管理 IP，方便网络管理
```

【考点 8】VLAN 中继协议

VLAN 中继协议（VLAN Trunking Protocol，VTP）通过网络保持 VLAN 配置统一性，管理增加、删除、调整的 VLAN，自动地将新的 VLAN 信息向网络中其他的交换机广播。此外，VTP 减小了那些可能导致安全问题的配置。

（1）相关概念

① VTP 模式：当交换机配置在 VTP Server 或透明的模式时，可以使用 CLI、控制台菜单、MIB 修改 VLAN 配置。

② VTP Domain：交换 VTP 更新信息的所有交换机必须配置为相同的管理域。

③ ISL（Inter-Switch Link）：是一个在交换机之间、交换机与路由器之间及交换机与服务器之间传递多个 VLAN 信息及 VLAN 数据流的协议，Cisco 交换机专用。

④ IEEE 802.1Q 标准：IEEE 制定的用于在中继链路上识别数据帧技术，它通过在帧头插入一个 VLAN 标识符来标识 VLAN，通常称为"帧标记"。

⑤ Trunk：在路由与交换领域，Trunk 是指 VLAN 的端口聚合，用来在不同的交换机之间进行连接，以保证在跨越多个交换机上建立的同一个 VLAN 的成员能够相互通信。

正如网络中也存在主机与服务器一样，应用 VTP 的交换机也分 3 种不同的工作模式。

① 服务器模式：它负责定义 VLAN 信息，并广播传输给其他交换机。

② 客户端模式：接收并使用来自服务器端发送过来的 VLAN 信息。配置命令为：

```
switch# vlan database                                  # 进入 VLAN 配置子模式
switch(vlan)# vtp client|server|transparent            # 设置交换机工作模式
```

③ 透明模式：接收并转发来自服务器端发送过来的 VLAN 信息，但自己并不应用，

是交换机的默认工作模式。

（2）VTP 配置

VTP 协议配置过程如表 7-5 所示。

表 7-5　VTP 协议配置过程

配置步骤	命令及命令注释	说明
1. 设置 VTP domain	vlan database　# 进入 VLAN 配置模式 vtp domain vname　# 设置 VTP 管理域名称 vname vtp server | client　# 设置交换机为服务器（或客户端）模式	VTP Domain 称为管理域，交换 VTP 更新信息的所有交换机必须配置为相同的管理域。核心交换机和分支交换机都要配置
2. 启用修剪功能	vlan pruning　# 启用修剪功能	减少不必要的数据流量，充分利用带宽
3. 配置中继	interface fa0/1 switchport trunk encapsulation isl | dot1q　# 封装中继协议 switchport mode trunk　# 端口设置为中继模式 switchport trunk allowed vlan vlan-list | all	核心交换机以上都要配置，先进入交换机端口模式，再封装中继协议，配置端口中继模式 vlan-list | all 是允许所有或部分 VLAN 信息通过 Trunk 链路

7.2　强化练习

试题 1

当启用 VTP 修剪功能后，如果交换端口中加入一个新的 VLAN，则立即 (1) 。

(1) A．剪断与周边交换机的连接

　　B．把新的 VLAN 中的数据发送给周边交换机

　　C．向周边交换机发送 VTP 连接报文

　　D．要求周边交换机建立同样的 VLAN

试题 2

IEEE 802.11i 标准增强了 WLAN 的安全性，下面关于 802.11i 的描述中，错误的是 (2) 。

(2) A．加密算法采用高级数据加密标准 AES

　　B．加密算法采用对等保密协议 WEP

　　C．用 802.1x 实现了访问控制

　　D．使用 TKIP 协议实现了动态的加密过程

试题 3

关于无线局域网，下面叙述中正确的是 (3) 。

(3) A．802.11a 和 802.11b 都可以在 2.4GHz 频段工作

B. 802.11b 和 802.11g 都可以在 2.4GHz 频段工作
   C. 802.11a 和 802.11b 都可以在 5GHz 频段工作
   D. 802.11b 和 802.11g 都可以在 5GHz 频段工作

试题 4

以下关于 IEE 802.3ae 标准的描述中，错误的是 (4)。

(4) A. 支持 802.3 标准中定义的最小和最大帧长
   B. 支持 IEE802.3ad 链路汇聚协议
   C. 使用 1310nm 单模光纤作为传输介质，最大段长可达 10 千米
   D. 使用 850nm 多模光纤作为传输介质，最大段长可达 10 千米

试题 5

关于 IEEE 802.3 的 CSMA/CD 协议，下面结论中错误的是 (5)。

(5) A. CSMA/CD 是一种解决访问冲突的协议
   B. CSMA/CD 协议适用于所有 802.3 以太网
   C. 在网络负载较小时，CSMA/CD 协议的通信效率很高
   D. 这种网络协议适合传输非实时数据

试题 6

交换机命令 SwitchA(VLAN) #vtp pruning 的作用是 (6)。

(6) A. 退出 VLAN 配置模式   B. 删除一个 VLAN
   C. 进入配置子模式   D. 启动路由修剪功能

试题 7

利用交换机可以把网络划分成多个虚拟局域网（VLAN）。一般情况下，交换机默认的 VLAN 是 (7)。

(7) A. VLAN0   B. VLAN1   C. VLAN10   D. VLAN 1024

试题 8

通过交换机连接的一组工作站 (8)。

(8) A. 组成一个冲突域，但不是一个广播域
   B. 组成一个广播域，但不是一个冲突域
   C. 既是一个冲突域，又是一个广播域
   D. 既不是冲突域，也不是广播域

试题 9

在 IEEE 802.11 标准中使用了扩频通信技术。下面选项中有关扩频通信技术说法正确的是 (9)。

(9) A. 扩频技术是一种带宽很宽的红外线通信技术
   B. 扩频技术就是用伪随机序列对代表数据的模拟信号进行调制
   C. 扩频通信系统的带宽随着数据速率的提高而不断扩大

D. 扩频技术就是扩大了频率许可证的使用范围

试题 10

新交换机出厂时的默认配置是 (10)。

(10) A. 预配置为 VLAN 1，VTP 模式为服务器
B. 预配置为 VLAN 1，VTP 模式为客户机
C. 预配置为 VLAN 0，VTP 模式为服务器
D. 预配置为 VLAN 0，VTP 模式为客户机

试题 11

在无线局域网 802.11 标准体系中，802.11n 能够达到的最大理论值为 (11)。

(11) A. 11Mbps   B. 54Mbps   C. 2Mpbs   D. 600Mbps

试题 12

在 802.11 定义的各种业务中，优先级最低的是 (12)。

(12) A. 分布式竞争访问   B. 带应答的分布式协调功能
C. 服务访问节点轮询   D. 请求/应答式通信

试题 13

802.11b 定义了无线网的安全协议 WEP（Wired Equivalent Privacy）。以下关于 WEP 的描述中，正确的是 (13)。

(13) A. 采用的密钥长度是 80 位
B. 其加密算法属于公开密钥密码体系
C. WEP 只是对 802.11 站点之间的数据进行加密
D. WEP 也可以保护 AP 有线网络端的数据安全

试题 14

IEEE 802.3ae 10Gb/s 以太网标准支持的工作模式是 (14)。

(14) A. 全双工   B. 半双工
C. 单工   D. 全双工和半双工

试题 15

以太网的数据帧封装如图 7-5 所示，包含在 TCP 段中的数据部分最长应该是 (15) 字节。

目的MAC地址	源MAC地址	协议类型	IP头	TCP头	数据	CRC

图 7-5 以太帧格式

(15) A. 1434   B. 1460   C. 1480   D. 1500

试题 16

某 IP 网络连接如图 7-6 所示，在这种配置下 IP 全局广播分组不能够通过的路径

是 (16) 。

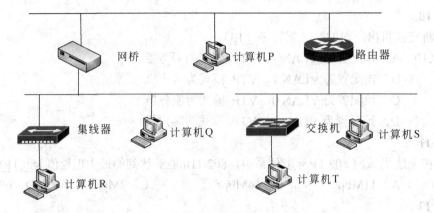

图 7-6 网络连接拓扑图

(16) A．计算机 P 和计算机 Q 之间的路径
B．计算机 P 和计算机 S 之间的路径
C．计算机 Q 和计算机 R 之间的路径
D．计算机 S 和计算机 T 之间的路径

试题 17

以太网交换机是按照 (17) 进行转发的。

(17) A．MAC 地址　　B．IP 地址　　C．协议类型　　D．端口号

试题 18

快速以太网标准 100BASE-TX 采用的传输介质是 (18) 。

(18) A．同轴电缆　　B．无屏蔽双绞线　　C．CATV 电缆　　D．光纤

试题 19

路由器的 S0 端口连接 (19) 。

(19) A．广域网　　B．以太网　　C．集线器　　D．交换机

试题 20

关于路由器，下列说法中错误的是 (20) 。

(20) A．路由器可以隔离子网，抑制广播风暴
B．路由器可以实现网络地址转换
C．路由器可以提供可靠性不同的多条路由选择
D．路由器只能实现点对点的传输

试题 21

虚拟局域网中继协议（VTP）有三种工作模式，即服务器模式、客户机模式和透明模式，以下关于这 3 种工作模式的叙述中，不正确的是 (21) 。

(21) A. 在服务器模式下可以设置 VLAN 信息
　　　B. 在服务器模式下可以广播 VLAN 信息
　　　C. 在客户机模式下不可以设置 VLAN 信息
　　　D. 在透明模式下不可以设置 VLAN 信息

试题 22

在下面关于 VLAN 的描述中，不正确的是 (22)。

(22) A. VLAN 把交换机划分成多个逻辑上独立的交换机
　　　B. 主干链路（Trunk）可以提供多个 VLAN 之间通信的公共通道
　　　C. 由于包含了多个交换机，所以 VLAN 扩大了冲突域
　　　D. 一个 VLAN 可以跨越多个交换机

试题 23

划分 VLAN 的方法有多种，这些方法中不包括 (23)。

(23) A. 根据端口划分　　　　　　　　B. 根据路由设备划分
　　　C. 根据 MAC 地址划分　　　　　D. 根据 IP 地址划分

试题 24

下面有关 VLAN 的语句中，正确的是 (24)。

(24) A. 虚拟局域网中继协议 VTP（VLAN Trunk Protocol）用于在路由器之间交换不同 VLAN 的信息
　　　B. 为了抑制广播风暴，不同的 VLAN 之间必须用网桥分隔
　　　C. 交换机的初始状态是工作在 VTP 服务器模式，这样可以把配置信息广播给其他交换机
　　　D. 一台计算机可以属于多个 VLAN，即它可以访问多个 VLAN，也可以被多个 VLAN 访问

试题 25

下面关于 802.1q 协议的说明中正确的是 (25)。

(25) A. 这个协议在原来的以太帧中增加了 4 个字节的帧标记字段
　　　B. 这个协议是 IETF 制定的
　　　C. 这个协议在以太帧的头部增加了 26 个字节的帧标记字段
　　　D. 这个协议在帧尾部附加了 4 个字节的 CRC 校验码

试题 26

设有下面 4 条路由：10.1.193.0/24、10.1.194.0/24、10.1.196.0/24 和 10.1.198.0/24，如果进行路由汇聚，覆盖这 4 条路由的地址是 (26)。

(26) A. 10.1.192.0/21　　　　　　　B. 10.1.192.0/22
　　　C. 10.1.200.0/22　　　　　　　D. 10.1.224.0/20

试题 27

通常路由器不进行转发的网络地址是 (27)。

(27) A．101.1.32.7　　　　　　　　B．192.178.32.2
　　 C．172.16.32.1　　　　　　　　D．172.35.32.244

试题 28

在网络 202.115.144.0/20 中可分配的主机地址数是 (28)。

(28) A．1022　　　B．2046　　　C．4094　　　D．8192

试题 29

路由器 R1 的连接和地址分配如图 7-7 所示，如果在 R1 上安装 OSPF 协议，运行下列命令：router ospf 100，则配置 S0 和 E0 端口的命令是 (29)。

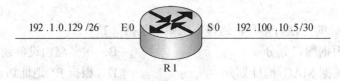

图 7-7　R1 互联拓扑

(29) A．network 192.100.10.5 0.0.0.3 area 0
　　　　network 192.1.0.129 0.0.0.63 area 1
　　 B．network 192.100.10.4 0.0.0.3 area 0
　　　　network 192.1.0.128 0.0.0.63 area 1
　　 C．network 192.100.10.5 255.255.255.252 area 0
　　　　network 192.1.0.129 255.255.255.192 area 1
　　 D．network 192.100.10.4 255.255.255.252 area 0
　　　　network 192.1.0.128 255.255.255.192 area 1

试题 30

某校园网的地址块是 138.138.192.0/20，该校园网被划分为 (30) 个 C 类子网，不属于该校园网的子网地址是 (31)。

(30) A．4　　　　　　B．8　　　　　C．16　　　　　D．32
(31) A．138.138.203.0　　　　　　　B．138.138.205.0
　　 C．138.138.207.0　　　　　　　D．138.138.213.0

7.3　习题解答

试题 1 分析

VLAN 中继协议（VLAN Trunking Protocol，VTP）用于在交换网络中简化 VLAN

的管。VTP 协议在交换网络中建立了多个管理域，同一管理域中的所有交换机共享 VLAN 信息。一台交换机只能参加一个管理域，不同管理域中的交换机不共享 VLAN 信息。通过 VTP 协议，可以在一台交换机上配置所有的 VLAN，配置信息通过 VTR 报文可以传播到管理域中的所有交换机。

在默认情况下，所有交换机通过中继链路连接在一起，如果 VLAN 中的任何设备发出一个广播包、组播包、或者一个未知的单播数据包，交换机都会将其洪泛（flood）到所有与源 VLAN 端口相关的各个输出端口上（包括中继端口）。在很多情况下，这种洪泛转发是必要的，特别是在 VLAN 跨越多个交换机的情况下。然而，如果相邻的交换机上不存在源 VLAN 的活动端口，则这种洪泛发送的数据包是无用的。

为了解决这个问题，可以使用静态或动态修剪的方法。所谓静态修剪，就是手工剪掉中继链路上不活动的 VLAN，在多个交换机组成多个 VLAN 的网络中，这种工作方式很容易出错，容易出现连接问题。

VTP 动态修剪允许交换机之间共享 VLAN 信息，也允许交换机从中继连接上动态地剪掉不活动的 VLAN，使得所有共享的 VLAN 都是活动的。例如，交换机 A 告诉交换机 B，它有两个活动的 VLAN1 和 VLAN2，而交换机 B 告诉交换机 A，它只有一个活动的 VLAN1，于是，它们就共享这样的事实：VLAN 2 在它们之间的中继链路上是不活动的，应该从中继链路的配置中剪掉。这样做的好处是显而易见的，如果在交换机 B 上添加了 VLAN 2 的成员，交换机 B 就会通知交换机 A，它有了一个新的活动的 VLAN 2，于是，两个交换机动态地把 VLAN 2 添加到它们之间的中继链路配置中。

试题 1 答案

（1）C

试题 2 分析

IEEE 802.11i 工作组致力于制订被称为 IEEE 802.11i 的新一代安全标准，这种安全标准为了增强 WLAN 的数据加密和认证性能，定义了 RSN（Robust Security Network）的概念，并且针对 WEP 加密机制的各种缺陷做了多方面的改进。

IEEE 802.11i 规定使用 802.1x 认证实现了访问控制和密钥管理方式，在数据加密方面，定义了 TKIP（Temporal Key Integrity Protocol）、CCMP（Counter-Mode/CBC-MAC Protocol）和 WRAP（Wireless Robust Authenticated Protocol）三种加密机制。其中 TKIP 采用 WEP 机制里的 RC4 作为核心加密算法，可以通过在现有的设备上升级固件和驱动程序的方法达到提高 WLAN 安全的目的。CCMP 机制基于 AES（Advanced Encryption Standard）加密算法和 CCM（Counter-Mode/CBC-MAC）认证方式，使得 WLAN 的安全程度大大提高，是实现 RSN 的强制性要求。由于 AES 对硬件要求比较高，因此 CCMP 无法通过在现有设备的基础上进行升级实现。WRAP 机制基于 AES 加密算法和 OCB（Offset Codebook），是一种可选的加密机制。

试题 2 答案

（2）B

试题 3 分析

无线局域网标准的制定始于 1987 年，当初是在 802.4L 组作为令牌总线的一部分来研究的，其主要目的是用作工厂设备的通信和控制设施。1990 年，IEEE 802.11 小组正式独立出来，专门从事制定 WLAN 的物理层和 MAC 层标准。1997 年颁布的 IEEE 802.11 标准运行在 2.4GHz 的 ISM（Industrial Scientific and Medical）频段，采用扩频通信技术，支持 1 Mb/s 和 2Mb/s 数据速率。随后又出现了两个新的标准，1998 年推出的 IEEE 802.11b 标准也是运行在 ISM 频段，采用 CCK（Complementary Code Keying）技术，支持 11 Mb/s 的数据速率。1999 年推出的 IEEE 802.11 a 标准运行在 U-NII（Unlicensed National Information Infrastructure）频段，采用 OFDM（Orthogonal Frequency Division Multiplexing）调制技术，支持最高达 54Mb/s 的数据速率。目前的 WLAN 标准主要有 4 种，如表 7-6 所示。

表 7-6 无线局域网标准

标准	运行频段	主要技术	数据速率
802.11	2.4GHz 的 ISM 频段	扩频通信技术	1Mbps 和 2Mbps
802.11b	2.4GHz 的 ISM 频段	CCK 技术	11Mbps
802.11a	5GHz U-NII 频段	OFDM 调制技术	54Mbps
802.11g	2.4GHz 的 ISM 频段	OFDM 调制技术	54Mbps

试题 3 答案

（3）B

试题 4 分析

IEEE 802.3ae 万兆以太网技术标准的物理层只支持光纤作为传输介质，但提供了两种物理连接。一种是与传统以太网进行连接的、速率为 10Gb/s 的 LAN 物理层设备，即 LAN PHY；另一种是与 SDH/SONET 进行连接的速率为 9.58464Gb/s 的 WAN 物理层设备，即 WAN PHY。通过引入 WAN PHY，万兆以太网的帧可以与 SONETOC-192 帧结构融合，从而能够通过 SONET 城域网提供端到端的以太网连接。

每种物理连接都可使用 10GBASE-S（850nm 短波）、l0GBASE-L（1310nm 长波）和 10GBASE-E（1550nm 长波）这三种规格的传输介质，最大传输距离分别为 300m、10000m 和 40000m。

在物理拓扑上，万兆位以太网既支持星型连接（或扩展星型连接），也支持点到点连接，以及星型连接与点到点连接的组合。在万兆位以太网的 MAC 子层，已不再采用 CSMA/CD 机制，只支持全双工传输方式。另外，万兆以太网还继承了 802.3 以太网的帧格式和最大/最小帧长度，从而能充分兼容已有的以太网技术，进而降低了对现有以太网进行万兆位升级的成本。

试题 4 答案

（4）D

试题 5 分析

CSMA/CD 是一种分解访问冲突的协议，应用在竞争发送的网络环境中，适合于传送非实时数据。在网络负载较小时，发送的速度很快，通信效率很高。在网络负载很大时，由于经常出现访问冲突，通信的效率很快就下降了。在千兆以太网中，当采用半双工传输方式时，要使用 CSMA/CD 协议来解决信道的争用问题。千兆以太网的全双工方式适用于交换机到交换机，或者交换机到工作站之间的点对点连接，两点间可同时进行发送与接收，不存在共享信道的争用问题，所以不需要采用 CSMA/CD 协议。2002 年 6 月发布的万兆以太网 802.3ae 10GE 标准只支持全双工方式，不支持单工和半双工，也不采用 CSMA/CD 协议。

试题 5 答案

（5）B

试题 6 分析

交换机命令 SwitcliA（VLAN） #vtppruning 的作用是启用路由修剪功能。在默认情况下，所有交换机通过中继链路连接在一起，如果 VLAN 中的任何设备发出一个广播包、组播包或者一个未知的单播数据包，交换机都会将其洪泛（flood）到所有与源 VLAN 端口相关的各个输出端口上（包括中继端口）。在很多情况下，这种洪泛转发是必要的，特别是在 VLAN 跨越多个交换机的情况下。然而，如果相邻的交换机上不存在源 VLAN 的活动端口，则这种洪泛发送的数据包是无用的。

为了解决这个问题，可以使用静态或动态的修剪方法。所谓静态修剪，就是手工剪掉中继链路上不活动的 VLAN。但是，手工修剪会遇到一些问题，主要是必须根据网络拓扑结构的改变经常重新配置中继链路。在多个交换机组成多个 VLAN 的网络中，这种工作方式很容易出错。

VTP 动态修剪允许交换机之间共享 VLAN 信息，也允许交换机从中继连接上动态地剪掉不活动的 VLAN，使得所有共享的 VLAN 都是活动的。例如，交换机 A 告诉交换机 B，它有两个活动的 VLAN1 和 VLAN2，而交换机 B 告诉交换机 A，它只有一个活动的 VLAN1，于是，它们就共享这样的事实：VLAN 2 在它们之间的中继链路上是不活动的，应该从中继链路的配置中剪掉。

这样做的好处是显而易见的，如果以后在交换机 B 上添加了 VLAN 2 的成员，交换机 B 就会通知交换机 A，它有了一个新的活动的 VLAN 2，于是，两个交换机就会动态地把 VLAN 2 添加到它们之间的中继链路配置中。

试题 6 答案

（6）D

试题 7 分析

一般情况下,交换机默认的 VLAN-ID 是 VLAN1。交换机连接的所有工作站同属于 VLAN1。

试题 7 答案

(7) B

试题 8 分析

通过交换机连接的一组工作站同属于一个子网,是一个广播域。交换机的各个端口是不冲突的,这正是交换机优于集线器的特点。事实上,交换机的每个端口组成一个冲突域。

试题 8 答案

(8) B

试题 9 分析

扩展频谱通信技术起源于军事通信网络,其主要想法是将信号散布到更宽的带宽上以减少发生阻塞和干扰的机会。早期的扩频方式是频率跳动扩展频谱(Frequency Hopping Spread Spectrum, FHSS),更新的版本是直接序列扩展频谱(Direct Sequence Spread Spectrwn, DSSS)。

图 7-8 表示了各种扩展频谱系统的共同特点。输入数据首先进入信道编码器,产生一个接近某中央频谱的较窄带宽的模拟信号。再用一个伪随机序列对这个信号进行调制。调制的结果是大大拓宽了信号的带宽,即扩展了频谱。在接收端,使用同样的伪随机序列来恢复原来的信号,最后再进入信道解码器来恢复数据。

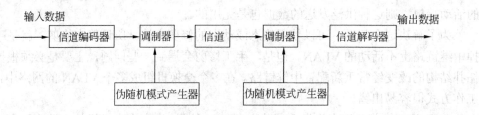

图 7-8 扩展频谱通信系统模型

伪随机序列由一个使用初值(称为种子 seed)的算法产生。算法是确定的,因此产生的数字序列并不是统计随机的。但如果算法设计得好,得到的序列能够通过各种随机性测试,这就是被叫做伪随机序列的原因。重要的是,除非你知道算法与种子,否则预测序列是不可能的。因此,只有与发送器共享同一伪随机序列的接收器才能成功地对信号进行解码。

试题 9 答案

(9) B

试题 10 分析

新交换机出厂时的预配置为 VLAN1，VTP 模式为服务器。

试题 10 答案

（10）A

试题 11 分析

802.11n 主要是结合物理层和 MAC 层的优化来充分提高 WLAN 技术的吞吐。主要的物理层技术涉及了 MIMO、MIMO-OFDM、40MHz、Short GI 等技术,从而将物理层吞吐提高到 600Mbps。

在传输速率方面，802.11n 可以将 WLAN 的传输速率由目前 802.11a 及 802.11g 提供的 54Mbps，提高到 300Mbps 甚至高达 600Mbps。得益于将 MIMO（多入多出）与 OFDM（正交频分复用）技术相结合而应用的 MIMO OFDM 技术，提高了无线传输质量，也使传输速率得到极大提升。

试题 11 答案

（11）D

试题 12 分析

IEEE 802.11MAC 子层定义了 3 种访问控制机制：CSMA/CA、RTS/CTS 和点协调功能。CSMA/CA 类似于 802.3 的 CSMA/CD 协议，这种访问控制机制叫做载波监听多路访问/冲突避免协议。分布式协调功能（Distributed Coordination Function，DCF）利用了 CSMA/CA 协议，在此基础上又定义了点协调功能（Point Coordination Function，PCF）。DCF 是数据传输的基本方式，作用于信道竞争期，PCF 工作于非竞争期。两者总是交替出现，先由 DCF 竞争介质使用权，然后进入非竞争期，由 PCF 控制数据传输。

为了使各种 MAC 操作互相配合，IEEE 802.11 推荐使用 3 种帧间隔（IFS），以便提供基于优先级的访问控制。

DIFS（分布式协调 IFS）：最长的 IFS，优先级最低，用于异步帧竞争访问的时延。

PIFS（点协调 IFS）：中等长度的 IFS，优先级居中，在 PCF 操作中使用。

SIFS（短 IFS）：最短的 IFS，优先级最高，用于需要立即响应的操作。

DIFS 用在 CSMA/CA 协议中，只要 MAC 层有数据要发送，就监听信道是否空闲。如果信道空闲，等待 DIFS 时段后开始发送；如果信道忙，就继续监听，直到可以发送为止。

IEEE 802.11 还定义了带有应答帧（ACK）的 CSMA/CA。AP 收到一个数据帧后等待 SIFS 再发送一个应答帧 ACK。由于 SIFS 比 DIFS 小得多，所以其他终端在 AP 的应答帧传送完成后才能开始新的竞争过程。

PCF 是在 DCF 之上实现的一个可选功能。所谓点协调就是由 AP 集中轮询所有终端，为其提供无竞争的服务，这种机制适用于时间敏感操作。轮询过程中使用 PIFS 作为帧间隔时间。由于 PIFS 比 DIFS 小，所以点协调能够优先 CSMA/CA 获得信道，并把所有的异步帧都推后传送。

试题 12 答案

（12）A

试题 13 分析

IEEE 802.11 提供的加密方法采用 WEP（Wired Equivalent Privacy）标准。WEP 对数据的加密和解密都使用同样的算法和密钥。它包括"共享密钥"认证和数据加密两个过程。认证过程采用了标准的询问和响应帧式。在执行过程中，AP 根据 RC4 算法运用共享密钥对 128 字节的随机序列进行加密后作为询问帧发给用户，用户将收到的询问帧进行解密后以正文形式响应 AP，AP 将正文与原始随机序列进行比例，如果两者一致，则通过认证。

如果用户激活了 WEP，无线网卡就对 802.11 帧的负载进行加密，则接收站则对收到的帧进行解密。所以 WEP 只是对 802.11 站点之间的数据进行加密。一旦帧进入了有线网络，WEP 就不起作用了。也就是说 WEP 不支持端到端的加密和认证。

WEP 标准说明了共享的 40 或 64 位密钥，某些制造商的产品则把密钥扩展到 128 位（有时称为 WEP2），每一个无线网卡和访问点必须配置同样的密钥才能互相通信。

试题 13 答案

（13）C

试题 14 分析

万兆以太网具有全双工的工作模式：万兆位以太网只在光纤上工作，并只能在全双工模式下操作，这意味着不必使用冲突探测协议，因此它本身没有距离限制。它的优点是减少了网络的复杂性，兼容现有的局域网技术并将其扩展到广域网，同时有望降低系统费用，并提供更快、更新的数据业务。

万兆以太网可继续在局域网中使用，也可用于广域网中，而这两者之间工作环境不同。不同的应用环境对于以太网各项指标的要求存在许多差异，针对这种情况，人们制定了两种不同的物理介质标准。这两种物理层的共同点是共用一个 MAC 层，仅支持全双工，省略了带冲突检测的载波侦听多路访问（Carrier Sense Multiple Access with Collision Dtection，CSMA/CD）策略，采用光纤作为物理介质。

试题 14 答案

（14）A

试题 15 分析

在早些时候，以太网的数据帧最大长度是 1518 个字节，不包括前同步码和帧开始定界符，格式如图 7-9 所示。

| 目的 MAC 地址 | 源 MAC 地址 | 协议类型 | IP 头 | TCP 头 | 数据 | CRC |

图 7-9　以太帧格式

其中目标 MAC 地址占 6 个字节，源 MAC 地址占 6 个字节，协议类型占 2 个字节，IP 头最小 20 字节，TCP 头最小 20 字节，CRC 占 4 个字节。因此 TCP 段中的数据部分的最大长度应该是 1518–6–6–2–20–20–4=1460。

试题 15 答案

（15）B

试题 16 分析

在主干网上，路由器的主要作用是路由选择。主干网上的路由器，必须知道到达所有下层网络的路径。这需要维护庞大的路由表，并对连接状态的变化做出尽可能迅速的反应。路由器的故障将会导致严重的信息传输问题。

在园区网内部，路由器的主要作用是分隔子网。随着网络规模的不断扩大，局域网演变成以高速主干和路由器连接的多个子网所组成的园区网。在其中，各个子网在逻辑上独立，而路由器就是唯一能够分隔它们的设备，它负责子网间的报文转发和广播隔离，在边界上的路由器则负责与上层网络的连接。

交换机只能缩小冲突域，而不能缩小广播域。整个交换式网络就是一个大的广播域，广播报文散到整个交换式网络。而路由器可以隔离广播域，广播报文不能通过路由器继续进行广播。P 和 S 被 Router 隔开，属于不同的广播域。

A 答案中，P、Q 中间有二层设备 Bridge，不在同一个冲突域当中。但在同一个广播域中。

C 答案中，Q、R 中间只有一个一层设备 Hub，既在同一个广播域中。也在同一个冲突域中。

D 答案中 S，T 中间有二层设备 Switch，不在同一个冲突域当中，但在同一个广播域中。

因此，备选答案中只有计算机 P 和计算机 S 之间的路径 IP 全局广播分组不能够通过。

试题 16 答案

（16）B

试题 17 分析

以太网交换机是按照 MAC 地址进行转发的。交换机识别以太帧中的目标地址，选择对应的端口把以太帧转发出去。

试题 17 答案

（17）A

试题 18 分析

快速以太网标准 100BASE-TX 采用的传输介质是 5 类无屏蔽双绞线（UTP），TX 表示 Twisted Pair。

试题 18 答案

(18) B

试题 19 分析

路由器的 S0 端口连接广域网，如图 7-10 所示。

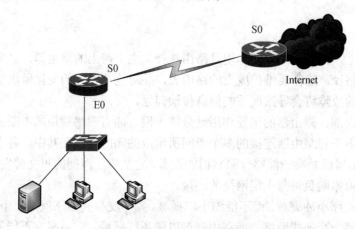

图 7-10　路由器 S0 口连接示意图

试题 19 答案

(19) A

试题 20 分析

路由器是网络层设备，它可以起到隔离子网、抑制广播风暴的作用。路由器还能进行地址转换，通常用于把私有地址转换成公网地址，或者进行相反的转换。在路由表中，对于同一目标，可以设置不同的通路，提供不同的服务。IPv4 数据报头的第二个字节是服务类型字段（Type of Service）。该字段规定了不同的优先级（Precedence）、延迟（Delay）、吞吐率（Throughput）和可靠性（Reliabilty），为上层协议提供不同的服务质量。IP 数据报中的目标地址（Destination address）字段可以是广播地址、组播地址和单播地址，当目标地址为前两种类型时，路由器可以实现点到多点的传输。

试题 20 答案

(20) D

试题 21 分析

VLAN 中继（VLAN Trunk）也称为 VLAN 主干，是指在交换机与交换机或交换机与路由器之间连接情况下，在互相连接的端口上配置中继模式，使得属于于不同 VLAN 的数据帧都可以通过这条中继链路进行传输。

VLAN 中继协议（VLAN Trunk Protocol，VTP）用于交换机设置 VLAN，可以维护 VLAN 信息的一致性。VTP 有 3 种工作模式，即服务器模式、客户模式和透明模式。服务器模式下可以设置 VLAN 信息，服务器自动将这些信息广播到网上的其他交换机，以便统一配置。在客户模式下,交换机不能配置 VLAN 信息,只能被动接受服务器的 VLAN 配置。在透明模式下是独立配置,即可以配置 VLAN 信息,但是不广播自己的 VLAN 信息,同时它接收到服务器发来的 VLAN 信息后并不使用,而是直接转发给别的交换机。

交换机的初始状态是工作在透明模式,这种模式下有一个默认的 VLAN,所有的端口都属于 VLAN。

试题 21 答案

（21）D

试题 22 分析

此题主要考查了 VLAN 的基本知识。

VLAN 就是把物理上直接相连的网络划分为逻辑上独立的多个子网,每个 VLAN 中包含有多个交换机,所以 VLAN 可以把交换机划分为多个逻辑上独立的交换机。

VLAN 中继（VLAN Trunk）也称为 VLAN 主干,是指交换机与交换机或者交换机与路由器之间连接时,可以在相互的端口上配置中继模式,使得属于不同 VLAN 的数据帧都可以通过这条中继线路进行传输,所以主干链路可以提供多个 VLAN 之间的通信的公共通道。

每一个 VLAN 对应一个广播域,处于不同 VLAN 上的主机不能进行通信,不同 VLAN 之间的通信要通过路由器进行。所以 VLAN 并没有扩大冲突域。

试题 22 答案

（22）C

试题 23 分析

VLAN 有以下集中常见的划分方法:

（1）基于端口划分的 VLAN

这是最常应用的一种 VLAN,目前绝大多数 VLAN 协议的交换机都提供这种 VLAN 配置方法。这种 VLAN 是根据以太网交换机的交换端口来划分的,它是将 VLAN 交换机上的物理端口和 VLAN 交换机内部的 PVC（永久虚电路）端口分成若干个组,每个组构成一个虚拟网,相当于一个独立的 VLAN 交换机。例如,一个交换机的 1,2,3,4,5 端口被定义为虚拟网 A,同一交换机的 6,7,8 端口组成虚拟网 B。这种方法的优点是定义 VLAN 成员时非常简单,只要将所有的端口都定义为相应的 VLAN 组即可,适合于任何大小的网络。它的缺点是如果某用户离开了原来的端口,到了一个新的交换机的某个端口,必须重新定义。

（2）基于 MAC 地址划分的 VLAN

这种 VLAN 是根据每个主机的 MAC 地址来划分,即对每个 MAC 地址的主机都配置其属于哪个组,VLAN 交换机跟踪属于 VLAN MAC 的地址。这种方式的 VLAN 允许网络用户从一个物理位置移动到另一个物理位置时,自动保留其所属 VLAN 的成员身份。

这种 VLAN 最大优点就是当用户物理位置移动时，即从一个交换机换到其他的交换机时，VLAN 不用重新配置，因为它是基于用户，而不是基于交换机的端口。这种方法的缺点是初始化时，所有的用户都必须进行配置，如果有几百个甚至上千个用户的话，配置是非常累的，所以这种划分方法通常适用于小型局域网。而且这种划分的方法也导致了交换机执行效率的降低，因为在每一个交换机的端口都可能存在很多个 VLAN 组的成员，保存了许多用户的 MAC 地址，查询起来相当不容易。另外，对于使用笔记本电脑的用户来说，他们的网卡可能经常更换，这样 VLAN 就必须经常配置。

（3）基于网络层协议划分的 VLAN

这种 VLAN 是根据每个主机的网络层地址或协议类型（如果支持多协议）划分的。VLAN 按网络层协议来划分，可分为 IP、IPX、DECnet、AppleTalk、Banyan 等 VLAN 网络。虽然这种划分方法是根据网络地址，比如 IP 地址，但它不是路由，与网络层的路由毫无关系。

这种方法的优点是用户的物理位置改变了，不需要重新配置所属的 VLAN，而且可以根据协议类型来划分 VLAN。另外，这种方法不需要附加的帧标签来识别 VLAN，这样可以减少网络的通信量。

这种方法的缺点是效率低，因为检查每一个数据包的网络层地址是需要消耗处理时间的（相对于前面两种方法），一般的交换机芯片都可以自动检查网络上数据包的以太网帧头，但要让芯片能检查 IP 帧头，需要更复杂的技术，同时也更费时。

（4）根据 IP 组播划分的 VLAN

IP 组播实际上也是一种 VLAN 的定义，即认为一个组播组就是一个 VLAN，这种划分的方法将 VLAN 扩大到了广域网，因此这种方法具有更大的灵活性，而且也很容易通过路由器进行扩展，当然这种方法不适合局域网，主要因为它的效率不高。

试题 23 答案

（23）B

试题 24 分析

用 VTP 设置和管理整个域内的 VLAN，在管理域内 VTP 自动发布配置信息，其范围包括所有 TRUNK 连接，如交换互连（ISL）、802.10 和 ATM LAN（LANE）。当交换机加电时，它会周期性地送出 VTP 配置请求，直至接到近邻的配置（Summary）广播信息，从而进行结构配置必要的更新。

VTP 有 3 种工作模式，即服务器模式、客户模式和透明模式，其中服务器模式可以设置 VLAN 信息，服务器会自动将这些信息广播到网上其他交换机以统一配置；客户模式下交换机不能配置 VLAN 信息，只能被动接受服务器的 VLAN 配置；而透明模式下是独立配置。它可以配置 VLAN 信息，但是不广播自己的 VLAN 信息，同时它接收到服务器发来的 VLAN 信息后并不使用，而是直接转发给别的交换机。

交换机的初始状态是工作在服务器模式有一个默认的 VLAN，所有的端口都属于这个 VLAN 内。

为了抑制广播风暴，不同的 VLAN 之间必须用路由器分隔。一台计算机完全可以属于多个 VLAN。

试题 24 答案

（24）D

试题 25 分析

802.1q 协议由 IETF 制定，根据 802.1q 封装协议，发送数据包在原来的以太帧头部的源地址后面增加了一个 4 字节的 802.1q 标签，之后接原来的以太网的长度或者类型域。这 4 个字节的 802.1q 标签头包含两个字节的标签协议标识（TPID），值是 8100，以及两个自己的标签控制信息(TCI)。TPID 是 IEEE 定义的新的类型，表明这是一个加了 802.1q 标签的文本。

试题 25 答案

（25）A

试题 26 分析

10.1.193.0/24 转化为二进制后的 IP 地址为：00001010.00000001.11000001.00000000
10.1.194.0/24 转化为二进制后的 IP 地址为：00001010.00000001.11000010.00000000
10.1.196.0/24 转化为二进制后的 IP 地址为：00001010.00000001.11000100.00000000
10.1.198.0/24 转化为二进制后的 IP 地址为：00001010.00000001.11000110.00000000

因此这 4 条路由进行路由汇聚后的 IP 地址为：10.1.192.0/21，备选答案中只有 10.1.192.0/21 包含此地址。

试题 26 答案

（26）A

试题 27 分析

通常路由器不进行转发的网络地址有：10.x.x.x、172.16.x.x—172.31.x.x、192.168.x.x，这些地址被大量用于企业内部网络中。一些宽带路由器，也往往使用 192.168.1.1 作为默认地址。私有网络由于不与外部互连，因而可能使用随意的 IP 地址。保留这样的地址供其使用是为了避免以后接入公网时引起地址混乱。使用私有地址的私有网络在接入 Internet 时，要使用地址翻译（NAT）将私有地址翻译成公用合法地址。在 Internet 上，这类地址是不能出现的。

试题 27 答案

（27）C

试题 28 分析

网络 202.115.144.0/20 的子网掩码中 1 的个数是 20，故可分配的主机地址数是：$2^{12}-2=4094$。

试题 28 答案

（28）C

试题 29 分析

配置动态 OSPF 路由器的命令如下：

Router> enable

Password：

Router# config terminal

Enter configuration commands one perline End with CNTL/Z

Routes config#routes ospf 1

Routes config-routes#network192.168.0.0 0.0.0.255 area 0.0.0.0

其中 192.168.0.0 是子网的地址，也可以是路由器上的接口的 IP 地址或 OSPF 路由器所用接口的网络地址；而 0.0.0.255 掩码后面为 OSPF 所用的域。

试题 29 答案

（29）B

试题 30 分析

划分的 C 类子网为 2^{24-20}=16 个：

分别将备选项 A、B、C、D 以及地址块 138.13 8.192.0/20 地址的第 3 个字节转化为二进制，即：

11000000

　A：11001011

　B：11001101

　C：11001111

　D：11010101

第 3 个字节的前 4 位只有选项 ABC 和地址块一致，因此 D 不属于该校园网的子网地址。

试题 30 答案

（30）C　（31）D

第 8 章　广域网和接入网

从历年的考试试题来看，本章的考点在综合知识考试中的平均分数为 1.1 分，约为总分的 1.4%。考试试题分数主要集中在 ISDN、FTTx、xDSL 这 3 个知识点上。

8.1　考点提炼

根据考试大纲，结合历年考试真题，希赛教育的软考专家认为，考生必须要掌握以下几个方面的内容：

1. 广域网

在广域网方面，涉及的考点有 ATM 网络、帧中继网络、ISDN（重点）、SONET/SDH（重点）。

【考点 1】ISDN

ISDN（综合业务数据网）可以分为窄带 ISDN（N-ISDN）和宽带 ISDN（B-ISDN）两种。其中 N-ISDN 是将数据、声音、视频信号集成进一根数字电话线路的技术。它的服务由两种信道构成：一是传送数据的运载信道（又称为 B 信道，每个信道 64Kbps）；二是用于处理管理信号及调用控制的信令信道（又称为 D 信道，每个信道 16Kbps 或 64Kbps）。然后将这两类信道进行组成，形成两种不同的 ISDN 服务，分别是基速率接口（ISDN BRI）和主速率接口（ISDN PRI）。

（1）基速率接口：一般由 2B+D 组成，常用于小型办公室与家庭，用户可以用 1B 做数据通信，另 1B 保留为语音通信，但无法使用 D 通道。当然如果需要，也可以同时使用 2B 通道（128Kbps）做数据通信。

（2）主速率接口：PRI 包括两种，一是美标的 23B+1D（64Kbps 的 D 信道），达到与 T1 相同的 1.533Mbps 的 DS1 速度；二是欧标的 30B+2D（64Kbps 信道），达到与 E1 相同的 2.048Mbps 的速度。另外，电话公司通常可以将若干个 B 信道组合成不同的 H 信道。

PRI 是由很多的 B 信道和一个带宽 64Kbps 的 D 信道组成，B 信道的数量取决于不同的国家：

北美、中国香港和日本：23B+1D，总位速率 1.544 Mbit/s (T1)。

欧洲、中国大陆和澳大利亚：30B+D，总位速率 2.048 Mbit/s (E1)。

【考点 2】SONET/SDH

同步光纤网络（SONET）和同步数字层级（SDH），是一组有关光纤信道上的同步数据传输的标准协议,常用于物理层构架和同步机制。SONET 是由美国国家标准化组织(ANSI)颁布的美国标准版本,SDH 是由国际电信同盟(ITU)颁布的国际标准版本。两者均为传输网络物理层技术,传输速率可高达 10Gbps,除了使用的复用机制有所不同,而其余技术均相似。SDH 的网络元素主要有同步光纤线路系统、终端复用器(TM)、分插复用器(ADM)和同步数字交叉连接设备(DXC)。典型的 SDH 应用是在光纤上的双环应用。SDH 每秒传送 8K SDH 帧(STM-N),SDH 是提供字节同步的物理层介质。

IPoverSDH 是以 SDH 网络作为 IP 数据网络的物理传输网络,它使用链路适配及成帧协议对 IP 数据包进行封装,然后按字节同步的方式把封装后的 IP 数据报映射到 SDH 的同步净荷封装(SPE)中。目前广泛使用 PPP 对 IP 数据报进行封装,并采用 HDLC 的帧格式。PPP 提供多协议封装、差错控制和链路初始化控制等功能,而 HDLC 帧格式负责同步传输链路上的 PPP 封装的 IP 数据帧的定界。

SONET/SDH 可以应用于 ATM 或非 ATM 环境。SONET/SDH(POS)上的数据报利用点对点协议(PPP),将 IP 数据报映射到 SONET 帧负载中。在 ATM 环境下,SONET/SDH 线路连接方式可能为多模、单模或 UTP。SONET 是基于传输在基本比特率是 51.840Mbps 的多倍速率,或 STS-1 的。而 SDH 是基于 STM-1 的,数据传输速率为 155.52Mbps,与 STS-3 相当。

目前常用的 SONET/SDH 数据传输速率如表 8-1 所示。

表 8-1 SONET/SDH 数据传输速率列表

SONET 信号	比特率/Mbps	SDH 信号	SONET 性能	SDH 性能
STS-1 和 OC-1	51.840	STM-0	28 DS-1s 或 1 DS-3	21 E1s
STS-3 和 OC-3	155.520	STM-1	84 DS-1s 或 3 DS-3s	63 E1s 或 1 E4
STS-12 和 OC-12	622.080	STM-4	336 DS-1s 或 12 DS-3s	252 E1s 或 4 E4s
STS-48 和 OC-48	2488.320	STM-16	1344 DS-1s 或 48 DS-3s	1008 E1s 或 16 E4s
STS-192 和 OC-192	9953.280	STM-64	5376 DS-1s 或 192 DS-3s	4032 E1s 或 64 E4s
STS-768 和 OC-768	39813.120	STM-256	21504 DS-1s 或 768 DS-3s	16128 E1s 或 256 E4s

2. 接入网

在接入网方面,涉及的考点有 FTTx+LAN、xDSL(重点)、HFC(重点)。

【考点 3】xDSL

ADSL 现在提供了固定接入和 VLAN 接入两种方式。

表 8-2 总结了各种常见技术。

表 8-2 多种接入技术比较

大类	接入技术	用户速率	技术特点	其他
PSTN	拨号接入	300~54Kbps	通过调制技术（ASK、FSK、PSK 及其结合）在模拟信道上进行数据通信	最常用的设备是 Modem，每次速度的提高都依赖于调制技术的发展
ISDN	ISDN BRI 2B+D16	64~128Kbps	使用 TDM 技术将可用的信道分成一定数量的固定大小时隙	能够实现按需拨号、按需分配带宽（1B 数据、1B 语音；或 2B 数据）
	ISDN PRI 23B+D64 30B+D64	1.544Mbps 2.048Mbps	使用 TDM（时分复用）技术，复用更多的信道，适用于更大的数据通信	通常用于数字语音服务等，也可以用于宽带需求的数据通信应用
xDSL	HDSL——高速数字用户环路	1.544Mbps/ 2.048Mbps	对称 xDSL 技术，T1 使用 2 条线路（使用 CAP 编码），E1 使用 3 条线路（使用 2B1Q 编码），3~5km	典型应用于 PBX 网络连接、蜂窝基站、数字环路载波系统、交互 POPs、互联网服务器、专用数据网
	SDSL	1.544Mbps/ 2.048Mbps	0.4mm 双绞线的最大传输距离是 3km 以上	它是 HDSL 的单线版本，也称为"单线数据用户线"
	ADSL——非对称数字用户环路	上行：512Kbps~1Mbps；下行：1~8Mbps	使用 FDM 和回波抵消技术实现频带分隔，线路编码为 DMT 和 CAP	非对称的 xDSL 技术，适用于 VOD、互联网接入、LAN 接入、多媒体接入等
	RADSL——速率自适应用户数字线	下行：640Kbps~12Mbps；下行：128Kbps~1Mbps	支持同步和非同步传输，支持数据和语音同时传输，可根据双绞线的质量优劣和距离动态调整	适用于质量千差万别的农村、山区等地区，且不怕下雨、高温等反常天气
	VDSL	可在较短的距离上获得极高的速率。当传输距离为 300~1000m 时，下行速率可达 52Mbps，上行速度可达 1.5~2.3Mbps，而当传输距离在 1.5km 以上时，下行速率就降到 13Mbps，上行速率能够维持在 1.6~2.3Mbps		

【考点 4】HFC

HFC 是将光缆敷设到小区，然后通过光电转换结点，利用有线电视 CATV 的总线式同轴电缆连接到用户，提供综合电信业务的技术。这种方式可以充分利用 CATV 原有的网络，建网快、造价低，逐渐成为最佳的接入方式之一。HFC 是由光纤干线网和同轴电缆分配网通过光结点站结合而成的，一般光纤干线网采用星型拓扑，同轴电缆分配网采用树型结构。

在同轴电缆的技术方案中，用户端需要使用一个称为 Cable Modem（电缆调制解调器）的设备，它不单纯是一个调制解调器，还集成了调谐器、加/解密设备、桥接器、网络接口卡、虚拟专网代理和以太网集线器的功能于一身，它无须拨号，可提供随时在线的永远连接。其上行速率已达 10Mbps 以上,下行速率更高。

其采用的复用技术是 FDM(频分复用技术),使用的编码格式是 64QAM 调制。HFC 网络拓扑结构如图 8-1 所示。

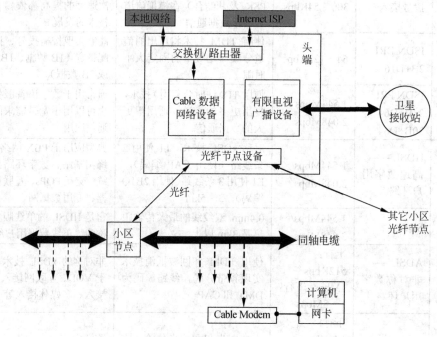

图 8-1 HFC 有线电视网络接入图

8.2 强化练习

试题 1

ATM 适配层的功能是 (1) 。

(1) A.分割和合并用户数据　　　　　　B.信元头的组装和拆分
　　 C.比特定时　　　　　　　　　　　D.信元校验

试题 2

FTTx+LAN 接入网采用的传输介质为 (2) 。

(2) A.同轴电缆　　　　　　　　　　　B.光纤
　　 C.5 类双绞线　　　　　　　　　　D.光纤和 5 类双绞 4

试题 3

ADSL 采用的两种接入方式是 (3) 。

(3) A.虚拟拨号接入和专线接入　　　　B.虚拟拨号接入和虚电路接入

  C．虚电路接入和专线接入　　　　　　D．拨号虚电路接入和专线接入

试题 4

  在 HFC 网络中，Cable Modem 的作用是 (4)。

  (4) A．用于调制解调和拨号上网

    B．用于调制解调以及作为以太网接口 96

    C．用于连接电话线和用户终端计算机

    D．连接 ISDN 接口和用户终端计算机

试题 5

  以下属于对称数字用户线路（Symmetrical Digital Subscriber Line）的是 (5)。

  (5) A．HDSL　　　　B．ADSL　　　　C．RADSL　　　　D．VDSL

试题 6

  按照美国制定的光纤通信标准 SONET，OC-48 的线路速率是 (6) Mb/s。

  (6) A．41.84　　　　B．622.08　　　　C．2488.32　　　　D．9953.28

试题 7

  使用 ADSL 拨号上网，需要在用户端安装 (7) 协议。

  (7) A．PPP　　　　B．SLIP　　　　C．PPTP　　　　D．PPPoE

试题 8

  在光纤通信标准中，OC-3 的数据速率是 (8)。

  (8) A．51Mb/s　　　　B．155Mb/s　　　　C．622Mb/s　　　　D．2488Mb/

试题 9

  ADSL 是一种宽带接入技术，这种技术使用的传输介质是 (9)。

  (9) A．电话线　　　B．CATV 电缆　　　C．基带同轴电缆　　D．无线通信网

试题 10

  N-ISDN 有两种接口，即基本速率接口（2B+D）和基群速率接口（30+2D），有关这两种接口的描述中正确的是 (10)。

  (10) A．基群速率接口中，B 信道的带宽为 16Kbps，用户发送用户信息

    B．基群速率接口中，D 信道的带宽为 16Kbps，用户发送信令信息

    C．基本速率接口中，B 信道的带宽为 64Kbps，用户发送用户信息

    D．基本速率接口中，D 信道的带宽为 64Kbps，用户发送信令信息

试题 11

  在各种 xDSL 技术中，能提供上下行信道非对称传输的是 (11)。

  (11) A．ADSL 和 HDSL　　　　　　　　B．ADSL 和 VDSL

    C．SDSL 和 VDSL　　　　　　　　D．SDSL 和 HDSL

试题 12

  通过 CATV 电缆访问因特网，在用户端必须安装的设备是 (12)。

(12) A．ADSL Modem　　　　　　　　B．Cable Modem
　　　　 C．无线路由器　　　　　　　　　 D．以太网交换机

试题 13

　　通过 ADSL 访问 Internet，在用户端通过 (13) 和 ADSL Modem 连接 PC 机。
　　(13) A．分离器　　　B．电话交换机　　　C．DSLAM　　　D．IP 路由器

试题 14

　　数字用户线（DSL）是基于普通电话线的宽带接入技术，可以在铜质双绞线上同时传送数据和话音信号。下列选项中，数据速率最高的 DSL 标准是 (14)。
　　(14) A．ADSL　　　B．VDSL　　　C．HDSL　　　D．RADSL

试题 15

　　接入 Internet 的方式有多种，下面关于各种接入方式的描述中不正确的是 (15)。
　　(15) A．以终端方式入网，不需要 IP 地址
　　　　 B．通过 PPP 拨号方式接入，需要有固定的 IP 地址
　　　　 C．通过代理服务器接入多台主机可以共享一个 IP 地址
　　　　 D．通过局域网接入可以有固定的 IP 地址，也可以有动态分配的 IP 地址

试题 16

　　下面关于帧中继网络的描述中，错误的是 (16)。
　　(16) A．用户的数据速率可以在一定的范围内变化
　　　　 B．既可以适应流式业务，又可以适应突发式业务
　　　　 C．帧中继网可以提供永久虚电路和交换虚电路
　　　　 D．帧中继虚电路建立在 HDLC 协议之上

试题 17

　　利用 SDH 实现广域网互联，如果用户需要的数据传输速率较小，可以用准同步数字系列（PDH）兼容的传输方式在每个 STM-1 帧中封装 (17) 个 E1 信道。
　　(17) A．4　　　B．63　　　C．255　　　D．1023

试题 18

　　在 ATM 网络中，AAL5 用于 LAN 仿真，以下有关 AAL5 的描述中不正确的是 (18)。
　　(18) A．AAL5 提供面向连接的服务　　　B．AAL5 提供无连接的服务
　　　　 C．AAL5 提供可变比特率的服务　　D．AAL5 提供固定比特率的服务

试题 19

　　帧中继地址格式中表示虚电路标识符的是 (19)。
　　(19) A．CIR　　　B．DLCI　　　C．LMI　　　D．VPI

试题 20

　　以下关于帧中继网的叙述中，错误的是 (20)。
　　(20) A．帧中继提供面向连接的网络服务

B．帧在传输过程中要进行流量控制
C．既可以按需提供带宽，也可以适应突发式业务
D．帧长可变，可以承载各种局域网的数据帧

试题 21

下列语句中准确描述了 ISDN 接口类型的是 (21) 。

(21) A．基群速率接口（30B+D）中的 D 信道用户传输用户数据和信令，速率为 16kb/s
B．基群速率接口（30B+D）中的 B 信道用于传输用户数据，速率为 64kb/s
C．基本速率接口（2B+D）中的 D 信道用于传输信令，速率为 64kb/s
D．基本速率接口（2B+D）中的 D 信道用于传输用户数据，速率为 16kb/s

试题 22

X.25 网络中，(22) 是物理层协议。

(22) A．LAPB　　　　B．X.21　　　　C．X.25PLP　　　　D．MHS

试题 23

下列关于 ITU V.90 调制解调器（Modem）的特征描述，正确的是 (23) 。

(23) A．下载速率是 56kb/s，上传速率是 33.6kb/s
B．上、下行速率都是 56kb/s
C．与标准 X.25 公用数据网连接，以 56kb/s 的速率交换数据
D．时刻与 ISP 连接，只要开机，就永远在线

试题 24

在 ISDN 网络中，与 ISDN 交换机直接相连的是 (24) 设备。

(24) A．TA　　　　B．NT1　　　　C．NT2　　　　D．TE1

试题 25

我国自行研制的移动通信 3G 标准是 (25) 。

(25) A．TD-SCDMA　　B．WCDMA　　　C．CDMA2000　　D．GPRS

试题 26

ISDN 是在 (26) 的基础上建立起来的网络。

(26) A．PSTN　　　　B．X.25　　　　C．DDN　　　　D．ATM

试题 27

ISDN 提供了一种数字化的比特管道，它采用 (27) 信道的复用。

(27) A．TDM　　　　B．WDM　　　　C．FDM　　　　D．ATDM

试题 28

ATM 网络的协议数据单元是 (28) 。

(28) A．信元　　　　B．帧　　　　　C．分组　　　　D．报文

试题 29

两个 X.25 网络之间互联时使用 (29) 协议。

(29) A. X.25　　　　B. X.28　　　　C. X.34　　　　D. X.75

试题 30

下列 FTTx 组网方案中光纤覆盖面最广的是 (30)。

(30) A. FTTN　　　　B. FTTC　　　　C. FTTH　　　　D. FTTZ

8.3 习题解答

试题 1 分析

ATM 各个协议层的功能如表 8-3 所示。

表 8-3　ATM 层次结构

层次	子层	功能	与 OSI 对应
ATM 高层		对用户数据的控制	高层
ATM 适配层	汇聚子层（CS）	为高层数据提供统一接口	第四层
	拆装子层（SAR）	分割和合并用户数据	
ATM 层		虚通道和虚信道的管理 信元头的组装和拆分 信元的多路复用 流量控制	第三层
ATM 物理层	传输汇聚子层（TC）	信元校验和速率控制 数据帧的组装和分拆	第二层
	物理介质子层（PMD）	比特定时 物理网络接入	第一层

试题 1 答案

(1) A

试题 2 分析

实现高速以太网宽带接入的常用方法是 FTTx+LAN，即光纤+局域网。这里 FTTx（Fiber TO The x）是指：FTTZ（光纤到小区）、FTTB（光纤到楼）、FTTH（光纤到家庭）。FTTx+LAN 采用千兆以太网交换技术，利用光纤+5 类双绞线来实现用户高速接入。它能够为用户提供双向 10Mbps 或 100Mbps 的标准以太网接口，并提供基于 IP 级数的各种服务。FTTx+LAN 用户接入方式如图 8-2 所示。

通过局域网以 10～100Mb/s 的速度接入宽带 IP 网络，小区内的交换机和局端交换机以光纤相连，小区内采用 5 类综合布线系统，网络可扩展性强、投资规模小。

第 8 章 广域网和接入网

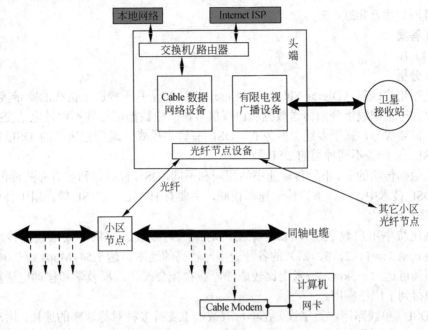

图 8-2 HFC 有线电视网络接入拓扑图

试题 2 答案

（2）D

试题 3 分析

ADSL 采用的两种接入方式是虚拟拨号接入和专线接入。虚拟拨号就是和普通 55K MQDEM 拨号一样，通过 PPPoE 协议进行账号验证、IP 地址分配等过程建立连接，是面向家庭用户的接入方式。ADSL 专线接入是在用户安装好 ADSL MQDEM 后，在 PC 中配置 IP 地址和子网掩码、默认网关等参数，开机后用户端和局端自动建立起一条链路。所以专线接入方式是有固定 IP 地址的接入方式，费用较高，多在大型网吧中使用。

试题 3 答案

（3）A

试题 4 分析

电缆调制解调器（Cable Modem，CM）是基于 HFC 网络的宽带接入技术。CM 是用户设备与同轴电缆网络的接口。在下行方向，它接收前端设备（Castle Modem Termination System，CMTS）发送来的 QAM 信号，经解调后传送给 PC 的以太网接口。在上行方向，CM 把 PC 发送的以太帧封装在时隙中，经 QPSK 调制后，通过上行数据通路传送给 CMTS。

CM 不单纯是调制解调器，它集 Modem、调谐器、加解密设备、桥接器、网络接口卡、SNMP 代理和以太网集线器等功能于一身，无须拨号上网，不占用电话线路，可永久连接。大多数 Cable Modem 提供一个标准的 10Base-T 以太网接口，可以同用户的 PC

或局域网集线器相联。

试题 4 答案

（4）B

试题 5 分析

数字用户线路（Digitai Subscriber Line，DSL）是基于普通电话线的宽带接入技术。它可以在一根铜线上分别传送数据和语音信号，其中数据信号并不通过电话交换设备，并且不需要拨号，属于专线上网方式。DSL 有许多模式，通常把所有的 DSL 技术统称为 xDSL，x 代表不同种类的 DSL 技术。

按数据传输的上、下行传输速率的相同和不同，DSL 有对称和非对称两种传输模式。对称 DSL 技术中，上、下行传输速率相同，主要有 HDSL，SDSL 等，用于替代传统的 TI/EI 接入技术。

高比特率用户数字线 HDSL 采用两对或三对双绞线提供全双工数据传输，支持 π×64Kbps（π=1，2，3，…）的各种速率，较高的速率可达 1.544Mbps 或 2.048Mbps，传输距离可达 3～5km，技术上比较成熟，在视频会议、远程教学和移动电话基站连接等方面得到了广泛应用。

SDSL（单线路用户数字线）在单一双绞线上支持多种对称速率的连接，用户可根据数据流量，选择最经济合适的速率。在 0.4mm 双绞线上的最大传输距离可达 3km 以上，能够支持诸如电视会议和协同计算等各种要求上、下行通信速率一致的应用。SDSL 标准目前还处于发展中。

非对称 DSL 技术的上、下行传输速率不同，适用于对双向带宽要求不一样的应用，例如 Web 浏览、多媒体点播、信息发布等。

ADSL（Asymmetrical Digital Subscriber Line）是一种非对称 DSL 技术，在一对铜线上可提供上行速率 512Kbps～1Mbps，下行速率 1～8Mbps，有效传输距离在 3～5km 左右。在进行数据传输的同时还可以使用第三个信道进行 4kHz 的语音传输。现在比较成熟的 ADSL 标准有 G.DMT 和 G.Lite 两种。G.DMT 是全速率的 ADSL 标准，支持 8Mbps 的下行速率及 1.5Mbps 的上行速率，但它要求用户端安装 POTS 分离器，比较复杂且价格昂贵；G.Lite 标准速率较低，下行速率为 1.5Mbps，上行速率为 512Kbps，但省去了 POTS 分离器，成本较低且便于安装。G.DMT 较适用于小型办公室（SOHO），而 G.Lite 则更适用于普通家庭。

RADSL（速率自适应用户数字线）支持同步和非同步传输方式，下行速率为 640Kbps～12Mbps，上行速率为 128Kbps～1Mbps，也支持数据和语音同时传输，具有速率自适应的特点。RADSL 可以根据双绞线的质量和传输距离动态调整用户的访问速度。RADSL 允许通信双方的 Modem 寻找流量最小的频道来传送数据，以保证一定的数据速率。RADSL 特别适用于线路质量千差万别的农村、山区等地区使用。

VDSL（甚高比特率数字用户线）可在较短的距离上获得极高的传输速率，是各种 DSL 中速度最快的一种。在一对铜双绞线上，VDSL 的下行速率可以扩展到 52Mbps，同时允许 1.5～2.3Mbps 的上行速率，但传输距离只有 300～1000m。当下行速率降至

13Mbps 时，传送距离可达到 1.5km 以上，此时上行速率为 1.6～2.3Mbps。传输距离的缩短，会使码间干扰大大减少，数字信号处理就大为简化，所以其设备成本要比 ADSL 低。

试题 5 答案

（5）A

试题 6 分析

参考问题 8 解析中，表 8-4 中的数据。得到 OC-48 的线路速率是 2488.32Mbps。

试题 6 答案

（6）C

试题 7 分析

数字用户线路（Digital Subscriber Line，DSL）是以铜质电话线为传输介质的通信技术。非对称 DSL（Asymmetric DSL，ADSL）技术适用于对双向带宽要求不一样的应用，如 Web 浏览、多媒体点播和信息发布等。ADSL 在一对铜线上支持上行速率 640Kbps～1 Mbps、下行速率 1 Mbps～8Mbps，有效传输距离在 3～5 千米范围以内，支持上网冲浪，同时还可以提供话音服务。

ADSL 接入方式分为虚拟拨号和准专线两种。采用虚拟拨号的用户需要安装 PPPoE（PPP Over Ethernet）或 PPPoA（PPP Over ATM）客户端软件，以及类似于 Modem 的拨号程序，输入用户名称和用户密码即可连接到宽带接入站点。采用准专线方式的用户使用电信部门静态或动态分配的 IP 地址，开机即可接入 Internet。

试题 7 答案

（7）D

试题 8 分析

本题考查常用数字传输系统的基础知识。1985 年，Bellcore 提出同步光纤网传输标准 SONET（Synchronous Option Network）。1989 年，CCITT 参照 SONET 制定了同步数字系列标准 SDH（Synchronous Digital Hierarchy），两者有细微差别，如表 8-4 所示。

表 8-4 SONET/SDH 数据传输速率列表

SONET 信号	比特率/Mbps	SDH 信号	SONET 性能	SDH 性能
STS–1 和 OC–1	51.840	STM–0	28 DS–1s 或 1 DS–3	21 E1s
STS–3 和 OC–3	155.520	STM–1	84 DS–1s 或 3 DS–3s	63 E1s 或 1 E4
STS–12 和 OC–12	622.080	STM–4	336 DS–1s 或 12 DS–3s	252 E1s 或 4 E4s
STS–48 和 OC–48	2488.320	STM–16	1344 DS–1s 或 48 DS–3s	1008 E1s 或 16 E4s
STS–192 和 OC–192	9953.280	STM–64	5376 DS–1s 或 192 DS–3s	4032 E1s 或 64 E4s
STS-768 和 OC-768	39813 120	STM-256	21504 DS–1s 或 768 DS–3s	16128 E1s 或 256 E4s

SONET/SDH 是一种通用的传输体制，不仅适于光纤，也适于微波和卫星传输，是宽带综合业务数字网（B-ISDN）的基础。SONET/SDH 采用 TDM 技术，是对原来应用于骨干网的准同步数字系列（Pseudo-synchronous Digital Hierarchy，PDH）的改进。SONET 用于北美地区和日本，SDH 用于中国和欧洲地区。

试题 8 答案

（8）B

试题 9 分析

ADSL 是一种宽带接入技术。所谓宽带，可以从两方面理解。首先是它提供的带宽比较高，下载速率可以达到 8Mb/s，甚至更高，上传速率也可以达到 644Kbps～1 Mbps。其次是它采用频分多路技术在普通电话线划分出上行、下行和话音等不同的信道，从而实现上网和通话同时传输。

试题 9 答案

（9）A

试题 10 分析

本题考查 N-ISDN 两种接口的特征。

N-ISDN 采用两种标准的用户/网络接口，即基本速率接口（BRI）和基群速率接口（PRI）。

基本速率接口：2B+D，其中 B 为 64Kbps 的数字信道，D 为 16Kbps 的数字信道。

基群速率接口：也称为"一次群速率接口"，即 30B+2D，B 和 D 都是 64Kbps 的数字信道。B 信道主要用户传送用户信息流。D 信道主要用于传送电路交换信令信息，也用于传送分组交换的数据信息。

试题 10 答案

（10）C

试题 11 分析

xDSL 技术就是用数字技术对现有的模拟用户线进行改造，使它能够承担宽带业务。虽然标准模拟电话信号的频带被限制在 300～3400kHz 的范围内，但用户线本身实际通过的信号频率仍然超过 1MHz，因此 xDSL 技术把 0～4000kHz 的低端频谱都留给传统电话使用，把原来没有使用的高端频谱留给用户上网使用。DSL 就是用户数字线的缩写，而 x 则表示数字用户线上实现不同的宽带方案。

SDSL：单线对数字用户线路，对称模式。

HDSL：高数据速率数字用户线路，对称模式。

VDSL：甚高数据速率数字用户线路，非对称模式。

非对称数字用户线路（Asymmetrical Digital Subscriber Loop，ADSL）其特点就是上行速度和下行速度不一样，并且往往是下行速度大于上行速度。从 1989 年以来，ADSL 走过了一个漫长的历程。下行速率从 1.5Mbit/s 提高到 8Mbit/s（当然这是以缩短传输距离为代价的),上行速率也已经提高到 640Kbps。ADSL 的服务端设备和用户端设备之间通过普通的电话铜线连接,无须对入户线缆进行改造就可以为现有的大量电话用户提供 ADSL 宽带接入。随着标准和技术的成熟及成本的不断降低,ADSL 日益受到电信运营商和用户的欢迎,成为接入 Internet 的主要方式之一。

试题 11 答案

(11) B

试题 12 分析

在 CATV 的技术方案中,用户端需要使用一个称为 Cable Modem(电缆调制解调器)的设备,它不单纯是一个调制解调器,还集成了调谐器、加/解密设备、桥接器、网络接口卡、虚拟专网代理和以太网集线器的功能于一身,它无须拨号、可提供随时在线的永远连接。其上行速度已达 10Mbps 以上,下行速率更高。

试题 12 答案

(12) B

试题 13 分析

本题考查 ADSL 接入知识。ADSL 接入方式分为虚拟拨号和准专线两种。采用虚拟拨号的用户需要安装 PPPoE(PPP over Ethernet)或 PPPoA(PPP over ATM)客户端软件,以及类似于 Modem 的拨号程序,输入用户名称和用户密码即可连接到宽带接入站点。采用准专线方式的用户使用电信部门静态或动态分配的 IP 地址,开机即可接入 Internet。其拓扑图如图 8-3 所示。

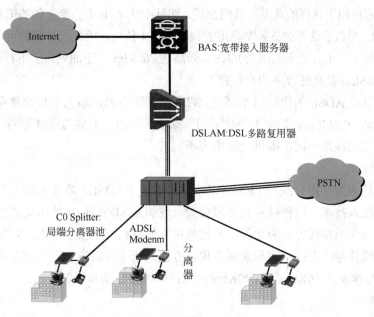

图 8-3 ADSL 宽带接入图

上图表示家庭个人应用的连接线路，PC 机通过 ADSL Modem—>分离器—>入户接线盒—>电话线—>DSL 接入复用器（DSL Access Multiplexer，DSLAM）连接 ATM 或 IP 网络，而话音线路通过分离器—>入户接线盒—>电话线—>DSL 接入复用器接入电话交换机。

试题 13 答案

（13）A

试题 14 分析

各种常见的 xDSL 接入技术如下：

（1）HDSL（高速数字用户线路）

HDSL 是最常见也是最成熟的 DSL 业务。它以 1.544Mbps 的 T1 数据速率在长达 3.6 公里（12000 英尺）的线路上对称传送数据。一般地，HDSL 是一种 T1 业务，它不需要中继器，但确实使用两个线路。语音电话业务不能在同一线路上使用。它不是设计用于家庭用户，而是用于电话公司自己的馈电线路、局间连接、因特网业务和专用数据网络。

（2）SDSL（对称数字用户线路）

SDSL 是一种对称的双向 DSL 业务，它基本上与 HDSL 相同，但是在一个双绞线线路上使用。它可以提供高达 1.544Mbps 的 T1 速率的数据速率。SDSL 是速率自适应技术，和 HDSL 一样，SDSL 也不能同模拟电话共用线路。

（3）ADSL（非对称数字用户线路）

ADSL 是一种非对称技术，意思是下行数据速率高于上行数据速率。正如所提到的一样，这种技术适用于这样的典型因特网会话，即其中从 Web 服务器下载的信息多于上载的信息。ADSL 在高于话音业务频率范围的频率范围中使用，因此同一线路可承载模拟话音和数字数据传输。上行速率范围为 16Kbps 到高达 768Kbps。下面列出了下行速率和距离。

（4）VDSL（甚高速数字用户线路）

VDSL 就是 ADSL 的快速版本。使用 VDSL，短距离内的最大下传速率可达 55Mbps，上传速率可达 19.2Mbps，甚至更高（不同厂家的芯片组，支持的速度不同。同一厂家的芯片组，使用的频段不同，提供的速度也不同）。

（5）RADSL

速率自适应数字用户线路（Rate-Adaptive DSL，RADSL）是在 ADSL 基础上发展起来的新一代接入技术，这种技术允许服务提供者调整 xDSL 连接的带宽以适应实际需要并且解决线长和质量问题，为远程用户提供可靠的数据网络接入手段。它的特点是：利用一对双绞线传输；支持同步和非同步传输方式；速率自适应，下行速率从 1.5Mbps 到 8Mbps，上行速率从 16Kbps 到 640Kbps；支持同时传数据和语音。

试题 14 答案

（14）B

试题 15 分析

本题是考查考生对用户接入 Internet 的常见方式的了解，由于终端仅仅共享同一台主机的信息，所以不需要单独的 IP 地址。通过代理服务器接入方式可以多台主机共享代理服务器的 IP 地址。通过局域网方式接入可以获得固定的 IP 地址，也可以是动态分配的方式。这个问题其实可以从平时设置网卡的 IP 地址的界面看到，可以自动获取，也可以手工指定 IP 地址。使用 PPP 拨号方式也可以使用动态分配方式获取 IP，如常见的通过电话线拨号等，所以答案是 B。

试题 15 答案

（15）B

试题 16 分析

帧中继（FR）在第二层建立虚电路，用帧方式承载数据业务，因而第三层被简化掉了。在用户平面，FR 帧比 HDLC 帧操作简单，只检查错误，不再重传，没有滑动窗口式的流量控制机制，只有拥塞控制。

FR 的虚电路分为永久虚电路（Permanent Virtual Circuit，PVC）和交换虚电路（SwitchVirtual Circuit，SVC）。PVC 是在两个端用户之间建立的固定逻辑连接，为用户提供约定的服务。帧中继交换设备根据预先配置的虚电路表把数据帧从一段链路交换到另外一段链路，最终传送到接收用户。SVC 是通过 ISDN 信令协议（Q931/Q933）临时建立的逻辑信道，它以呼叫的形式建立和释放连接。很多帧中继网络只提供 PVC 业务，不提供 SVC 让务。

帧中继网为用户提供约定信息速率（CIR）和扩展的信息速率（EIR），以及约定突发量（Bc）和超突发量（Be），这些参数之间有如下关系：

Bc＝Tc×CIR

Be＝Tc×EIR

其中，Tc 为数据速率测量时间。网络应该保证用户以等于或低于 CIR 的速率传送数据。对于超过 CIR 的 Bc 部分，在正常情况下能可靠地传送，但若出现网络拥塞，则会被优先丢弃。对于 Be 部分的数据，网络将尽量传送，但不保证传送成功。对于超过 Bc+Be 的部分，网络拒绝接收。这是在保证用户正常通信的前提下防止网络拥塞的主要手段，对各种数据通信业务有很强的适应能力。

在帧中继网中，用户的信息速率可以在一定的范围内变化，从而既可以适应流式业务、又可以适应突发式业务。

试题 16 答案

（16）D

试题 17 分析

本题考查 SDH 接入的基础知识。同步数字系列（Synchronous Digital Hierarchy，SDH）是一种将复接、线路传输及交换功能融为一体的物理传输网络。SDH 不是一种协议，也不是指一种传输介质，而是一种传输技术。SDH 网络主要使用光纤通信技术，但也可使用微波和卫星传送。SDH 可以对网络实现有效的管理、提供实时业务监控、动态网络维护、不同厂商设备间的互通等多项功能，能大大提高网络资源利用率、降低网络管理及维护的费用，是运营商主要的基础设施网络。

SDH 采用的信息结构等级称为同步传送模块 STM-N（N=1，4，16，64 等），最基本的模块为 STM-1（155.520Mbps），4 个 STM-1 同步复用构成 STM-4（622.080Mbps），16 个 STM-1 同步复用构成 STM-16（2488.320Mbps）。

如果用户需要的数据传输速率较小，则 SDH 还可以提供准同步数字系列（Plesiochronous Digital Hierarchy，PDH）兼容的传输方式。这种方式在 STM-1 中封装了 63 个 E1 信道，可以同时向 63 个用户提供 2Mbps 的接入速率。PDH 兼容方式提供两种接口，一是传统的 E1 接口，例如路由器上的 G.703 转 V.35 接口，另一种是封装了多个 E1 信道的 CPOS（Channel POS）接口，路由器通过一个 CPOS 接口接入 SDH 网络，并通过封装的多个 E1 信道连接多个远程站点。

试题 17 答案

（17）B

试题 18 分析

AAL5 常用来支持面向链接的数据服务，用于面向连接的文件传输和数据网络应用程序，该程序中在数据传输前已预先设置好连接。这种服务提供可变比特率但不需要为传送过程提供有限延时。AAL5 也可以用来支持无连接的服务，该服务的例子包括数据报流量，通常也包括数据网络应用程序，在该程序中在数据传输前没有预先设置连接。但是 AAL5 并不能提供固定比特率的服务。因此 D 是错误的。

试题 18 答案

（18）D

试题 19 分析

CIR：承诺信息速率，按照协议应当达到的信息传输速率，也指与用户预先约定的数据速率。

DLCI：数据链路连接标识符，在帧中继网络中表示 PVC（永久虚电路）或 SVC（交换式虚电路）的值。

LMI：帧中继本地管理接口，是对基本的帧中继标准的扩展。它是路由器和帧中继交换机之间的信令标准，提供帧中继管理机制。其中提供了许多管理复杂互联网络的特性，包括全局寻址、虚电路状态消息和多路发送等。

VPI：ATM 的虚通道。

试题 19 答案

（19）B

试题 20 分析

帧中继通过 PVC 和 SVC 为用户提供通信服务，这是一种面向连接的夫服务。帧在传输过程中要通过流量整形技术来实现端速率的匹配,通过 BECN-N 后向显示阻塞通告、FECN-前向显示阻塞通告、CID-承诺传输率和 BC-数据平均传输率等参数来实现流量整形。因此可以实现按需提供带宽,也可以适用突发式的业务。在帧中继中其帧长度可变,最大帧长可以达到 1008 个字节。

试题 20 答案

(20) B

试题 21 分析

基本速率接口 2B+D:D 信道用于传输信令控制接口,速率为 16Kbps;B 信道用于传输信令,速率为 64kbps。

基群速率接口 30B+D:又称为主要访问速率接口,D 信道用于传输信令控制接口,速率为 64Kbps,B 信道用于传输信令,速率为 64Kbps。B、D 信道可以联合使用。

试题 21 答案

(21) B

试题 22 分析

LAPB 是 X.25 的数据链路层协议,帧中继使用 LAPD;X.21 指的是 DTE-DCE 之间接口(物理上的)规定,这个在概念上类似于 RS-232,属于物理层的范畴;X.25PLP 是网络层协议;MHS 是信息处理服务。

试题 22 答案

(22) B

试题 23 分析

CCITT V.90:33.6Kbps 上行,56Kbps 下行

CCITT V.92:48Kbps 上行,56Kbps 下行

试题 23 答案

(23) A

试题 24 分析

终端适配器(TA):完成适配功能(包括速率适配及协议转换),使 2 类总段设备(TE2)能接入 ISDN 的标准接口。

网络终端 1(NT1):是 ISDN 网在用户处的物理和电气终端装置。NT1 是网络的边界,使交换机的用户设备不受用户线上传输方式的影响,具有线路维护功能,支持多个信道的传输,具有解决 D 信道竞争的能力,支持多个终端设备同时接入。

网络终端 2(NT2):又叫做智能的网络终端,它可以包含 OSI 第 1~3 层的功能,可以完成交换和集中的功能。NT2 可以是数字 PBX、集中器和局域网。

1 类终端设备(TE1):又叫 ISDN 标准终端设备,它是符合 ISDN 接口标准的用户设备。

2 类终端设备(TE2):又叫 ISDN 标准终端设备,是不符合 ISDN 接口标准的用户

设备，需要经过终端适配器 TA 的转换，才能够介入 ISDN 的接口标准。

试题 24 答案

（24）B

试题 25 分析

目前的 3G 标准中的 TD-SCDMA 和第四代移动通信技术 4G TD-LTE 都是由我国自行研制的。

试题 25 答案

（25）A

试题 26 分析

ISDN 是在公共电话交换网（PSTN）的基础上建立起来的网络。

试题 26 答案

（26）A

试题 27 分析

ISDN 采用的是时分复用（TDM）技术提供数字化的比特通道。

试题 27 答案

（27）A

试题 28 分析

ATM 协议数据单元是信元。信元共有 53 个字节，其中 48 个字节为载荷部分，5 个字节用于标头信息。标头信息约占信元的 1/10。

试题 28 答案

（28）A

试题 29 分析

X.75 协议定义了两个 X.25 网络之间互联时的交互作用。

试题 29 答案

（29）D

试题 30 分析

FTTC 为目前最主要的服务形式，主要为住宅区的用户服务。将 ONU 设备放置于路边机箱，利用 ONU 出来的同轴电缆传送 ACTV 信号或双绞线传送电话以及上网服务。

FTTH 和 ITU 认为光纤端头的光电转换器到用户桌面不超过 100 米的情况才是 FTTH。FTTH 将光纤的距离延伸到终端用户家里，使得家庭内部能够提供多种不同的宽带服务，如 VOD、在家购物、在家授课等，并提供更多的商机。若搭配 WLAN 技术将可使宽带与移动结合，达到未来宽带数字家庭的远景。

FTTN 是光纤延伸到电缆交接箱所在处，一般覆盖 200~300 个用户。

试题 30 答案

（30）C

第 9 章 因特网与互联网技术

从历年的考试试题来看，本章的考点在综合知识考试中的平均分数为 15 分，约为总分的 20%。考试试题分数主要集中在 IPv4 地址分类、VLSM、CIDR、IPv6、路由协议及其配置、NAT、ACL、网络规划 8 个知识点上。

9.1 考点提炼

根据考试大纲，结合历年考试真题，希赛教育的软考专家认为，考生必须要掌握以下几个方面的内容：

1．子网划分和网络汇聚

在子网划分与网络汇聚方面，涉及的考点有 IP 地址分类（重点）、VLSM（重点）、CIDR（重点）。

【考点 1】IP 地址分类

IP 地址空间划分成不同的类别，每一类具有不同的网络号位数和主机号位数。正如图 9-1 所示，IP 地址的前 4 位用来决定地址所属的类别。

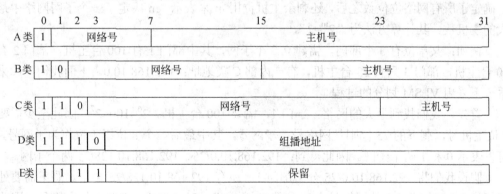

图 9-1 IP 地址分类示意图

我们以第一个 8 位组取值范围来进行 IP 地址分类，A 类地址取值范围为 1~126，B 类地址取值范围为 128~191，C 类地址取值范围为 192~223，D 类地址取值范围为 224~239，E 类地址取值范围为 240~255。A、B、C 类地址都分配给节点，用来进行通信。D 类地址是组播地址，不能用来进行地址分配。E 类地址是保留地址，用于科研使用。

在 IP 范围中有一些特殊地址,如

(1) 回送地址(Loopback)地址:地址范围是 127.0.0.0/8,是本机特殊保留地址,用于回环测试,主要作为目的地址使用。

(2) 0.0.0.0:称为"未指定的 IPv4 地址",用来表示地址缺失。当某个 IPv4 节点没有配置 IPv4 地址,正尝试通过某个配置协议(如 DHCP)来获取一个地址,会用到 0.0.0.0 的地址。该地址不能作目标地址使用,使能作为源地址。

(3) 私有保留地址:为了满足内网的使用需求,保留了一部分不在公网使用的 IP 地址,如表 9-1 所示。

表 9-1 三类私有保留地址

类别	IP 地址范围	网络号	网络数
A	10.0.0.0~10.255.255.255	10	1
B	172.16.0.0~172.31.255.255	172.16~172.31	16
C	192.168.0.0~192.168.255.255	192.168.0~192.168.255	255

【考点 2】VLSM

VLSM 是可变长子网掩码,其基本思维是通过扩展标准 A、B、C 类子网网络位,进行子网划分,把大的网络划分为小的网络,以提高 IP 地址的利用率。

进行子网划分需要用到两个公式。一个公式用于计算子网数量,关键点在确定子网位位数,若用 n 表示,n 直接决定了可以分配的子网数,其子网数量计算方法为"2^n"。在确定了所有网络位位数之后,还剩余主机位用 m 来表示,m 决定了一个子网网络中最大的主机数,其计算方法为"2^m-2"。

例如:某单位有 3 个部门,需建立 3 个子网,其中部门 1 有 100 台主机,部门 2 有 50 台主机,部门 3 只有 25 台主机,有一内部 C 类地址:192.168.10.0。下面我们一起来看一下采用 VLSM 划分的过程。

首先,我们找到最大的网络:部门 1,需要 100 台主机。$2^6<100<2^7$,因此至少需要 7 位主机号,剩下的 25 位则是网络号、子网号,其中最后一个 8 位组 1 位作为子网号,可以表示 0 和 1 两个子网。因此得到:192.168.10.0/25、192.168.10.128/25 两个子网。

假设我们将 192.168.10.0/25 分给部门 1,还有 192.168.10.128/25 未用。剩下需要处理部门 2、3 中部门 2 的网络最大,需要 50 台主机。$2^5<50<2^6$,需要 6 位主机号,因此可以把 192.168.10.128/25 分成:192.168.10.128/26 和 192.168.10.192/26 两个子网。

假设我们将 192.168.10.128/26 分给部门 2,则还留下 192.168.10.192/26 网络未用,可以考虑把此网络分配给部门 3 使用。部门 3 目前只有 25 台 PC,可以对 192.168.10.192/26 再进行子网划分,$2^4<25<2^5$,需要 5 位主机号,因此可以把 192.168.10.192/26 分成 192.168.10.192/27 和 192.168.10.224/27 两个子网,部门 3 使用其中的一个,剩余子网可以预留给企业后期增加的部门使用。

按前述思路可以得到如表 9-2 所示的结果。

表 9-2 结果表

部门	IP 地址	网络范围	有效 IP 数
部门 1	192.168.10.0/25	192.168.10.0~192.168.10.127	126
部门 2	192.168.10.128/26	192.168.10.128~192.168.10.191	62
部门 3	192.168.10.192/27	192.168.10.192~192.168.10.223	30
预留	192.168.10.176/28	192.168.10.224~192.168.10.255	30

【考点 3】CIDR

CIDR（无类域间路由）其根本就是路由汇聚。

路由汇聚的含义是把一组路由汇聚为一个单个的路由广播。路由汇聚的最终结果和最明显的好处是缩小网络上的路由表的尺寸，这样将减少与每一个路由跳有关的延迟。由于减少了路由登录项数量，查询路由表的平均时间将加快。由于路由登录项广播的数量减少，路由协议的开销也将显著减少。随着整个网络（以及子网的数量）的扩大，路由汇聚将变得更加重要。

下面，我们通过一个例子来讲解路由汇聚算法的实现。

假设有 4 个路由：172.18.129.0/24、172.18.130.0/24、172.18.132.0/24、172.18.133.0/24，如果这 4 个路由进行路由汇聚，则能覆盖这 4 个路由的是：172.18.128.0/21。具体算法为：

129 的二进制代码是 10000001，130 的二进制代码是 10000010，132 的二进制代码是 10000100，133 的二进制代码是 10000101。这 4 个数的前 5 位相同，都是 10000。所以加上前面的 172.18 这两部分相同的位数，网络号就是 8+8+5=21（最大匹配原则）。而 10000000 的十进制数是 128。所以，路由汇聚的 IP 地址就是 172.18.128.0，最终答案就是 172.18.128.0/21。

2. 常见服务端口号

在端口号方面，涉及的考点有知名端口号（重点）。

【考点 4】知名端口号

常见的端口及其服务如表 9-3 所示。

表 9-3 常见的端口及其服务

端口	服务	端口	服务
20	文件传输协议（数据）	80	超文本传输协议（WWW）
21	文件传输协议（控制）	110	POP3 服务器（邮箱发送服务器）
23	Telnet 终端仿真协议	139	Win98 共享资源端口
25	SMTP 简单邮件发送协议	143	IMAP 电子邮件
42	WINS 主机名服务	161	SNMP - snmp
53	域名服务器（DNS）	162	SNMP-trap -snmp

3. IPv6

在 IPv6 方面,涉及的考点有 IPv6 包头字段解析、IP 地址表示(重点)。

【考点 5】IPv6 地址表示

IPv6 地址为 128 位长,但通常写作 8 组每组 4 个十六进制数的形式。例如:

2001:0db8:85a3:08d3:1319:8a2e:0370:7344 是一个合法的 IPv6 地址。

如果 4 个数字都是零,可以被省略。例如:

2001:0db8:85a3:0000:1319:8a2e:0370:7344 等价于:

2001:0db8:85a3::1319:8a2e:0370:7344。

遵守这些规则,如果因为省略而出现了两个以上的冒号,则可以压缩为一个,但这种零压缩在地址中只能出现一次。因此:

2001:0DB8:0000:0000:0000:0000:1428:57ab

2001:0DB8:0000:0000:0000::1428:57ab

2001:0DB8:0:0:0:0:1428:57ab

2001:0DB8:0::0:1428:57ab

2001:0DB8::1428:57ab

以上都是合法的地址,并且它们是等价的。同时前导的零可以省略,因此:
2001:0DB8:02de::0e13 等价于 2001:DB8:2de::e13。

4. 路由技术与路由协议

在路由技术与路由协议方面,涉及的考点有路由分类、静态路由(重点)、RIP 路由协议(重点)、EIGRP 路由协议(重点)、OSPF 路由协议(重点)。

【考点 6】静态路由

所谓静态路由配置,也就是用户人为地指定对某一网络访问时所要经过的路径。

其中最关键的配置语句是:

```
Router(config)#ip route ip-addr subnet-mask gateway
```

ip-addr 为目的网络地址,*subnet-mask* 为目的网络地址子网掩码,*gateway* 为网关亦即到达目的网络的下一跳 IP 地址。

【考点 7】RIP 路由协议

RIP 路由配置常用命令如表 9-4 所示。

表 9-4 RIP 路由配置常用命令

命令	说明
router rip	指定使用 RIP 协议
version {1|2}	指定 RIP 协议版本
no auto-summary	关闭自动汇总
network network-addr	指定与该路由器直接相连的网络
neighbor ip-addr	说明邻接路由器,以使它们能够自动更新路由

命令	说明
passive interface 接口	阻止在指定的接口发送路由更新信息
show ip route	查看路由表信息
show route rip	查看 RIP 协议路由信息

【考点 8】EIGRP 路由协议

EIGRP 路由配置的常用命令如表 9-5 所示。

表 9-5　EIGRP 路由配置的常用命令

命令	说明
router eigrp autonomous-system	指定使用 EIGRP 协议，其中 autonomous-system 是自治系统号，EIGRP 协议只在相同自治系统号的路由器之间完成路由更新
network network-addr [掩码反码]	指定与该路由器直接相连的网络。如果指定的网络是 A、B、C 类，则无须加入掩码反码；如果是子网，则需要加入掩码反码
no auto-summary	关闭自动汇总功能

【考点 9】OSPF 路由协议

OSPF 路由配置的常用命令如表 9-6 所示。

表 9-6　OSPF 路由配置的常用命令

命令	说明
router ospf process-id	指定使用 OSPF 协议，其中 process-id 是其路由进程号，多个 OSPF 进程可以在同一个路由上配置，但通常不要这样做，该进程号只在路由器内部起作用，不同路由器可以不同
network 网码地址 掩码反码 area 区域号	指定与该路由器直接相连的网络。掩码反码可以用 255.255.255.255 减去掩码得到。区域号可以是数字，也可以是 IP 地址。ID 为 0 表示是主干域，不同网络区域的路由器通过主干域学习路由
area 区域号 stub	将某区域转换成根区（不繁殖外部路由的区域）
show ip ospf neighbor	列出与本路由器是"邻居"关系（也就是进行路由信息交换的）的路由器
no ospf auto-cost-determination	OSPF 会自动根据每个接口的带宽，计算出其 cost(代价)：$cost=10^8\div$ 带宽(单位为 bps)。如果要手动配置，则可使用该命令使其不自动计算
ip ospf cost	手动设置接口 cost

5．路由器常规配置

在路由器常规配置方面，涉及的考点有多种操作模式的切换（重点）、基本配置命令（重点）。

【考点 10】思科 IOS 操作模式切换

Cisco 路由器分为用户模式（登录时自动进入，只能够查看简单的信息）、特权模式（也称为 EXEC 模式，能够完成配置修改、重启等工作）、全局配置模式（对会影响 IOS 全局运作的配置项进行设置）、子配置模式（对具体的组件，如网络接口等进行配置）。4 种状态的转换命令如图 9-2 所示。

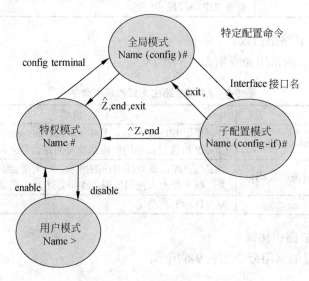

图 9-2 Cisco 路由器配置状态转换图

【考点 11】路由器基本配置命令
路由器基本配置
（1）配置 enable 口令和主机名

Router>（用户模式提示符）
Router> enable（进入特权模式）
Router #（特权模式提示符）
Router # config terminal（进入配置模式）
Router（config）#（配置模式提示符）
Router（config）# enable password test（设置 enable 口令为 test）
Router（config）# enable secret test2（设置 enable 加密口令为 test2）
Router（config）# hostname R1（设置主机名为 R1）
Router（config）# end（退回特权模式）
R1#

注：enable password 和 enable secret 只要配置一个就好，两者同时配置后者生效。它们的区别在于，enable password 在配置项中是明文显示，而 enable secret 是密文显示。当用户敲入命令进入特权模式的时候，使用的密文特权口令方能进入特权模式。

(2) 接口基本配置

在 Cisco 路由器中通常是模块化的,每个模块都有一些相应的接口,例如以太网口、快速以太网口、串行口(Serial,即广域网口)等。而且与交换机不同,它们在默认情况下是关闭的,需要人为启动它。

```
Router> enable                          (进入特权模式)
Router # config terminal                (进入配置模式)
Router(config)# interface fastethernet0/1    (进入接口 F0/1 子配置模式)
Router(config)# ip address 192.168.0.1 255.255.255.0
(设置该接口的 IP 地址,格式为:ip address ip-addr subnet-mask)
Router(config)# no shutdown             (激活接口)
11:02:01:%LINK-3-UPDOWN:Interface FastEthernet 0/1 changed state to up.
Router(config)# end                     (退回特权模式)
```

6. NAT 与 ACL

在 NAT 与 ACL 方面,涉及的考点有访问控制列表(ACL)(重点)、网络地址转换(NAT)(重点)。

【考点 12】访问控制列表

在 IP 网络中,可以使用的访问列表有标准访问列表(值为 1~99)、扩展访问列表(标号为 100~199)两种。

(1)标准访问列表

功能说明:基于源 IP 地址来进行判定是否允许或拒绝数据报通过(或其他操作,例如在 NAT 中就是判断是否进行地址转换)。

命令格式:

```
access-list access-list-number {permit | deny}
    {source [ source-wildcard] | any }
```

命令解释:

access-list:访问列表命令。

access-list-number:访问列表号码,值为 1~99。

permit:允许。

deny:拒绝。

source:源 IP 地址。

source-wildcard:源 IP 地址的通配符。

any:任何地址,代表 0.0.0.0 255.255.255.255。

通配符:source-wildcard 省略时,则使用默认值 0.0.0.0。它的作用与子网掩码是不相同的,当其取值为 1 时,代表该位不必强制匹配;当其取值为 0 时,代表必须匹配。

因此,如果 source 是 203.66.47.0,source-wildcard 是 0.0.0.255,则说明只要前三组

符合,最后一组可以不符合,即有一个 C 类的 IP 地址符合。

这个命令的实例如下:

```
access-list 1 permit host 202.1.2.3    (允许IP地址为202.1.2.3的数据包通过)
access-list 2 permit 202.1.2.0 0.0.0.255(允许网络202.1.2.0的数据包通过)
access-list 3 deny host 202.1.2.3   (禁止IP地址为202.1.2.3的数据包通过)
```
access-list 5 deny 202.1.2.3
access-list 5 permit any   (标识为 5 的 ACL 有两条规则,禁止 IP 地址为 202.1.2.3 的数据包通过,但允许其他任何 IP 的数据包通过)

注:制定好一个 ACL 的一条或多条访问规则后,需要嵌套进设备的接口入或者出方向,AC 方能真正意义生效。

其命令为:

```
(config-if)#ip access-group acl-num in|out(ACL 应用到接口的入或出方向)
```

(2) 扩展访问列表

功能说明:在标准访问列表的基础上增加更高层次的控制,它能够基于目的地址、端口号码、对话层协议来控制数据报。

命令格式:

```
access-list access-list-number { permit | deny } {protocol \
protocol-keyword }
{source [ source-wildcard ] | any } {destination destination-wildcard ] |
any }
[ protocol-specific options] [ log ]
```

命令解释:

access-list-number:访问列表号码,值为 100~199。

protocol \ protocol-keyword:可使用的协议,包括 IP、ICMP、IGRP、EIGRP、OSPF 等。

destination destination-wild:目的 IP 地址,格式与源 IP 地址相同。

protocol-specific options:协议指定的选项。

log:记录有关数据包进入访问列表的信息。

这个命令的实例如下:

```
access-list 100 deny ip any 11.0.0.0 0.255.255.255
access-list 100 permit ip any any  (标识为 100 的扩展 ACL 禁止任何 IP 地址访问
11.0.0.0/8 网络的 IP 数据报,允许其他的访问)
access-list 150 permit tcp any host 10.64.0.2 eq smtp (允许以 SMTP 协议访问 10.64.0.2)
access-list 150 permit UDP any eq domain any   (允许以任何 DNS 访问)
```

注：制定好一个 ACL 的一条或多条访问规则后，需要嵌套进设备的接口入或者出方向，ACL 方能真正意义生效。

其命令为：

(config-if)#ip access-group acl-num in|out(ACL 应用到接口的入或出方向)

【考点 13】网络地址转换

NAT 设置可以分为静态地址转换、动态地址转换、复用动态地址转换 3 种。

（1）静态地址转换

静态地址转换将本地地址与合法地址进行一对一的转换，且需要指定和哪个合法地址进行转换。如果内部网络有 E-mail 服务器或 FTP 服务器等可以为外部用户提供的服务，这些服务器的 IP 地址必须采用静态地址转换，以便外部用户可以使用这些服务。整个配置过程包括 3 个步骤，如表 9-7 所示。

表 9-7 静态 NAT 配置

步骤	功能	命令
1	在内部地址和合法地址之间建立静态转换（全局配置模式）	ip nat inside source static 内部地址合法地址
2	指定连接网络的内部端口	ip nat inside
3	指定连接外部网络的外部端口	ip nat outside

（2）动态地址转换

动态地址转换也是将本地地址与合法地址进行一对一的转换，但是动态地址转换是从合法地址池中动态地选择一个未使用的地址对本地地址进行转换。其配置包括 5 个步骤，如表 9-8 所示。

表 9-8 动态地址转换配置

步骤	功能	命令
1	定义合法地址池（全局配置模式）	ip nat pool 地址池名称起始 IP 地址终止 IP 地址子网掩码
2	定义一个标准的访问列表规则，指出允许哪些内部地址可进行动态地址转换	access-list 标号 permit 源地址通配符 其中标号为 1～99 间的整数
3	将由访问列表指定内部地址与指定的合法地址池进行地址转换	ip nat inside source list 访问列表标号 pool 地址池名称
4	指定与内部网络相连的内部端口	ip nat inside
5	指定连接外部网络的外部端口	ip nat outside

（3）复用动态地址转换

复用动态地址转换首先是一种动态地址转换，但是它可以允许多个本地地址共用一个合法地址。对于只申请到少量 IP 地址，但却经常同时有多于合法地址个数的用户上外部网络的情况,这种转换极为有用。复用地址转换的配置如表 9-9 所示。

表 9-9 复用地址转换配置

步骤	功能	命令
1	定义合法地址池(全局配置模式)	ip nat pool 地址池名称 起始 IP 地址 终止 IP 地址 子网掩码
2	定义一个标准的访问列表规则,指出允许哪些内部地址可进行动态地址转换	access-list 标号 permit 源地址通配符 其中标号为 1~99 间的整数
3	在本地地址和合法 IP 地址间建立复用动态地址转换(与动态地址转换相比,就是加上 overload)	ip nat inside source list 访问列表标号 pool 地址池名称 overload
4	指定与内部网络相连的内部端口	ip nat inside
5	指定连接外部网络的外部端口	ip nat outside

(4) IP 地址伪装

IP 地址伪装是另一种特殊的 NAT 应用,它是 M:1 的翻译,即用一个路由器的 IP 地址将子网中所有主机的 IP 地址都隐藏起来。如果子网中有多个主机要同时通信,那么还要对端口号进行翻译,所以也称为网络地址和端口翻译(NAPT)。该方法的特点是:

① 出去的数据报源地址被路由器的外部地址代替,而源端口号则被一个还未使用的伪装端口号代替。

② 进来的数据包的目标地址是路由器的 IP 地址,目标地址是其伪装端口号,由路由器进行翻译。

9.2 强化练习

试题 1

以下协议中支持可变长子网掩码(VLSM)和路由汇聚功能(Route Summarization)的是 (1)。

(1) A. IGRP B. OSPF C. VTP D. RIPv1

试题 2

RIP 规定一条通路上最多可包含的路由器数量是 (2)。

(2) A. 1 个 B. 16 个 C. 15 个 D. 无数个

试题 3

下列路由器协议中, (3) 用于 AS 之间的路由选择。

(3) A. RIP B. OSPF C. IS-IS D. BGP

试题 4

按照网络分级设计模型,通常把网络设计分为 3 层,即核心层、汇聚层和接入层,以下关于分级网络的描述中，不正确的是 (4)。
（4）A．核心层承担访问控制列表检查功能
　　　B．汇聚层实现网络的访问策略控制
　　　C．工作组服务器放置在接入层
　　　D．在接入层可以使用集线器代替交换机

试题 5

把路由器配置脚本从 RAM 写入 NVRAM 的命令是 (5)。
（5）A．save ram nvram　　　　　　　　　B．save ram
　　　C．copy running-config startup-config　D．copy all

试题 6

如果要彻底退出路由器或者交换机的配置模式，输入的命令是 (6)。
（6）A．exit　　　B．no config-mode　　C．Ctrl+c　　D．Ctrl+z

试题 7

如果路由器配置了 BGP 协议，要把网络地址 133.1.2.0/24 发布给邻居，那么发布这个公告的命令是 (7)。
（7）A．R1(config-route) #network 133.1.2.0
　　　B．R1(config-route) #network 133.1.2.0 0.0.0.255
　　　C．R1(config-route) #network-advertise 133.1.2.0
　　　D．R1(config-route) #network 133.1.2.0 mask 255.255.255.0

试题 8

网络 122.21.136.0/24 和 122.21.143.0/24 经过路由汇聚，得到的网络地址是 (8)。
（8）A．122.21.136.0/22　　　　B．122.21.136.0/21
　　　C．122.21.143.0/22　　　　D．122.21.128.0/24

试题 9

设有下面 4 条路由：172.18.129.0/24、172.18.130.0/24、172.18.132.0/24 和 172.18.1330/24，如果进行路由汇聚，能覆盖这 4 条路由的地址是 (9)。
（9）A．172.18.128.0/21　　　　B．172.18.128.0/22
　　　C．172.18.130.0/22　　　　D．172.18.132.0/23

试题 10

属于网络 112.10.200.0/21 的地址是 (10)。
（10）A．112.10.198.0　　B．112.10.206.0　　C．112.10.217.0　　D．112.10.224.0

试题 11

网络系统设计过程中，逻辑网络设计阶段的任务是 (11)。
（11）A．依据逻辑网络设计的要求，确定设备的物理分布和运行环境
　　　 B．分析现有网络和新网络的资源分布，掌握网络的运行状态

C. 根据需求规范和通信规范，实施资源分配和安全规划
D. 理解网络应该具有的功能和性能，设计出符合用户需求的网络

试题 12

根据用户需求选择正确的网络技术是保证网络建立成功的关键，在选择网络技术时应考虑多种因素。下面各种考虑中，不正确的是 (12)。

(12) A. 选择的网络技术必须保证足够的带宽，使得用户能快速地访问应用系统
B. 选择两络技术时不仅要考虑当前的需求，而且要考虑未来的发展
C. 越是大型网络工程，越是要选择具有前瞻性的新的网络技术
D. 选择网络技术要考虑投入产出比，通过投入产出分析确定使用何种技术

试题 13

在网络设计阶段进行通信流量分析时可以采用简单的 80/20 规则。下面关于这种规则的说明中，正确的是 (13)。

(13) A. 这种设计思路可以最大限度地满足用户的远程联网需求
B. 这个规则可以随时控制网络的运行状态
C. 这个规则适用于内部交流较多而外部访问较少的网络
D. 这个规则适用的网络允许存在具有特殊应用的网段

试题 14

配置路由器端口，应该在 (14) 提示符下进行。

(14) A. R1(config)#　　　　　　　　B. R1(config-in)#
C. R1(config-intf)#　　　　　　D. R1(config-if)#

试题 15

以下 ACL 语句中，含义为"允许 172.168.0.0/24 网络所有 PC 访问 10.1.0.10 中的 FTP 服务"的是 (15)。

(15) A. access-list 101 deny tcp 172.168.0.0 0.0.0.255 host 10.1.0.10 eq ftp
B. access-list 101 permit tcp 172.168.0.0 0.0.0.255 host 10.1.0.10 eq ftp
C. access-list 101 deny tcp host 10.1.0.10 172.168.0.0 0.0.0.255 eq ftp
D. access-list 101 permit tcp host 10.1.0.10 172.168.0.0 0.0.0.255 eq ftp

试题 16

下给出的地址中，属于子网 192.168.15.19/28 的主机地址是 (16)。

(16) A. 192.168.15.17　　　　　　B. 192.168.15.14
C. 192.168.15.16　　　　　　D. 192.168.15.31

试题 17

在一条点对点的链路上，为了减少地址的浪费，子网掩码应该指定为 (17)。

(17) A. 255.255.255.252　　　　　B. 255.255.255.248
C. 255.255.255.240　　　　　D. 255.255.255.196

试题 18

层次化网络设计方案中，(18) 是核心层的主要任务。

(18) A. 高速数据转发　　　　　　　　　B. 接入 Internet
　　　C. 工作站接入网络　　　　　　　　D. 实现网络的访问策略控制

试题 19

OSPF 协议使用 (19) 分组来保持与其邻居的连接。

(19) A. Hello　　　　　　　　　　　　　B. Keepalive
　　　C. SPF（最短路径优先）　　　　　　D. LSU（链路状态更新）

试题 20

关于 OSPF 拓扑数据库，下面选项中正确的是 (20)。

(20) A. 每一个路由器都包含了拓扑数据库的所有选项
　　　B. 在同一区域中的所有路由器包含同样的拓扑数据库
　　　C. 使用 Dijkstra 算法来生成拓扑数据库
　　　D. 使用 LSA 分组来更新和维护拓扑数据库

试题 21

OSPF 协议使用 (21) 报文来保持与其邻居的连接。下面关于 OSPF 拓扑数据库的描述中，正确的是 (22)。

(21) A. Hello　　　B. Keepalive　　　C. SPF　　　D. LSU
(22) A. 每一个路由器都包含了拓扑数据库的所有选项
　　　B. 在同一区域中的所有路由器包含同样的拓扑数据库
　　　C. 使用 Dijkstra 算法来生成拓扑数据库
　　　D. 使用 LSA 分组来更新和维护拓扑数据库

试题 22

RIP 是一种基于 (23) 算法的路由协议，一个通路上最大跳数是 (24)，更新路由表的原则是到各个目标网络的 (25)。

(23) A. 链路状态　　B. 距离矢量　　C. 固定路由　　D. 集中式路由
(24) A. 7　　　　　B. 15　　　　　C. 31　　　　　D. 255
(25) A. 距离最短　　B. 时延最小　　C. 流量最小　　D. 路径最空闲

试题 23

为了限制路由信息传播的范围，OSPF 协议把网络划分成 4 种区域（Area），其中 (26) 的作用是连接各个区域的传输网络，(27) 不接受本地自治系统之外的路由信息。

(26) A. 不完全存根区域　　　　　　　　B. 标准区域
　　　C. 主干区域　　　　　　　　　　　D. 存根区域
(27) A. 不完全存根区域　　　　　　　　B. 标准区域
　　　C. 主干区域　　　　　　　　　　　D. 存根区域

试题 24

以下关于边界网关协议 BGP4 的叙述中，不正确的是 (28)。

(28) A. BGP4 网关向对等实体（Peer）发布可以到达的 AS 列表
B. BGP4 网关采用逐跳路由（hop-by-hop）模式发布路由信息
C. BGP4 可以通过路由汇聚功能形成超级网络（Supemet）
D. BGP4 报文直接封装在 IP 数据报中传送

试题 25

若路由器显示的路由信息如下，则最后一行路由信息是 (29) 得到的。

```
R3#show ip route
Gateway of last resort is not set
192.168.0.0/24 is subnetted,6 subnets
C 192.168.1.0 is directly connected,Ethernet0
C 192.168.65.0 is directly connected,Serial0
C 192.168.67.0 is directly connected,Serial1
R 192.168.69.0 [120/1] via 192.168.67.2,00:00:15,Serial1
               [120/1] via 192.168.65.2,00:00:24,Serial0
R 192.168.5.0 [120/1] via 192.168.07.2,00:00:15,Serial1
R 192.168.3.0 [120/1] via 192.168.65.2,00:00:24,Serial0
```

(29) A. 串行口直接连接的 　　　　　B. 由路由协议发现的
C. 操作员手工配置的 　　　　　D. 以太网端口直连的

试题 26

IPv6 地址 33AB:0000:0000:CD30:0000:0000:0000:0000/60 可以表示成各种简写形式，以下写法中，正确的是 (30)。

(30) A. 33AB:0:0:CD30::/60 　　　　B. 33AB:0:0:CD3/60
C. 33AB::CD30/60 　　　　　　D. 33AB::CD3/60

试题 27

设有下面 4 条路由：196.34.129.0/24、196.34.130.0/24、196.34.132.0/24 和 196.34.133.0/24，如果进行路由汇聚，能覆盖这 4 条路由的地址是 (31)。

(31) A. 196.34.128.0/21 　　　　　B. 196.34.128.0/22
C. 196.34.130.0/22 　　　　　D. 196.34.132.0/23

试题 28

假设用户 Q1 有 2000 台主机，则必须给他分配 (32) 个 C 类网络，如果分配给用户 Q1 的超网号为 200.9.64.0，则指定给 Q1 的地址掩码为 (33)；假设给另一用户 Q2 分配的 C 类网络号为 200.9.16.0～200.9.31.0，如果路由器收到一个目标地址为 11001000 00001001 01000011 00100001 的数据报，则该数据报应送给用户 (34)。

(32) A. 4　　　　　　B. 8　　　　　　　C. 10　　　　　　D. 16
(33) A. 255.255.255.0　　　　　　　　B. 255.255.250.0
　　 C. 255.255.248.0　　　　　　　　D. 255.255.240.0
(34) A. Q1　　　　　B. Q2　　　　　　C. Q1 或 Q2　　　D. 不可到达

试题 29

32 位的 IP 地址可以划分为网络号和主机号两部分。以下地址中，(35) 不能作为目标地址，(36) 不能作为源地址。

(35) A. 0.0.0.0　　　　B. 127.0.0.1
　　 C. 10.0.0.1　　　　D. 192.168.0.255/24
(36) A. 0.0.0.0　　　　B. 127.0.0.1
　　 C. 10.0.0.1　　　　D. 192.168.0.255/24

试题 30

IPv6 的"链路本地地址"是将主机的 (37) 附加在地址前缀 1111 1110 10 之后产生的。

(37) A. IPv4 地址　　　B. MAC 地址　　　C. 主机名　　　D. 任意字符串

9.3 习题解答

试题 1 分析

本题考查提供 VLSM 和路由汇聚功能的协议的特性。

IGRP（Interior Gateway Routing Protocol）是一种动态距离向量路由协议，它由 Cisco 公司 80 年代中期设计。使用组合用户配置尺度，包括延迟、宽带、可靠性和负载。缺省情况下，IGRP 每 90 秒发送一次路由更新广播，在 3 个更新周期内（即 270 秒），没有从路由中的第一个路由接收到更新，则宣布路由不可访问。在 7 个更新周期即 630 秒后，Cisco IOS 软件从路由表中清除路由，与 RIPv1 一样都不支持 VSLM 和 CIDR。

VTP（VLAN trunk protocol）VLAN 中继协议，作用是交换机与交换机之间 VLAN 信息相互传递，使用 VTP 协议可以在一个交换机中使用另一个交换机中 VLAN 配置信息，从而避免了在不同交换机设置相同的 VLAN 所造成的重复劳动，同时减少了 VLAN 配置错误的可能性。

四个答案中，只有 OSPF 支持 VLSM 和 CIDR。

试题 1 答案

(1) B

试题 2 分析

此题主要考查了 RIP 协议的特征。

RIP（路由选择信息协议）是距离矢量路由协议的一种。所谓距离矢量是指路由器选择路由途径的评判标准：在 RIP 选择路由的时候，利用 D-V 算法来选择它所认为的最佳路径，然后将其填入路由表，在路由表中体现出来的就是跳数（hop）和下一跳的地址。

RIP 允许的最大站点数为 15，任何超过 15 个站点的目的地均被标为不可到达。所以 RIP 只适合于小型的网络。

试题 2 答案

（2）C

试题 3 分析

RIP、OSPF 和 IS-IS 都是内部网关协议，只有 BGP 用于 AS 之间的路由选择。

试题 3 答案

（3）D

试题 4 分析

网络分级设计把一个大的、复杂的网络分解为多个较小的、容易管理的网络。分级网络结构中的每一级解决一组不同的问题。在 3 层网络设计模型中，网络设备被划分为核心层、汇聚层和接入层。各层的功能如下。

（1）核心层：尽快地转发分组，提供优化的、可靠的数据传输功能。

（2）汇聚层：通过访问控制列表或其他的过滤机制限制进入核心层的流量，定义了网络的边界和访问策略。

（3）接入层：负责用户设备的接入，防止非法用户进入网络。

试题 4 答案

（4）A

试题 5 分析

把路由器配置脚本从 RAM 写入 NVRAM 的命令是：Copy running-config startup-config。

试题 5 答案

（5）C

试题 6 分析

如果要彻底退出路由器或交换机的配置模式，输入的命令是 Ctrl+z。

试题 6 答案

（6）D

试题 7 分析

正确的命令应该是:R1(config-router)#network 133.1.2.0 mask 255.255.255.0。

试题 7 答案

（7）D

试题 8 分析

122.21.136.0/24 的二进制表示是 01111010 00010101 10001000 00000000

122.21.143.0/24 的二进制表示是 01111010 00010101 10001111 00000000

可以看出，经过路由汇聚，得到的网络地区性址是 122.21.136.0/21

试题 8 答案

（8）B

试题 9 分析

172.18.129.0/24 的二进制表示是 10101100 00010010 10000001 00000000

172.18.130.0/24 的二进制表示是 10101100 00010010 10000010 00000000

172.18.132.0/24 的二进制表示是 10101100 00010010 10000100 00000000

172.18.133.0/24 的二进制表示是 10101100 00010010 10000101 00000000

试题 9 答案

（9）A

试题 10 分析

网络 112.10.200.0/21 的二进制表示 01110000 00001010 11001000 00000000

地址 112.10.198.0 的二进制表示 01110000 00001010 11000110 00000000

地址 112.10.206.0 的二进制表示 01110000 00001010 11001110 00000000

地址 112.10.217.0 的二进制表示 01110000 00001010 11011001 00000000

地址 112.10.224.0 的二进制表示 01110000 00001010 11100000 00000000

可以看出，只有地址 112.10.206.0 与网络 112.10.200.0/21 满足最长匹配关系，所以地址 112.10.206.0 属于 112.10.200.0/21 网络。

试题 10 答案

（10）B

试题 11 分析

本题考查网络规划和设计的基础知识。网络逻辑设计阶段要根据网络用户的分类和分布，选择特定的技术，形成特定的网络结构。网络逻辑结构大致描述了设备的互联及分布情况，但是并不涉及具体的物理位置和运行环境。逻辑设计过程主要由确定逻辑设计目标、网络服务评价、技术选项评价及进行技术决策 4 个步骤组成。

逻辑网络设计工作主要包括网络结构的设计、物理层技术选择、局域网技术选择与应用、广域网技术选择与应用、地址设计和命名模型、路由选择协议、网络管理和网络安全等内容。

试题 11 答案

（11）C

试题 12 分析

在网络设计方面，应着重考虑以下几个要素，它们也是网络设计和网络建设的基本原则。

（1）采用先进、成熟的技术。在规划网络、选择网络技术和网络设备时，应重点考虑当今主流的网络技术和网络设备。只有这样，才能保证建成的网络有良好的性能，从而有效地保护建网投资，保证网络设备之间、网络设备和计算机之间的互联，以及网络的尽快使用、可靠运行。

（2）遵循国际标准，坚持开放性原则。网络的建设应遵循国际标准，采用大多数厂家支持的标准协议及标准接口，从而为异种机、异种操作系统的互联提供极大的便利和可能。

（3）网络的可管理性。具有良好的可管理性的网络，网管人员可借助先进的网管软件，方便地完成设备配置、状态监视、信息统计、流量分析、故障报警、诊断和排除等任务。

（4）系统的安全性。一般的网络包括内部的业务网和外部网。对于内部用户，可分别授予不同的访问权限，同时对不同的部门（或工作组）进行不同的访问及连通设置。对于外部的互联网络，要考虑网络"黑客"和其他不法分子的破坏，防止网络病毒的传播。有些网络系统，如金融系统对安全性和保密性有着更加严格的要求。网络系统的安全性包括两个方面的内容，一方面是外部网络与本单位网络之间互联的安全性问题；另一方面是本单位网络系统管理的安全性问题。

（5）灵活性和扩充性。网络的灵活性体现在连接方便、设置和管理简单、灵活，使用和维护方便等方面。网络的可扩充性表现在数量的增加、质量的提高和新功能的扩充等方面。网络的主干设备应采用功能强、扩充性好的设备，如模块化结构、软件可升级、信息传输速度高、吞吐量大。可灵活选择快速以太网、千兆以太网、FDDI、ATM 网络模块进行配置，关键元件应具有冗余备份的功能。

（6）系统的稳定性和可靠性。选择网络产品和服务器时，最重要的一点应考虑它们的稳定性和可靠性，这也是我们强调选择技术先进、成熟的产品的重要原因之一。关键网络设备和重要服务器的选择应考虑是否具有良好的电源备份系统、链路备份系统，是否具有中心处理模块的备份，系统是否具有快速、良好的自愈能力等。不应追求那些功能大而全但不可靠或不稳定的产品，也不要选择那些不成熟和没有形成规范的产品。

（7）经济性。网络的规划不但要保质保量按时完成，而且要减少失误、杜绝浪费。

（8）实用性。网络设计一定要充分保护网络系统现有资源，同时要根据实际情况，采用新技术和新装备，还需要考虑组网过程要与平台建设及开发同步进行，建立一个实用的网络。力求使网络既满足目前需要，又能适应未来发展，同时达到较好的性能/价格比。

试题 12 答案

（12）C

试题 13 分析

通信流量分布的简单规：80/20 规则：对一个网段内部的通信流量，不进行严格的分布分析，仅仅是根据对用户和应用需求的统计，产生网段内的通信问题大小，主为总量的 80%是在网段内部的流量，而 20%是对网段外部的流量。80/20 规则适用于内部交流较多、外部访问相对较少、网络较为简单、不存在特殊应用的网络或网段。

试题 13 答案

（13）C

试题 14 分析

路由器的命令状态分为：

`R1>`

路由器处于用户命令状态，这时用户可以查看路由器的连接状态，访问其他网络和主机，但不能更改路由器配置的内容。

`R1#`

在 ">" 提示符下输入 enable，路由器进入特权命令状态，这时不但可以执行所有的用户命令，还可以看到和更改路由器的配置内容。

`Router(config)#`

在 "#" 提示符下输入 configure terminal，这时路由器处于全局配置状态，可以配置路由器的全局参数。

`Router(config-if)#`：端口配置状态。
`Router(config-line)#`：线路配置状态。
`Router(config-router#`：路由协议配置状态。

在全局配置状态下，

输入 `interface type int/number subinterface`，进入端口配置状态。
输入 `line type slo/number`，进入线路配置状态。
输入 `router protocol`，进入路由协议配置状态。

在路由器处于局部配置状态下，可以配置路由器的局部参数。

`>`

在开机后 60s 内按 ctrl-break 键，路由器进入 RXBOOT 状态，这时路由器不能完成正常的功能，只能进行软件升级和手工引导。

试题 14 答案

（14）D

试题 15 分析

由于题目要求的是允许，因此命令中需要有 permit 关键词，而不能出现 deny 关键词。由于访问控制命令 access-list 的格式要求目标地址出现在源地址后面，这里选项 C、

D 错在将源地址和目标地址写反，因此选择 B。

试题 15 答案

（15）B

试题 16 分析

本题是一个子网划分的题目。

题干中 192.168.15.19/28 的子网掩码是 255.255.255.240。用 192.168.15.19 与 255.255.255.240 发生与运算得到 192.168.15.16/28 的网络 ID，在此网络 ID 下有效的主机 IP 地址是 192.168.15.17/28～192.168.15.30/28。显然 192.168.15.17 属于这个子网。只有 A 符合答案。B 不在其网络 ID 范围内，C 是网络地址，D 是该网络 ID 下的广播地址。

试题 16 答案

（16）A

试题 17 分析

子网掩码为 255.255.255.252 的地址访问总共只有 4 个地址，一个网络地址，一个广播地址，剩下两个地址分配给点对点的两个接口使用。B、C、D 选项浪费地址都过多。

试题 17 答案

（17）A

试题 18 分析

层次化网络设计在互联网组件的通信中引入了三个关键层的概念，这三个层次分别是核心层（Care Layer）、汇聚层（Ilistribution Layer）和接入层（Access Layer）。

（1）核心层为网络提供了骨干组件或高速交换组件，在纯粹的分层设计中，核心层只完成数据交换的特殊任务。

（2）汇聚层是核心层和终端用户接入层的分界面，汇聚层完成了网络访问策略控制、数据包处理、过滤、寻址，及其他数据处理的任务。

（3）接入层向本地网段提供用户接入。

试题 18 答案

（18）A

试题 19 分析

OSPF 使用 hello 分组来发现相邻的路由器。当一个路由器启动时首先向邻接的路由器发送 hello 报文，表明自己存在，如有收到应答，该路由器就知道了自己有哪些相邻的路由器。

试题 19 答案

（19）A

试题 20 分析

同一区域中的部分路由器有可能没有收到链路状态更新的数据包，因此拓扑数据库就会不相同。

OSPF 使用溢流泛洪机制在一个新的路由区域中更新邻居 OSPF 路由器，只有受影响的路由才能被更新；发送的信息就是与本路由器相邻的所有路由器的链路状态；OSPF

不是传送整个路由表，而是传送受影响的路由更新报文；OSPF 使用组播链路状态更新（LSU）报文实现路由更新，并且只有当网络已经发生变化时才传送 LSU。

试题 20 答案

（20）D

试题 21 分析

OSPF 共有以下五种分组类型：

类型 1：问候 Hello 分组，用来发现和维持邻站的可达性。

类型 2：数据库描述 DD 分组，向邻站给出自己的链路状态数据库中的所有链路状态项目的摘要信息。

类型 3：链路状态请求 LSR 分组，向对方请求发送某些链路状态项目的详细信息。

类型 4：链路状态更新 LSU 通告包，用洪泛法对全网更新链路状态。

类型 5：链路状态通告 LSA 分组，记录了链路状态变化信息的数据，封装在 LSU 中。

试题 21 答案

（21）A　　（22）D

试题 22 分析

RIP 是一种基于距离矢量算法的路由协议，一个通路上最大跳数是 15，16 跳就认为不可达。更新路由表的原则是到各个目标网络的距离最短（跳数最少）。

试题 22 答案

（23）B　　（24）B　　（25）A

试题 23 分析

OSPF 路由器使用其所在的不同区域进行身份标识，而 OSPF 区域类型通常有以下几种，这几种区域的主要区别在于它们和外部路由器间的关系：

（1）标准区域：一个标准区域可以接收链路更新信息和路由总结。主干区域（传递区域）：主干区域是连接各个区域的中心实体。主干区域始终是"区域 0"，所有其他的区域都要连接到这个区域上交换路由信息。主干区域拥有标准区域的所有性质。

（2）存根区域：存根区域是不接受自治系统以外的路由信息的区域。如果需要自治系统以外的路由，它使用默认路由 0.0.0.0。

（3）完全存根区域：它不接受外部自治系统的路由以及自治系统内其他区域的路由总结。需要发送到区域外的报文则使用默认路由：0.0.0.0。完全存根区域是 Cisco 自己定义的。

（4）不完全存根区域（NSAA）：它类似于存根区域，但是允许接收以 LSA Type 7 发送的外部路由信息，并且要把 LSA Type 7 转换成 LSA Type 5。

区分不同 OSPF 区域类型的关键在于它们对外部路由的处理方式。外部路由由 ASBR 传入自治系统内，ASBR 可以通过 RIP 或者其他的路由协议学习到这些路由。

试题 23 答案

（26）C　　（27）D

试题 24 分析

BGP 是一种路径矢量路由协议，用于传输自治系统间的路由信息，BGP 在启动的时候传播整张路由表，以后只传播网络变化的部分触发更新，它采用 TCP 连接传送信息，端口号为 179，在 Internet 上，BGP 需要通告的路由数目极大，由于 TCP 提供了可靠的传送机制，同时 TCP 使用滑动窗口机制，使得 BGP 可以不断地发送分组，而无需像 OSPF 或 EIGRP 那样停止发送并等待确认。

试题 24 答案

（28）D

试题 25 分析

第一部分，即最前面的 C 或 R 代表路由项的类别，C 是直连，R 代表是 RIP 协议生成的。第二部分是目的网段 192.168.3.0。"[120/1]" 表示 RIP 协议的管理距离为 120，1 则是路由的度量值，即跳数。注：管理距离是用来表示路由协议的优先级的，RIP 的值为 120，OSPF 为 110，IGRP 为 100，EIGRP 为 90、静态设置为 1、直接连接为 0；因此我们可以看出在路由项中，EIGRP 是首选的，然后才是 IGRP、OSPF、RIP。第三部分 192.168.65.2 表示下一跳点的 IP 地址。第四部分（00:00:24）说明了路由产生的时间。第五部分 Serial0 表示该条路由所使用的接口。

试题 25 答案

（29）B

试题 26 分析

IPv6 地址为 128 位长，但通常写作 8 组每组 4 个十六进制数的形式。例如：2001:0db8:85a3:08d3:1319:8a2e:0370:7344 是一个合法的 IPv6 地址。

如果 4 个数字都是零，可以被省略。例如：

2001:0db8:85a3:0000:1319:8a2e:0370:7344 等价于：

2001:0db8:85a3::1319:8a2e:0370:7344。

遵守这些规则，如果因为省略而出现了两个以上的冒号，则可以压缩为一个，但这零压缩在地址中只能出现一次。因此：

2001:0DB8:0000:0000:0000:0000:1428:57ab

2001:0DB8:0000:0000:0000::1428:57ab

2001:0DB8:0:0:0:0:1428:57ab

2001:0DB8:0::0:1428:57ab

2001:0DB8::1428:57ab

以上都是合法的地址，并且它们是等价的。同时前导的零可以省略，因此：

2001:0DB8:02de::0e13 等价于 2001:DB8:2de::e13。

试题 26 答案

（30）A

试题 27 分析

路由汇聚的含义是把一组路由汇聚为一个单个的路由广播。路由汇聚的最终结果和最明显的好处是缩小网络上的路由表的尺寸，这样将减少与每一个路由跳有关的延迟。由于减少了路由登录项数量，查询路由表的平均时间将加快。由于路由登录项广播的数量减少，路由协议的开销也将显著减少。随着整个网络(以及子网的数量)的扩大，路由汇聚将变得更加重要。

下面我们通过一个例子来讲解路由汇聚算法的实现。

假设有 4 个路由：196.34.129.0/24、196.34.130.0/24、196.34.132.0/24 和 196.34.133.0/24 如果这 4 个路由进行路由汇聚，则能覆盖这 4 个路由的是：196.34.128.0/21。具体算法为：

129 的二进制代码是 10000001，130 的二进制代码是 10000010，132 的二进制代码是 10000100，133 的二进制代码是 10000101。这 4 个数的前 5 位相同，都是 10000。所以加上前面的 196.34 这两部分相同的位数，网络号就是 8+8+5=21（最大匹配原则）。而 10000000 的十进制数是 128。所以路由汇聚的 IP 地址就是 1196.34.128.0，最终答案就是 196.34.128.0/21。

试题 27 答案

（31）A

试题 28 分析

一个默认 C 类网络最多可以容纳 254 台主机，现在用户 Q1 有 2000 台主机，需要分配 2000/254=8 个 C 类网络。如果分配给用户 Q1 的超网号为 200.9.64.0，子网掩码为 255.255.248.0。采用 CIDR 编址表示为：200.9.64.0/21，可以容纳 $2^{11}-2=2046$ 台主机。假设给另一用户 Q2 分配的 C 类网络号为 200.9.16.0～200.9.31.0，则用 CIDR 编址表示为：200.9.16.0/20，如果路由器收到一个目标地址为 11001000 00001001 01000011 00100001 的数据报，也就目的地址为：200.9.67.33，则该数据报应送给用户 Q1。

试题 28 答案

（32）B　　（33）C　　（34）A

试题 29 分析

32 位的 IP 地址可以划分为网络号和主机号两部分。以下地址中，0.0.0.0 不能作为目标地址，可以作为源地址使用，表示本网络上的本主机（详细参考 DHCP 过程）。网络号为 127 的非全 0 和全 1 的 IP 地址，用作本地软件回环测试之用（测试本机的 TCP/IP 软件是否安装正确），可以作为源地址和目的地址使用，主机号全为 1 的地址，为广播地址，不能作为源地址使用，但可以作为目的地址使用。

试题 29 答案

（35）A　　（36）D

试题 30 分析

IPv6 的"链路本地地址"是将主机的 MAC 附加在地址前缀 1111 1110 10 之后产生的。

试题 30 答案

（37）B

第 10 章 网络管理技术

从历年的考试试题来看,本章的考点在综合知识考试中的平均分数为 5.2 分,约为总分的 6.9%。考试试题分数主要集中在网络操作系统基本管理、网络管理体系、网络故障诊断这 3 个知识点上。

10.1 考点提炼

根据考试大纲,结合历年考试真题,希赛教育的软考专家认为,考生必须要掌握以下几个方面的内容:

1. 系统管理

在系统管理方面,涉及的考点有 Windows 系统管理、Linux 系统管理(重点)、Linux 系统网络基本配置(重点)。

【考点 1】Linux 系统管理

Linux 下的/dev 目录中有大量的设备文件,主要是块设备文件和字符设备文件,如表 10-1 所示。

表 10-1 设备文件标识

前两个字母	分区所在设备类型	Hd:IDE 硬盘;Sd:SCSI 硬盘;Fd:软盘
第三个字母	分区在哪个设备上	Hda:第一块 IDE 硬盘;Hdb:第二块 IDE 硬盘;Hdc:第三块 IDE 硬盘
数字	分区序号	数字 1~4 表示主分区或扩展分区,逻辑分区从 5 开始

例:/dev/hda3 是指第一个 IDE 硬盘上的第三个主分区或扩展分区;/dev/sdb6 是第二个 SCSI 硬盘上的第二个逻辑分区。

在 Linux 系统中,每一个文件和目录都有相应的访问许可权限,文件或目录的访问权限分为可读(可列目录)、可写(对目录而言是可在目录中做写操作)和可执行(对目录而言是可以访问)三种,分别以 r、w、x 表示,其含义为:对于一个文件来说,可以将用户分成三种文件所有者、同组用户、其他用户,可对其分别赋予不同的权限。每一个文件或目录的访问权限都有三组,每组用三位表示,如图 10-1 所示。

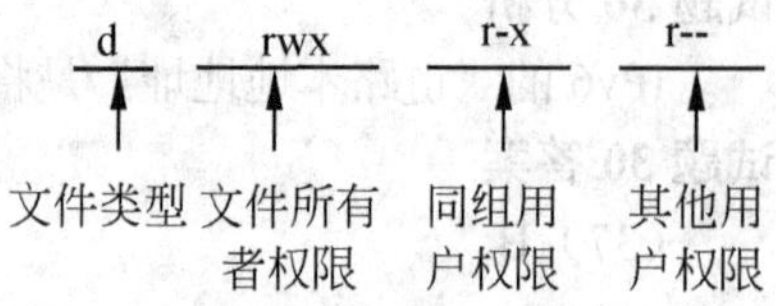

图 10-1 权限位示意图

注：文件类型有多种，d 代表目录，- 代表普通文件，c 代表字符设备文件。

chmod 的语法格式为：

chmod [who] [opt] [mode] 文件/目录名

其中 who 表示对象，通常用一个字母或字母组合来表示：u（文件所有者）、g（同组用户）、o（其他用户）、a（所有用户）；opt 则代表操作，可以为：+（添加权限）、-（取消权限）、=（赋予给定的权限，并取消原有的权限）；而 mode 则代表权限。

Linux 的常用命令如表 10-2 所示。

表 10-2 Linux 的常用命令

命令	命令说明	等价的 DOS 命令
pwd	显示当前工作目录和路径名	不带参数的 cd 命令
ls	列出目录内容	dir 命令
cp	复制文件内容，可复制整个目录	copy 命令
cat	串接并显示文件，可同时显示多个文件	type 命令
cd	改变当前工作目录	cd 命令
rm	删除文件和目录	del 和 rmdir 命令
mv	移动文件	move 命令
ps	显示当前进程	无对应
kill	中止某个进程	无对应
chmod	设置文件、目录的权限	无对应

【考点 2】Linux 网络配置参数

常用的网络配置命令及含义如下。

（1）ifconfig：是 Linux 系统中最常用的一个用来显示和设置网络设备的工具。以下是一些常用的命令组合。

① 将第一块网卡的 IP 地址设置为 192.168.0.1：ifconfig eth0 192.168.0.1

② 暂时关闭或启用网卡，其格式为：ifconfig 网络设备名 IP 地址

关闭第一块网卡：ifconfig eth0 down

启用第一块网卡：ifconfig eth0 up

③ 将第二块网卡的子网掩码设置为 255.255.255.0：ifconfig eth1 netmask 255.255.255.0

④ 同时设置 IP 地址和子网掩码，其格式为：ifconfig 网络设备名 netmask 子网掩码 ifconfig eth1 192.168.0.1 netmask 255.255.255.0

⑤ 将第一块网卡的广播地址设置为 192.168.0.255：ifconfig eth0-broadcast 192.168.0.255

（2）route：用来查看和设置 Linux 系统的路由信息，以实现与其他网络的通信。

① 增加一个默认路由：route add 0.0.0.0 gw 网关地址

② 删除一个默认路由：route del 0.0.0.0 gw 网关地址
③ 指定一个路由：route add 目标网络 gw 网关地址
（3）ping：测试网络连通性
（4）traceroute：路由跟踪命令
（5）netstat：功能十分强大的查看网络状态的工具。
① 统计出各网络设备传送、接收数据报的情况：netstat-i。在该命令输出的项目中将包括如表 10-3 所示的信息。

表 10-3 netstat 输出项目

表项	说明	表项	说明
Iface	网络接口名	MTU	最大传输单元
RX-OK	成功接收包总数	RX-ERR	接收的错误包总数
RX-DRP	接收时丢包总数	RX-OVR	接收的碰撞包总数
TX-OK	成功发送包总数	TX-ERR	发送的错误包总数
TX-DRP	发送时丢包总数	TX-OVR	发送的碰撞包总数

② 显示网络的统计信息：netstat –s。将以摘要的形式统计出 IP、ICMP、TCP、UDP、TCPEXT 形式的通信信息。
③ 显示出 TCP 传输协议的网络连接情况：netstat-t，将列出每个连接的状态，包括本地 IP 地址、远端 IP 地址、连接状态。
④ 只显示出使用 UDP 的网络连接情况：netstat-t。
⑤ 显示路由表：netstat-r，输出内容与 route 相同。
（6）常用的网络配置文件
常用的网络配置文件如表 10-4 所示。

表 10-4 常用的网络配置文件

文件名	功能
/etc/hosts	存放的是一组 IP 地址与主机名的列表，对其进行域名解析
/etc/hosts.conf	指定域名解析方法的顺序，如 order hosts,dns，先用/etc/hosts，再用 DNS
/etc/resolv.conf	存放域名服务器的 IP 地址
/etc/protocols	存放协议和协议号之间的映射关系
/etc/services	用于定义现有的网络服务

2．网管体系

在网管体系方面，涉及的考点有网管体系组成（重点）、SNMP 协议（重点）。

【考点 3】网管体系组成

计算机网络的网络管理系统基本上由五部分组成：被管设备，若干被管代理，至少一个网络管理器，一种公共网络管理协议，一种或多种管理信息库（MIB）。网管体系结构如图 10-2 所示。

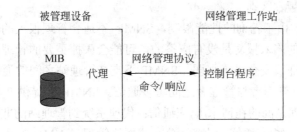

图 10-2　网管体系组成图

其中被管设备上的代理是一个程序，所以，只要是运行这样的程序，就可以被视作是一个被管设备，被管设备既可以是网络上的路由器、交换机也可以是网络上的服务器（但通常不将普通的工作站纳入到被网管设备中）。

MIB 是管理信息库，网管工作站是通过查询这个库来获取设备的信息。

被管代理与网络管理进程之间的信息交互的动作规则、数据格式等由网络管理协议来规定。网络管理协议与管理信息库一起协调工作简化了网络管理的复杂过程。因为管理信息库的管理信息描述了所有被管对象及其属性值，使得网络管理的全部工作就是对这些对象及属性值变量的读取（Get 对应于监视）或设置（Set 对应于控制）。

根据 OSI 网络管理标准，网络管理包括配置管理、故障管理、性能管理、安全管理、计费管理 5 大功能。

（1）配置管理：包括配置信息的自动获取（包括 MIB 中定义的配置信息，网管标准中未定义但对设备重要、用于管理的辅助信息），自动配置、备份，配置一致性检查（路由器端口、路由信息的设置），用户操作记录功能（即操作日志）。

（2）故障管理：包括故障监测、故障报警、故障信息管理、排错支持工具、检索/分析故障信息。

（3）性能管理：包括性能监控（由用户定义被管理对象及其属性）、阈值控制（对特定对象的特定属性设置阈值）、性能分析、可视化的性能报告、实时性能监控、网络对象性能查询。

（4）安全管理：包括网络管理本身的安全，以及被管理对象的安全。

网络管理本身安全机制：管理员身份认证（公钥认证，局域网内的信任用户，可用简单口令认证）、管理信息存储和传输的加密与完整性（SSL、加密、消息摘要）、网络管理用户分组管理与访问控制、系统日志分析。

网络对象的安全机制：网络资源的访问控制（访问控制链表）、告警事件分析（发现可疑的攻击迹象）、主机系统的安全漏洞检测。

（5）计费管理：包括计费数据采集、数据管理与数据维护、计费政策制定、政策比较与决策支持、数据分析与费用计算、数据查询。

【考点 4】SNMP 协议

SNMP 协议和版本区别

（1）SNMPv1：由于轮询的性能限制，SNMP 不适合管理很大的网络，不适合检索大量数据。SNMP 的陷入报文是没有应答的，可能会丢掉重要的管理信息。SNMP 只提供简单的团体名认证，安全措施很弱。SNMP 不支持管理站之间的通信。

（2）SNMPv2：管理者与管理者之间可以通信。SNMPv2 提供 3 种访问管理信息的方法：管理站和代理之间的在请求/响应通信；代理系统到管理站的非确认通信；管理站和管理站之间的请求/响应通信，以支持分布式网络管理。SNMPv2 报文的结构分为 3 个部分：版本号、团体名和作为数据传送的 PDU。

（3）SNMPv3：提供了数据源标识、报文完整性认证、防止重放、报文机密性、授权和访问控制、远程配置与高层管理。

表 10-5 对这 3 种协议进行了集中比较。

表 10-5 SNMP 协议比较

版本	特色	增强
SNMPv1	简单，易于实现，广泛应用	
SNMPv2	支持完全集中和分布式两种网络管理	扩充了管理信息结构、增强了管理站间的通信能力，添加了新的协议操作
SNMPv3	达到商业级安全要求	提供了数据源标识、报文完整性认证、防止重放、报文机密性、授权和访问控制、远程配置和高层管理

3．网络故障诊断

在网络故障诊断方面，涉及的考点有网管体系组成（重点）、SNMP 协议（重点）。

【考点 5】网管体系组成

（1）Windows 网络诊断命令

① ipconfig 命令：用于显示 TCP/IP 配置，以下是一些常见的命令选项。

```
ipconfig/all       显示所有配置信息
ipconfig/release   释放 IP 地址
ipconfig/renew     重新获得一个 IP 地址，会向 DHCP 服务器发出新请求
ipconifg/flushdns  清空 DNS 解析器缓存
ipconfig/registerdns  更新所有 DHCP 租约并重新注册 DNS 域名
ipconfig/displaydns   显示 DNS 解析器缓存
ipconfig/setclassid   设置 DHCP 类 ID
```

② ping 命令：基于 ICMP 协议，用于把一个测试数据报发送到规定的地址，如果一切正常则返回成功响应。它常用于以下几种情形：

验证 TCP/IP 协议是否正常安装：ping 127.0.0.1，如果正常返回，说明安装成功。其

中 127.0.0.1 是回送地址。

验证 IP 地址配置是否正常：ping 本机 IP 地址。

查验远程主机：ping 远端主机 IP 地址。

③ nbtstat：用于显示 NetBIOS 协议的统计信息，以及 NetBIOS 地址与 IP 地址的对应关系。

④ netstat：网络状态查看命令，以下是一些常见的命令选项。

netstat-a 显示所有连接和监听端口

netstat-e 显示以太网统计信息

netstat-n 以数字格式显示 IP 地址

netstat-o 示每个连接所属的处理 ID

netstat-p 显示特定协议的连接

netstat-r 显示路由表

netstat-s 显示每个协议统计

⑤ tracert：用于查看分组传链路路径。

(2) Linux 网络诊断命令

① ifconfig

用于查看和更改网络接口的地址和参数，包括 IP 地址、网络掩码、广播地址，使用权限是超级用户。格式如下：

```
ifconfig -interface [options] address
```

② ping

检测主机网络接口状态，使用权限是所有用户。格式如下：

```
ping [-dfnqrRv][-c][-i][-I][-l][-p][-s][-t] IP 地址
```

③ netstat

用于检查整个 Linux 网络状态，格式如下：

```
netstat [-acCeFghilMnNoprstuvVwx][-A][--ip]
```

④ telnet

telnet 表示开启终端机阶段作业，并登入远端主机。telnet 是一个 Linux 命令，同时也是一个协议（远程登录协议）。格式如下：

```
telnet [-8acdEfFKLrx][-b][-e][-k][-l][-n][-S][-X][主机名称 IP 地址<通信端口>
```

⑤ route

表示手工产生、修改和查看路由表。格式如下：

```
# route [-add][-net|-host] targetaddress [-netmask Nm][dev]If]
    # route [-delete][-net|-host] targetaddress [gw Gw] [-netmask Nm]
```

[dev]If

⑥ nslookup

查询一台机器的 IP 地址和其对应的域名。使用权限是所有用户。它通常需要一台域名服务器来提供域名服务。如果用户已经设置好域名服务器，就可以用这个命令查看不同主机的 IP 地址对应的域名。格式如下：

nslookup [IP 地址/域名]

4. 数据存储

在数据存储方面，涉及的考点有 RAID（重点）、网络存储体系（重点）。

【考点 6】RAID

RAID 机制中共分 8 个级别，RAID 应用的主要技术有分块技术、交叉技术和重聚技术。

（1）RAID 0 级（无冗余和无校验的数据分块）：具有最高的 I/O 性能和最高的磁盘空间利用率，易管理，但系统的故障率高，属于非冗余系统，主要应用于那些关注性能、容量和价格而不是可靠性的应用程序。

（2）RAID 1 级（磁盘镜像阵列）：由磁盘对组成，每一个工作盘都有其对应的镜像盘，上面保存着与工作盘完全相同的数据拷贝，具有最高的安全性，但磁盘空间利用率只有 50%。RAID 1 主要用于存放系统软件、数据以及其他重要文件。它提供了数据的实时备份，一旦发生故障所有的关键数据即刻就可使用。

（3）RAID 2 级（采用纠错海明码的磁盘阵列）：采用了海明码纠错技术，用户需增加校验盘来提供单纠错和双验错功能。对数据的访问涉及阵列中的每一个盘。大量数据传输时 I/O 性能较高，但不利于小批量数据传输。实际应用中很少使用。

（4）RAID 3 和 RAID 4 级（采用奇偶校验码的磁盘阵列）：把奇偶校验码存放在一个独立的校验盘上。如果有一个盘失效，其上的数据可以通过对其他盘上的数据进行异或运算得到。读数据很快，但因为写入数据时要计算校验位，速度较慢。

（5）RAID 5（无独立校验盘的奇偶校验码磁盘阵列）：与 RAID 4 类似，但没有独立的校验盘，校验信息分布在组内所有盘上，对于大批量和小批量数据的读写性能都很好。RAID 4 和 RAID 5 使用了独立存取技术，阵列中每一个磁盘都相互独立地操作，所以 I/O 请求可以并行处理。所以，该技术非常适合于 I/O 请求率高的应用，而不太适应于要求高数据传输速率的应用。与其他方案类似，RAID 4、RAID 5 也应用了数据分块技术，但块的尺寸相对大一些。

（6）RAID 6（具有独立的数据硬盘与两个独立的分布式校验方案）：在 RAID 6 级的阵列中设置了一个专用的、可快速访问的异步校验盘。该盘具有独立的数据访问通路，但其性能改进有限，价格却很昂贵。

（7）RAID 7（具有最优化的异步高 I/O 速率和高数据传输速率的磁盘阵列）：是对 RAID 6 的改进。在这种阵列中的所有磁盘，都具有较高的传输速度，有着优异的性能，是目前最高档次的磁盘阵列。

（8）RAID 10（高可靠性与高性能的组合）：由多个 RAID 等级组合而成，建立在 RAID 0 和 RAID 1 基础上。RAID 1 是一个冗余的备份阵列，而 RAID 0 是负责数据读写的阵列，因此又称为 RAID 0+1。由于利用了 RAID 0 极高的读写效率和 RAID 1 较高的数据保护及恢复能力，使 RAID 10 成为了一种性价比较高的等级，目前几乎所有的 RAID 控制卡都支持这一等级。

【考点 7】网络存储体系

存储连接技术最新的发展包括网络连接存储（NAS）、存储区域网络（SAN）和光纤路径三种，主要了解 NAS 和 SAN。

（1）NAS：是将存储设备连接到现有网络上，提供数据和文件服务。一般由存储硬件、操作系统以及其上的文件系统等几个部分组成。它通常不依赖于通用操作系统，而是采用面向用户设计、专用于数据存储的简化操作系统。NAS 与客户间通信通常使用 NFS 协议、CIFS 协议。

（2）SAN：存储区域网络是一种专用网络，可以把一个或多个系统连接到存储设备和子系统。与 NAS 相比，SAN 具有无限的扩展能力、更高的连接速度和处理能力。

10.2 强化练习

试题 1

网络管理的 5 大功能域是 (1)。

(1) A．配置管理、故障管理、计费管理、性能管理和安全管理
　　B．配置管理、故障管理、计费管理、带宽管理和安全管理
　　C．配置管理、故障管理、成本管理、性能管理和安全管理
　　D．配置管理、用户管理、计费管理、性能管理和安全管理

试题 2

在 Windows 系统中，默认权限最低的用户组是 (2)。

(2) A．everyone　　B．administrators　　C．power users　　D．users

试题 3

与 route print 具有相同功能的命令是 (3)。

(3) A．ping　　B．arp-a　　C．netstat-r　　D．tracert-d

试题 4

下面的 Linux 命令中，能关闭系统的命令是 (4)。

(4) A．kill　　B．shutdown　　C．exit　　D．logout

试题 5

在 Linux 中，更改用户口令的命令是 (5)。

(5) A．pwd　　B．passwd　　C．kouling　　D．password

试题 6

在 Linux 中，目录 "/proc" 主要用于存放 (6)。

(6) A. 设备文件　　　　　　　　　　B. 命令文件
　　 C. 配置文件　　　　　　　　　　D. 进程和系统信息

试题 7

在 Linux 中，某文件的访问权限信息为 "-rwxr--r—"，以下对该文件的说明中，正确的是 (7)。

(7) A. 文件所有者有读、写和执行权限，其他用户没有读、写和执行权限
　　 B. 文件所有者有读、写和执行权限，其他用户只有读权限
　　 C. 文件所有者和其他用户都有读、写和执行权限
　　 D. 文件所有者和其他用户都只有读和写权限

试题 8

下面关于域本地组的说法中，正确的是 (8)。

(8) A. 成员可来自森林中的任何域，仅可访问本地域内的资源
　　 B. 成员可来自森林中的任何域，可访问任何域中的资源
　　 C. 成员仅可来自本地域，仅可访问本地域内的资源
　　 D. 成员仅可来自本地域，可访问任何域中的资源

试题 9

在 SNMPv3 中，把管理站（Manager）和代理（Agent）统一叫 (9)。

(9) A. SNMP 实体　　B. SNMP 引擎　　C. 命令响应器　　D. 命令生成器

试题 10

默认情况下，Linux 系统中用户登录密码信息存放在 (10) 文件中。

(10) A. /etc/group　　B. /etc/userinfo　　C. /etc/shadow　　D. /etc/profile

试题 11

使用 RAID 作为网络存储设备有许多好处，以下关于 RAID 的叙述中不正确的是 (11)。

(11) A. RAID 使用多块廉价磁盘阵列构成
　　　B. RAID 采用交叉存取技术，提高了访问速度
　　　C. RAID0 使用磁盘镜像技术，提高了可靠性
　　　D. RAID3 利用一个奇偶校验盘完成容错功能，减少了冗余磁盘数量

试题 12

网络管理基本模型是由网络管理者、网管代理、管理信息库等要素构成，下列选项属于网络管理者的操作是 (12)。

(12) A. 发送 Trap 消息　　　　　　　B. 发送 Get/Set 命令
　　　C. 接收 Get/Set 操作　　　　　　D. 维护 MIB

试题 13

计算机系统中广泛采用了 RAID 技术，在各种 RAID 技术中，磁盘容量利用率最低的是 (13)。

（13）A. RAID0　　　　B. RAID1　　　　C. RAID3　　　　D. RAID5

试题 14

下面关于几个网络管理工具的描述中，错误的是 (14)。

(14) A. netstat 可用于显示 IP、TCP、UDP、ICMP 等协议的统计数据
　　　B. sniffer 能够使网络接口处于杂收模式，从而可截获网络上传输的分组
　　　C. winipcfg 用 MS-DOS 工作方式显示网络适配器和主机的有关信息
　　　D. tracert 可以发现数据包到达目标主机所经过的路由器和到达时间

试题 15

嗅探器改变了网络接口的工作模式，使得网络接口 (15)。

(15) A. 只能够响应发送给本地的分组　　　B. 只能够响应本网段的广播分组
　　　C. 能够响应流经网络接口的所有分组　D. 能够响应所有组播信息

试题 16

在 RMON 管理信息系统库中，矩阵组存储的信息是 (16)。

(16) A. 一对主机之间建立的 TCP 连接数　　B. 一对主机之间交换的 IP 分组数
　　　C. 一对主机之间交换的字节数　　　　D. 一对主机之间出现冲突的次数

试题 17

假设有一个局域网，管理站每 15 分钟轮询被管理设备一次，一次查询访问需要的时间是 200ms，则管理站最多可以支持 (17) 个网络设备。

(17) A. 400　　　　B. 4000　　　　C. 4500　　　　D. 5000

试题 18

在 RMON 中，实现捕获组（capture）时必须实现 (18)。

(18) A. 事件组（event）　　　　　　　　B. 过滤组（filter）
　　　C. 警报组（alarm）　　　　　　　　D. 主机组（host）

试题 19

SNMP 和 CMIP 是网络界最主要的网络管理协议，(19) 是错误的。

(19) A. SNMP 和 CMIP 采用的检索方式不同
　　　B. SNMP 和 CMIP 信息获取方式不同
　　　C. SNMP 和 CMIP 采用的抽象语法符号不同
　　　D. SNMP 和 CMIP 传输层支持协议不同

试题 20

SNMPv2 引入了信息模块的概念，用于说明一组定义，以下不属于这种模块的是 (20)。

(20) A. MIB 模块　　　　　　　　　　　B. MIB 的依从性声明模块
　　　C. 管理能力说明模块　　　　　　　D. 代理能力说明模块

试题 21

在 Linux 操作系统中把外部设备当作文件统一管理,外部设备文件通常放在 (21) 目录中。

(21) A. /dev   B. /lib   C. /etc   D. /bin

试题 22

下列 (22) 命令可以更改一个文件的权限设置。

(22) A. attrib   B. file   C. chmod   D. change

试题 23

在 Windows 网络操作系统通过域模型实现网络安全管理策略。下列除 (23) 以外都是基于域的网络模型。在一个域模型中不允许包含 (24)。

(23) A. 单域模型   B. 主域模型   C. 从域模型   D. 多主域模型

(24) A. 多个主域控制器   B. 多个备份域控制器
       C. 多个主域   D. 多个服务器

试题 24

在 Linux 操作系统中,命令"chmod -777/home/abc"的作用是 (25)。

(25) A. 把所有的文件拷贝到公共目录 abc 中
       B. 修改 abc 目录的访问权限为可读、可写、可执行
       C. 设置用户的初始目录为/home/abc
       D. 修改 abc 目录的访问权限为对所有用户只读

试题 25

若在 Windows "运行"窗口中键入 (26) 命令,则可运行 Microsoft 管理控制台。

(26) A. CMD   B. MMC   C. AUTOEXE   D. TTY

试题 26

在 Linux 操作系统中, (27) 文件负责配置 DNS,它包含了主机的域名搜索顺序和 DNS 服务器的地址。

(27) A. /etc/hostname   B. /etc/host.conf
       C. /etc/resolv.conf   D. /etc/name.conf

试题 27

Linux 系统在默认情况下将创建的普通文件的权限设置为 (28)。

(28) A. -rw-r-r-   B. -r-r-r-   C. -rw-rw-rwx   D. -rwxrwxrw-

试题 28

在 Linux 系统中,用户组加密后的口令存储在 (29) 文件中。

(29) A. /etc/passwd   B. /etc/shadow   C. /etc/group   D. /etc/shells

试题 29

以下关于 Windows Server 2003 的域管理模式的描述中,正确的是 (30)。

(30) A. 域间信任关系只能是单向信任
　　　B. 单域模型中只有一个主域控制器,其它都为备份域控制器
　　　C. 每个域控制器都可以改变目录信息,并把变化的信息复制到其他域控制器
　　　D. 只有一个域控制器可以改变目录信息

试题 30

在 Windows Server 2003 中,默认情况下__(31)__组用户拥有访问和完全控制终端服务器的权限。

(31) A. Interactive　　　B. Network　　　C. Everyone　　　D. System

10.3 习题解答

试题 1 分析

OSI 网络管理标准中的 5 大功能,其中:

(1) 配置管理:自动发现网络拓扑结构,构造和维护网络系统的配置。监测网络被管对象的状态,完成网络关键设备配置的语法检查,配置自动生成和自动配置备份系统,对于配置的一致性进行严格的检验。

(2) 故障管理:过滤、归并网络事件,有效地发现、定位网络故障,给出排错建议与排错工具,形成整套的故障发现、告警与处理机制。

(3) 性能管理:采集、分析网络对象的性能数据,监测网络对象的性能,对网络线路质量进行分析。同时,统计网络运行状态信息,对网络的使用发展做出评测、估计,为网络进一步规划与调整提供依据。

(4) 安全管理:结合使用用户认证、访问控制、数据传输、存储的保密与完整性机制,以保障网络管理系统本身的安全。维护系统日志,使系统的使用和网络对象的修改有据可查。控制对网络资源的访问。

(5) 计费管理:对网际互联设备按 IP 地址的双向流量统计,产生多种信息统计报告及流量对比,并提供网络计费工具,以便用户根据自定义的要求实施网络计费。

试题 1 答案

(1) A

试题 2 分析

Windows 是一个支持多用户、多任务的操作系统,不同的用户在访问这台计算机时,将会有不同的权限。同时,对用户权限的设置也是基于用户和进程而言的,Windows 里,用户被分成许多组,组和组之间都有不同的权限,并且一个组的用户和用户之间也可以有不同的权限。以下就是常见的用户组。

(1) Users:普通用户组,这个组的用户无法进行有意或无意的改动。因此,用户可以运行经过验证的应用程序,但不可以运行大多数旧版应用程序。Users 组是最安全的

组，因为分配给该组的默认权限不允许成员修改操作系统的设置或用户资料。Users 组提供了一个最安全的程序运行环境。在经过 NTFS 格式化的卷上，默认安全设置旨在禁止该组的成员危及操作系统和已安装程序的完整性。用户不能修改系统注册表设置、操作系统文件或程序文件。Users 可以创建本地组，但只能修改自己创建的本地组。Users 可以关闭工作站，但不能关闭服务器。

（2）Power Users：高级用户组，Power Users 可以执行除了为 Administrators 组保留的任务外的其他任何操作系统任务。分配给 Power Users 组的默认权限允许 Power Users 组的成员修改整个计算机的设置。但 Power Users 不具有将自己添加到 Administrators 组的权限。在权限设置中，这个组的权限是仅次于 Administrators 的。

（3）Administrators：管理员组，默认情况下，Administrators 中的用户对计算机/域有不受限制的完全访问权。分配给该组的默认权限允许对整个系统进行完全控制。一般来说，应该把系统管理员或者与其有着同样权限的用户设置为该组的成员。

（4）Guests：来宾组，来宾组跟普通组 Users 的成员有同等访问权，但来宾账户的限制更多。

（5）Everyone：所有的用户，这个计算机上的所有用户都属于这个组。

（6）SYSTEM 组：这个组拥有和 Administrators 一样甚至更高的权限，在查看用户组的时候它不会被显示出来，也不允许任何用户的加入。这个组主要是保证了系统服务的正常运行，赋予系统及系统服务的权限。

试题 2 答案

　　（2）A

试题 3 分析

　　route print 用来查看本机的路由表，和 netstat-r 具有相同的功能。

试题 3 答案

　　（3）C

试题 4 分析

　　Linux 下关闭系统的命令有 shutdown 和 init 0 等命令，kill 命令用于终止某个进程，exit 可以退出某个 shell，logout 可以实现当前用户从系统中注销。

试题 4 答案

　　（4）B

试题 5 分析

　　通常在 Linux 系统中，passwd 指令让用户可以更改自己的密码，而系统管理者则能用它管理系统用户的密码。只有管理者可以指定用户名称，一般用户只能变更自己的密码。

试题 5 答案

　　（5）B

试题 6 分析

/proc 目录，保存了当前系统所有的详细信息，包括进程、文件系统、硬件等。而且还可以通过/proc 来即时修改系统中的某些参数。

试题 6 答案

（6）D

试题 7 分析

在 Linux 系统中，每一个文件和目录都有相应的访问许可权限，文件或目录的访问权限分为可读（可列目录）、可写（对目录而言是可在目录中做写操作）和可执行（对目录而言是可以访问）三种，分别以 r，w，x 表示，其含义为：对于一个文件来说，可以将用户分成三种文件所有者、同组用户、其他用户，可对其分别赋予不同的权限。每一个文件或目录的访问权限都有三组，每组用三位表示，如图 10-3 所示。

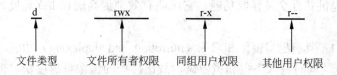

图 10-3 Linux 下对象权限列表图

注：文件类型有多种，d 代表目录，- 代表普通文件，c 代表字符设备文件。

试题 7 答案

（7）B

试题 8 分析

域本地组的成员可以来自森林中的任何域，域本地组用来访问同一域中的资源。在本机模式中的域本地组可以包含森林中任意域内的用户账户、全局组和通用组以及同一域内的域本地组。在混合模式域中，它们能包含任意域中的用户账户和全局组。

试题 8 答案

（8）A

试题 9 分析

SNMP v3 是 SNMP 协议的最新版本，可以将各个版本的 SNMP 集中在一起工作。SNMP 管理站和代理在 SNMP v3 中被统一称作 SNMP 实体。SNMP 实体由一个 SNMP 引擎和一个或多个 SNMP 应用程序组成。

试题 9 答案

（9）A

试题 10 分析

/etc/shadow 文件用于保存 Linux 系统中用户登录密码信息，当然是使用加密后的形式。shadow 文件仅对 root 用户可读，保证了用户口令的安全性。

试题 10 答案

（10）C

试题 11 分析

本题考查 nslookup 命令。

廉价磁盘冗余阵列（Redundant Array of inexpensive disks，RAID）是由美国加利福尼亚大学柏克莱分校在 1987 年提出的，现在已经广泛应用在大、中型计算机和计算机网络储存系统中。它是利用一台磁盘阵列控制器来管理和控制一组磁盘驱动器，组成一个高度可靠的、快速的大容量磁盘系统。

RAID 根据访问速度和可靠性分成很多级别。

（1）RAID-0：没有容错设计的条带磁盘阵列（striped disk array without fault tolerance），仅提供并行交叉存取功能。它虽能有效地提高磁盘 I/O 速度，但是磁盘系统的可靠性不好。

（2）RAID-1：具有磁盘镜像和双工（mirroting and duplexing）功能，可利用并行读/写特性，将数据块同时写入主盘和镜像盘，故比传统的镜像盘速度快，但磁盘利用率只有 50%。

（3）RAID-2：增加了汉明码校验与纠错（hamming code ECC）功能，是早期为了进行即时数据校验而研制的一种技术，针对当时对数据安全敏感的领域，如金融服务等。但由于花费太大，成本昂贵，目前已不用。

（4）RAID-3：具有并行传输和校验（parallel transfer with panty）功能的磁盘阵列。它利用一台奇偶校验盘来完成容错功能。比起磁盘镜像，减少了所需的冗余磁盘数。

（5）RAID-4：具有独立的数据硬盘与共享的校验硬盘（independent data disks with shared parity disk），与 RAID-3 相比，RAID-4 是一种相对独立的形式。

（6）RAID-5：具有独立的数据磁盘和分布式校验块（Independent Data disks with distributed parity blocks）的磁盘阵列。每个驱动器都有独立的数据通路，独立地进行读/写，无专门的校验盘。用于纠错的校验信息是以螺旋方式散布在所有数据盘上。RAID5 常用于 I/O 较敏感的事务处理上。

（7）RAID-6：具有独立的数据硬盘与两个独立的分布式校验方案（independent data disks with two indenendent distributed panty schemes）。在 RAID6 级的阵列中设置了一个专用的、可快速访问的异步校验盘。该盘具有独立的数据访问通路，但其性能改进有限，价格却很昂贵。

（8）RAID-7：RAID-7 是具有最优化的异步高 I/O 速率和高数据传输率（optimized asynchrony for high I/O rates as well as high data transfer rates）的磁盘阵列，是对 RAID6 级的改进。在这种阵列中的磁盘，都具有较高的传输速度，有着优异的性能，是目前最高档次的磁盘阵列。

（9）RAID-10：高可靠性与高性能的组合（very high reliability combined with high performance）。这种 RAID 是由多个 RAID 等级组合而成，而不是像 RAID5 那样全新的等级。RAID 10 是建立在 RAID 0 和 RAID 1 基础上的，RAID 1 是一个冗余的备份阵列，而 RAID 0 是负责数据读写的阵列，因此被很多人称为 RAID 0+1。由于利用 RAID 0 级高的读写效率和 RAID 1 较高的数据保护和恢复能力，使 RAID 10 成为了一种性价比较高的等级，目前几乎所有的 RAID 控制卡都支持这一等级。

试题 11 答案

（11）C

试题 12 分析

在网管体系中，被管设备上的进程是网管代理，它用以维护 MIB 信息、接收管理进程发过来的 Set/Get 消息，以及发送 Trap 消息给管理进程。而作为网络管理者（网管工作站）要作的操作则是接受 Trap 消息以及发送 Set/Get 包。

试题 12 答案

（12）B

试题 13 分析

RAID 为 Redundant Arrays of Independent Disks 的简称，中文为廉价冗余磁盘阵列。

（1）RAID 0：将多个较小的磁盘合并成一个大的磁盘，不具有冗余，并行 I/O，速度最快，但可靠性最差。

（2）RAID 1：两组相同的磁盘系统互作镜像，速度没有提高，但是允许单个磁盘出错，可靠性最好，但是其磁盘的利用率却只有 50%，是所有 RAID 上磁盘利用率最低的一个级别。

（3）RAID 3：存放数据的原理和 RAID0，RAID1 不同。RAID 3 是以一个硬盘来存放数据的奇偶校验位，数据分段存储于其余硬盘中。利用单独的校验盘来保护数据虽然没有镜像的安全性高，但是硬盘利用率得到了很大的提高，为 n-1。

（4）RAID 5：向阵列中的磁盘写数据，奇偶校验数据存放在阵列中的各个盘上，允许单个磁盘出错。RAID 5 也是以数据的校验位来保证数据的安全，但它不是以单独硬盘来存放数据的校验位，而是将数据段的校验位交互存放于各个硬盘上。这样，任何一个硬盘损坏，都可以根据其他硬盘上的校验位来重建损坏的数据。硬盘的利用率为 n-1。

试题 13 答案

（13）B

试题 14 分析

netstat（network statistics）是一个命令行工具，用于显示网络连接、路由表和网络端口收发数据包的统计信息等。

* netstat -a：显示所有连接和监听端口。

* netstat -e：显示以太网统计信息。

* netstat -n：以数字形式显示网络地址和端口号。
* netstat -r：显示路由表。
* netstat -s：按协议显示统计信息，包括 IP, ICMP, TCP 和 UDP 等。

tracert 命令的作用是跟踪数据包到达目标主机的路径，如果发现网络不通，可以用 tracers 跟踪数据包传输的路径，发现出故障的节点。例如：

```
tracert www.263.net
Tracing route to www.263.net [211.100.31.131]   （解析出 www.263.net 的主机 IP 地址）
over a maximum of 30 hops:
1  1 ms  2 ms  2 ms  202.201.3.1
2  2 ms  2 ms  2 ms  210.202.88.126
3  3 ms  4 ms  4 ms  210.112.46.13
4  5 ms  5 ms  6 ms  210.112.46.149
5...Request timed out.（从 202.112.46.149 到上一级路由器之间发生了故障）
```

winipcfg 与 ipconfig 功能一样，用于显示主机中 IP 协议的配置信息，winipcfg 适用于 Windows 95/98，而 ipconfig 适用于 Windows NT/2000/XP。winipcfg 不使用参数，它以 Windows 窗口形式显示网络适配器的物理地址、主机 IP 地址、子网掩码及默认网关等配置信息。单击其中的"其他信息"按钮，可以查看主机名、DN5 服务器和节点类型等。

sniffer 是一类程序的总称，即嗅探器，它可以通过计算机的网络接口，接收网络中传输的各种数据包，从而进行协议分析和通信流分析，解决网络维护和管理方面的问题。安装了 sniffer 的计算机，其网卡被设置为杂收（promiscuous）模式，这样就能截获网络上传输的任何数据包。与通常情况下的网卡不一样，通常的网卡默认只接收发送给自己的数据包，嗅探器可能被合法地使用，也可能被恶意地使用，网络黑客利用嗅探器程序，可以根据截获的数据包发现用户的账户信息，从而实施网络攻击活动。Sniffer（首写字母大写）是 Network Genera. 公司开发的最早的分组捕获和代码分析软件，用于网络通信分析和故障排除。

试题 14 答案

（14）C

试题 15 分析

嗅探器是一种监视网络数据运行的软件设备，改变了网络接口的工作模式，使得网络接口能够响应流经网络接口的所有分组。

试题 15 答案

（15）C

试题 16 分析

矩阵组记录子网中一对主机之间交换的字节数，信息以矩阵的形式储存。矩阵组由 3 个表组成。控制板的一行指明发现知己对会话的子网接口。数据表分成源到目标（SD）

和目标到源（DS）两个表。如果监视器在某个接口上发现了一对主机会话，则在 SD 表中记录两行，每行表示一个方向的通信。DS 表也包含同样的两行信息，但是索引的顺序不同。这样，管理站可以检索到一个主机向其他主机发送的信息，也可以检索到其他主机向某一个主机发送的信息。

试题 16 答案

（16）C

试题 17 分析

根据题意计算如下：

$60 \times 15 \times 1000 \div 200 = 4500$

所以可以轮询 4500 台设备。

试题 17 答案

（17）C

试题 18 分析

RMON 定义的 MIB 是 MIB 下的 16 个子树，共分 10 组。存储在每一组的信息都是监视器从一个或几个子网中统计和收集的数据。10 组功能是任选的。但实现时有下列联带关系。

（1）实现警报组时必须实现事件组。

（2）实现最高 N 台主机时必须实现主机组。

（3）实现捕获组时必须实现过滤组。

试题 18 答案

（18）B

试题 19 分析

SNMP 和 CMIP 是网络界最主要的两种网络管理协议。总的来说，SNMP 和 CMIP 两种协议是同大于异。两者的管理目标、基本组成部分都基本相同。在 MIB 库的结构方面，很多厂商将 SNMP 的 MIB 扩展成与 CMIP 的 MIB 结构相类似，而且两种协议的定义都采用相同的抽象语法符号（ASN.1）。

不同之处，首先，SNMP 面向单项信息检索，而 CMIP 则面向组合项信息检索。其次，在信息获得方面，SNMP 主要基于轮询方式，而 CMIP 主要采用报告方式。再次，在传送层支持方面，SNMP 基于无连接的 UDP，而 CMIP 采用有连接的数据传送。此外，两者在功能、协议规模、性能、标准化、产品化方面还有相当多的不同点。

试题 19 答案

（19）C

试题 20 分析

SNMPv2 引入了信息模块的概念，用于说明一组关联的定义。有 3 种类型的管理信息结构信息模块：MIB 模块，MIB 的依从性声明模块和代理能力说明模块。MIB 模块包含相关的被管理对象的定义。MIB 的依从性声明模块提供描述一组被管理对象的一种系统方法，必须实现与标准一致。代理能力说明模块显示支持的精确层次，代理要求考虑 MIB 组。为了代理依照性能声明关联到每个代理，网络管理系统可以调整它的行为。

试题 20 答案

（20）C

试题 21 分析

本题测试 Linux 中有关文件系统与设备文件管理的概念和知识。

在 Linux 系统中，把每一种 I/O 设备都映射成为一个设备文件，可以像普通文件一样处理，这就使得文件与设备的操作尽可能统一。外部设备文件分为字符设备文件和块设备文件，对应于字符设备和块设备。Linux 把对设备的 I/O 作为普通文件的读取/写入操作内核提供了对设备处理和对文件处理的统一接口。每一种 I/O 设备对应一个设备文件，存放在/dev 目录中，如行式打印机对应/dev/lp，第一个软盘驱动器：/dev/fd0 等。

试题 21 答案

（21）A

试题 22 分析

本题测试 Linux 操作系统中有关文件访问权限管理命令的概念和知识。

Linux 对文件的访问设定了 3 级权限：文件所有者、同组用户和其他用户。对文件的访问设定了 3 种处理操作：读取、写入和执行。改变文件或目录访问权限 chmod 命令用于改变文件或目录的访问权限，这是 Linux 系统管理员最常用到的命令之一。默认情况下，系统将新创建的普通文件的权限设置为-rw-r-r-，将每一个用户所有者目录的权限都设置为 drwx------。根据需要可以通过命令修改文件和目录的默认存取权限。只有文件所有者或超级用户 root 才有权用 chfmod 改变文件或目录的访问权限。

试题 22 答案

（22）C

试题 23 分析

本题测试 Windows 网络操作系统中有关域模型管理方面的概念和知识。

Windows 域也称之为域模型，是 Windows 系统中实现网络管理与安全策略的独立运行单位，一个域可以包含一个或多个 Server 及工作站。域之间不但可以按需要相互进行管理，还可以跨网分配文件和打印机等设备资源，使不同的域之间实现网络资源的共享与管理。域模型主要分为单域模型、主域模型、多主域模型和完全信任模型。

Windows 域是由各种服务器、客户计算机和工作站组成的。其中，主域控制器（PDCPrimaryDomainController）是一台运行 Windows Server 的服务器，并且该服务器必须是主域控制器 PDC。可以将 PDC 同时作为文件服务器、打印服务器或应用软件服务器使用，但是一个域模型必须有且只能够有一个 PDC。域中所有用户账号、用户组设置，以及安全设置等数据都保存在 PDC 的目录数据库中，账号的新增与修改都是在 PDC 的目录数据库上。因此,在 Window 域中,网络主控管理信息(MasterCopy)保存在 PDC 上。Windows 网络管理员按照域方式构建 Windows 网络时,域内设立的第一台计算机必须是 PDC。在日常运转中,PDC 负责审核(Authenticate)登录者的身份,判别其是否为合法用户。而备份域控制器(BDC,Backup Domain Controller)可以同时用做文件服务器、打印服务器或应用软件服务器。NT 域中的 PDC 会定期地将其用户与组账号数据复制到 BDC 中。除了 PDC 外,BDC 也负责审核登录者的身份。域内不一定必须有 BDC,但是建议一个域最少有一台 BDC。尤其是大型的网络,需要多台 BDC 分担审核登录者身份的操作负荷。当 PDC 因故障或其他原因无法使用时,可将 BDC 升级为主域控制器,让整个域仍然可以正常运行。

试题 23 答案

　　(23)C　　(24)A

试题 24 分析

　　chmod 命令用来修改文件的权限。命令"chmod-777 /home/abc"等价于"chmod-111111111/home/abc"其作用是修改 abc 目录的访问权限为对任何用户均为可读、可写、可执行。

试题 24 答案

　　(25)B

试题 25 分析

　　运行 Microsoft 管理控制台,必须在 Windows"运行"窗口中输入"MMC"。MMC 是 Microsoft Management Console 的缩写。

试题 25 答案

　　(26)B

试题 26 分析

　　在 Linux 操作系统中,/etc/hostname 文件包含了 Linux 系统的主机名称,包括完全的域名:/etclhost。conf 文件指定如何解析主机域名,Linux 通过解析库来获得主机名对应的 IP 地址;/etc/resole conf 文件负责配置 DNS,它包含了主机的域名搜索顺序和 DNS 服务器的地址。

试题 26 答案

　　(27)C

试题 27 分析

　　Linux 系统对文件的访问设定了三级权限:文件所有者,文件所有者同组的用户,其他用户;同时对文件的访问做三种处理操作:读取、写入和执行。Linux 文件被创建时,文件所有者可以对该文件的权限进行设置。默认情况下,系统将创建的普通文件的权限设置为-rw-r-r-。

试题 27 答案

（28）A

试题 28 分析

/etc/passwd 文件是 Linux 系统中用于用户管理的重要文件，这个文件对所有用户都是可读的，Linux 系统中的每个用户在/etc/passwd 文件中都有一行对应的记录，用户在登录时，会先在/etc/passwd 文件中找到用户 ID。/etc/passwd 保存着加密后的用户口令。而/etc/group 是管理用户组的基本文件，在/etc/group 中每行记录对应一个组，它包括用户组名，加密后的组口令，组 ID 和组成员列表。

试题 28 答案

（29）C

试题 29 分析

Windows Server 2003 采用了活动目录技术，域间信任关系有多种形式，在 Windows Server 2003 中采用了多主机复制模式，多个域控制器没有主次之分。域中每个域控制器即可接受其他域控制器的变化信息而改变目录信息，也可把变化的信息复制到其他域控制器。

试题 29 答案

（30）C

试题 30 分析

Windows Server 2003 在系统安装完毕后，会自动建立几个特殊组，其中包括 Interactive（任何在本机登录的用户）、Network（任何通过网络连接的用户）、Everyone（任何使用计算机的人员）和 System（系统组）等。而终端服务可以让操作者通过远程访问服务器桌面。默认情况下，只有系统管理员组（Administrators）和系统组用户（System）拥有访问和完全控制终端服务器的权限。

试题 30 答案

（31）D

第 11 章　网络安全技术

从历年的考试试题来看，本章的考点在综合知识考试中的平均分数为 6 分，约为总分的 8%。考试试题分数主要集中在病毒分类、加解密技术、认证技术、防火墙、VPN 这 5 个知识点上。

11.1　考点提炼

根据考试大纲，结合历年考试真题，希赛教育的软考专家认为，考生必须要掌握以下几个方面的内容：

1. 计算机病毒

在计算机病毒方面，涉及的考点有病毒分类（重点）、病毒攻击方式（重点）。

【考点 1】病毒分类

按照计算机病毒的特点及特性，计算机病毒的分类方法有许多种。因此，同一种病毒可能有多种不同的分法，最常见的分类方法是按照寄生方式和传染途径分类。计算机病毒按其寄生方式大致可分为两类，一是引导型病毒，二是文件型病毒；混合型病毒集这两种病毒特性于一体。

（1）引导型病毒会去改写（即一般所说的"感染"）磁盘上引导扇区（Boot Sector）的内容，软盘或硬盘都有可能感染病毒，或者改写硬盘上的分区表（FAT）。如果用已感染病毒的软盘来启动的话，则会感染硬盘。

（2）文件型病毒主要以感染文件扩展名为 .com、.exe 和.ovl 等可执行程序为主。它的安装必须借助于病毒的载体程序，即要运行病毒的载体程序，方能把文件型病毒引入内存。已感染病毒的文件执行速度会减缓，甚至完全无法执行。有些文件遭感染后，一执行就会遭到删除。

（3）混合型病毒综合引导型和文件型病毒的特性，它的"性情"也就比引导型和文件型病毒更为"凶残"。此种病毒通过这两种方式来感染，更增加了病毒的传染性以及存活率。不管以哪种方式传染，只要中毒就会经开机或执行程序而感染其他的磁盘或文件，此种病毒也是最难杀灭的。

（4）宏病毒是一种寄存于文档或模板（Word 或 Excel）宏中的计算机病毒。一旦打开这样的文档，宏病毒就会被激活，转移到计算机上，并驻留在 Normal 模板上。从此以后，所有自动保存的文档都会"感染"上这种宏病毒，而且如果其他用户打开了感染病毒的文档，宏病毒又会转移到他的计算机上。

【考点 2】病毒攻击方式

（1）ARP 欺骗攻击

ARP 欺骗的目的就是为了实现全交换环境下的数据监听与篡改。要完成一次有效的 ARP 欺骗的关键点就是双向欺骗，也就是说，欺骗者必须同时对网关和主机进行欺骗。

Windows 操作系统带有 ARP 命令程序，可以在 Windows 的命令提示符下使用这个命令来完成 ARP 绑定。ARP 命令及参数如表 11-1 所示。

表 11-1　ARP 命令及参数

参数	命令格式	命令描述
-a	arp –a	查看当前电脑上的 ARP 映射表。可以看到当前的 ARP 的映射关系是动态的还是静态的
-s	arp –s w.x.y.z aa-bb-cc-dd-ee-ff	添加静态 ARP 实现 ARP 绑定。其中 w.x.y.z 代表要绑定的 IP 地址，aa-bb-cc-dd-ee-ff 代表其 MAC 地址
-d	arp –d InetAddr [IfaceAddr]	删除指定的 IP 地址项，此处的 InetAddr 代表 IP 地址，要删除所有项，请使用星号(*) 通配符代替

（2）冲击波病毒

该蠕虫病毒利用 RPC 的 DCOM 接口的漏洞，向远端系统上的 RPC 系统服务所监听的端口发送攻击代码，从而达到传播的目的。中毒症状有：莫名其妙地死机或重新启动计算机；IE 浏览器不能正常地打开链接；不能复制/粘贴；有时出现应用程序，比如 Word 异常、网络变慢，最重要的是，在任务管理器里有一个叫做 "msblast.exe" 的进程在运行。

（3）震荡波病毒

震荡波（Worm.Sasser）利用 Windows 平台的 Lsass 漏洞进行传播，中招后的系统将开启 128 个线程去攻击其他网上的用户。中毒症状：机器运行缓慢、网络堵塞，并让系统不停地进行倒计时重启。其破坏程度有可能超过"冲击波"。

（4）熊猫烧香病毒

熊猫烧香病毒又称"武汉男生"，随后又化身为"金猪报喜"，这是一个感染型蠕虫病毒，能感染系统中 exe、com、pif、src、html、asp 等文件，还能中止大量的反病毒软件进程并且会删除扩展名为 gho 的文件，被感染的用户系统中所有 .exe 可执行文件全部被改成熊猫举着三根香的模样。

（5）DoS（拒绝服务）与 DDoS

最基本的 DoS 攻击就是利用合理的服务请求来占用过多的服务资源，致使服务超载，无法响应其他的请求。

DDOS 的攻击策略侧重于通过很多"僵尸主机"（被攻击者入侵过或可间接利用的主机）向受害主机发送大量看似合法的网络包，从而造成网络阻塞或服务器资源耗尽而导致拒绝服务，分布式拒绝服务攻击一旦被实施，攻击网络包就会犹如洪水般涌向受害主机，从而把合法用户的网络包淹没，导致合法用户无法正常访问服务器的网络资源，因此，拒绝服务攻击又被称之为"洪水式攻击"。

2．加解密和认证技术

在加解密和认证技术方面，涉及的考点有加解密算法（重点）、数字签名（重点）、数字证书（重点）。

【考点 3】加解密算法

（1）对称密钥技术

对称密钥技术是指加密系统的加密密钥和解密密钥相同，或者虽然不同，但从其中的任意一个可以很容易地推导出另一个。其优点是具有很高的保密强度，但密钥的传输需要经过安全可靠的途径。

对称密钥技术有两种基本类型：分组密码（它是在明文分组和密文分组上进行运算的）和序列密码（对明文和密文数据流按位或字节进行运算）。常见的对称密钥技术包括：

① 它是一种迭代的分组密码，输入/输出都是 64 位，使用一个 56 位的密钥以及附加的 8 位奇偶校验位，有弱钥，但可避免。攻击 DES 的主要技术是穷举。但由于 DES 的密钥长度较短，因此为了提高安全性，就出现了使用 112 位密钥对数据进行三次加密的算法，称为 3DES。

② IDEA 算法：其明文和密文都是 64 位，密钥长度为 128 位。

（2）非对称密钥技术

非对称密钥技术也称为公钥算法，就是指加密系统的加密密钥和解密密钥完全不同，并且不可能从任何一个推导出另一个。它的优点在于可以适应开放性的使用环境，可以实现数字签名与验证。

最常见的非对称钥技术就是 RSA，理论基础是数论中大素数分解。但如果使用 RSA 来加密大量的数据，则速度太慢，效率不高，因此 RSA 广泛用于密钥的分发（对会话密钥进行加密）。公开密钥算法现在主要包括两大类算法：建立在基于"分解大数的困难度"基础上的算法，和建立在"以大素数为模来计算离散对数的困难度"基础上的算法，至今数学家研究多年，还没有能够破解。

【考点 4】数字签名

（1）Hash 函数和信息摘要

Hash 函数又称为杂凑函数、散列函数，它提供了这样的一种计算过程：输入一个长度不固定的字符串，返回一串定长的字符串（又称为 Hash 值）。单向 Hash 函数用于产生信息摘要。

信息摘要简要地描述了一份较长的信息或文件，它可以被看做是一份长文件的数字指纹，信息摘要可以用于创建数字签名。对于特定的文件而言，信息摘要是唯一的，而且不同的文件必将产生不同的信息摘要。常见的信息摘要算法包括 MD5（产生一个 128 位的输出，输入是以 512 位的分组进行处理的）和 SHA（安全散列算法，也是按 512 位的分组进行处理,产生一个 160 位的输出),它们可以用来保护数据的完整性。

(2) 数字签名技术

数字签名是通过一个单向函数对要传送的报文进行处理得到用以认证报文来源并核实报文是否发生变化的一个字母数字串。它与数据加密技术一起构建起了安全的商业加密体系:传统的数据加密是保护数据的最基本方法,它只能够防止第三者获得真实的数据(即数据的机密性);而数字签名则可以解决否认、伪造、篡改和冒充的问题(即数据的完整性和不可抵赖性)。

数字签名可以使用对称加密技术实现,也可以使用非对称加密技术(公钥算法)实现。但使用对称加密技术实现,需要第三方认证,较麻烦。因此现在通常使用的是公钥算法。

整个数字签名应用过程很简单:

① 信息发送者使用一个单向散列函数对信息生成信息摘要。
② 信息发送者使用自己的私钥签名信息摘要。
③ 信息发送者把信息本身和已签名的信息摘要一起发送出去。
④ 信息接收者通过使用与信息发送者使用的同一个单向散列函数对接收的信息本身生成新的信息摘要,再使用信息发送者的公钥对信息摘要进行验证,以确认信息发送者的身份是否被修改过。

如果接收者收到的信息是 P(用 E 代表公钥,D 代表私钥),那么要保留的证据就应该是 E 发送者(P),这也就证明了信息的确是"发送者"发出的。

【考点5】数字证书

数字证书采用公钥体制,即利用一对互相匹配的密钥进行加密和解密。每个用户将设定两个私钥(仅为本人所知的专用密钥,用来解密和签名)和公钥(由本人公开,用于加密和验证签名)两个密钥,用以实现:

① 发送机密文件。发送方使用接收方的公钥进行加密,接收方便使用自己的私钥解密。
② 接收方能够通过数字证书来确认发送方的身份,发送方无法抵赖。
③ 信息自数字签名后可以保证信息无法更改。

(1) 数字证书的格式

数字证书的格式一般使用 X.509 国际标准。X.509 是广泛使用的证书格式之一,X.509 用户公钥证书是由可信赖的证书权威机构(CA——证书授权中心)创建的,并且由 CA 或用户存放在 X.500 的目录中。

在 X.509 格式中,数字证书通常包括:版本号、序列号(CA 下发的每个证书的序列号都是唯一的)、签名算法标识符、发行者名称、有效性、主体名称、主体的公开密钥信息、发行者唯一识别符、主体唯一识别符、扩充域、签名(就是 CA 用自己的私钥对上述域进行数字签名的结果,也可以理解为是 CA 中心对用户证书的签名)。

(2) 数字证书的获取

任何一个用户只要得到 CA 中心的公钥，就可以得到该 CA 中心为该用户签署的公钥。因为证书是不可伪造的，因此对于存放证书的目录无须施加特别的保护。

因为用户数量多，因此会存在多个 CA 中心。但如果两个用户使用的是不同 CA 中心发放的证书，则无法直接使用证书；但如果两个证书发放机构之间已经安全地交换了公开密钥，则可以使用证书链来完成通信。

(3) 证书的吊销

证书到了有效期、用户私钥已泄露、用户放弃使用原 CA 中心的服务、CA 中心私钥泄露都需吊销证书，这时 CA 中心会维护一个证书吊销列表 CRL，供大家查询。

3．IDS 与防火墙

在 IDS 与防火墙方面，涉及的考点有 IDS（重点）、防火墙分类（重点）、PIX 防火墙基本配置（重点）。

【考点 6】IDS

(1) 入侵检测系统构成

IETF 将一个入侵检测系统分为 4 个组件：事件产生器（Event Generators）；事件分析器（Event Analyzers）、响应单元（Response Units）、事件数据库（Event Databases）。

① 事件产生器的目的是从整个计算环境中获得事件，并向系统的其他部分提供此事件。

② 事件分析器分析得到的数据，并产生分析结果。

③ 响应单元则是对分析结果做出反应的功能单元，它可以做出切断连接、改变文件属性等强烈反应，也可以只是简单的报警。

④ 事件数据库是存放各种中间数据和最终数据地方的统称，它可以是复杂的数据库，也可以是简单的文本文件。

(2) 入侵检测系统分类

入侵检测系统可以分为 4 类，分别是基于主机、基于网络、基于内核和基于应用。

① 基于主机：安全操作系统必须具备一定的审计功能，并记录相应的安全性日志。

② 基于网络：IDS 可以放在防火墙或者网关的后面，以网络嗅探器的形式捕获所有的对内对外的数据报。

③ 基于内核：从操作系统的内核接收数据，比如 LIDS。

④ 基于应用：从正在运行的应用程序中收集数据。

(3) 入侵检测系统技术

目前，入侵检测技术主要有异常检测和误用检测。

① 异常检测：也称为基于行为的检测。首先建立起用户的正常使用模式，即知识库，标识出不符合正常模式的行为活动。

② 误用检测：也称为基于特征的检测。建立起已知攻击的知识库，判别当前行为

活动是否符合已知的攻击模式。

【考点 7】防火墙分类

根据不同的应用,对防火墙进行了详细划分,参见表 11-2。

表 11-2 防火墙分类

类型	特点	优点	缺点
包过滤（访问控制表）	根据定义的过滤规则审查,根据是否匹配来决定是否通过	透明、成本低、速度快、效率高	对 IP 包伪造难以防范,不具备身份认证功能,不能检测高层攻击,过滤多效率下降快
应用网关	工作在应用层,实现协议过滤和转发功能	能够提供比较成熟的日志功能	速度相对更慢
代理服务	阻断内外网之间的通信,只能够通过"代理"实现	有很高的安全性	速度慢,对用户不透明,协议不同就需要不同的代理,不利于网络新业务
状态检测（自适应/动态包过滤）	通过状态检测技术动态记录、维护各个连接的协议状态	效率很高,动态修改规则可以提高安全性	所有这些记录、测试和分析工作可能会造成网络连接的某种迟滞,特别是在同时有许多连接激活的时候,或者有大量的过滤网络通信的规则存在时
自适应代理	根据用户的安全策略,动态适应传输中的分组流量	状态检测+代理	速度相对比较慢,当用户对内外部网络网关的吞吐量要求比较高时,代理防火墙就会成为内外部网络之间的瓶颈,给系统性能带来了一些负面影响,但通常不会很明显

【考点 8】PIX 防火墙配置

本知识点重点在于了解 Cisco 防火墙的基本配置方法,了解其最基本的指令。在历年考题中还没有出现过直接相关的题目。

硬件防火墙通常在使用时也要进行初始配置,下面就以 Cisco PIX 防火墙为例,说明其配置的关键要点。

① 配置方式:与交换机、路由器都十分接近,包括初始配置必须使用的控制端口连接方式,如通过 Telnet 方式,通过 FTP 服务器软件方式(图形化配置界面)。

② 配置模式:与交换机、路由器十分类似,如表 11-3 所示。

表 11-3 防火墙工作模式

防火墙	路由器、交换机	命令
普通模式	用户模式	无,启动后进入
特权模式	特权模式	enable
配置模式	全局配置模式	config terminal
接口模式	子配置模式	interface 接口名

③ 主要配置项，如表 11-4 所示。

表 11-4 防火墙配置

项目	命令实例
配置防火墙网卡参数	interface 接口名参数 例：interface ehternet0 auto 将第一个网口设置为自适应网卡
配置内、外部网卡 IP	IP address [inside|outside] ip-addr netmask inside 代表内部网卡，outside 代表外部网卡 ip-addr 是指 IP 地址，netmask 是子网掩码
指定外部网卡 IP 地址范围	global 1 ip_addr – ip_addr 两个 ip-addr 参数用来限定 IP 地址范围
指定要进行转换的内部地址	nat 1 ip_addr netmask
配置某些控制选项	conduit global_ip port[-port] protocol foreign_ip netmask global_ip 表示要控制地址；port 表示所作用的端口，0 表示所有端口；protocol 代表连接协议，如 TCP、UPD；foreign_ip 表示可以访问 global_ip 外部 IP 地址；netmask 为可选项

最后可以使用 wr mem 命令将配置的内容保存生效。

4．电子商务和 VPN

在电子商务和 VPN 方面，涉及的考点有常见电子商务协议（重点）、常见 VPN 技术（重点）。

【考点 9】常见电子商务协议

（1）SSL/SET 和 SHTTP

SSL（安全套接层）是工作在传输层的安全协议。它结合了信息加/解密、数字签名与签证两大技术。它包括协商层（SSL Handshake）和记录层（SSL Record）两个部分。

① 协商层：包括"沟通"通信中所使用的 SSL 版本、信息加密用的算法、所使用的公钥算法，并要求用公钥方式对客户端进行身份认证。

② 记录层：对应用程序提供的信息进行分段、压缩、数据认证与加密，能够保障数据的机密性和报文的完整性。整个操作步骤为：

a．分片，分成 214 字节或更小的数据块。

b．可选地应用压缩。

c．使用共享的密钥计算出报文鉴别代码。

d．使用同步算法加密。

e．附加首部，包括内容类型、主要版本、次要版本、压缩长度。

SHTTP 是在 HTTP 协议上的扩展，目的是保证商业贸易的传输安全，工作于应用层。由于 SSL 的迅速出现，加上 SSL 工作在传输层，适用于所有 TCP/IP 应用；而 SHTTP 只能够工作于 HTTP 协议层，只限于 Web 应用，因此 SHTTP 并未能够获得广泛应用。

SET 协议是 Visa 与 MasterCard 共同制定的一套安全又方便的交易模式，最早用于支持各种信用卡的交易。SSL 在使用时，只要求服务器端拥有数字证书，而 SET 则同时要求客户端需要数字证书。SET 可以实现：在交易涉及的各方间提供安全的通信信道，通过使用 X.509 数字证书来提供信任，可以保证信息的机密性。

SET 协议的参与者有：卡用户（网上交易发起方）、商人（网上交易服务商）、发行人——银行（信用卡发卡人）、获得者（处理交易的金融机构）、支付网关、CA 中心（发放证书者）。

（2）PGP 技术

PGP 协议在互联网上广泛采用，特别在 E-mail 保护上应用更广，它是结合了 RSA 和 IDEA 的链式加密法。PGP 的工作过程是用一个随机生成的密钥（每次加密不同）使用 IDEA 算法对明文加密，然后用 RSA 算法对该密钥加密。因此它既有了 RSA 的保密性，又获得了 IDEA 算法的快捷性。

（3）Kerberos

在分布式网络应用环境中，要保证其使用的安全性，就必须让工作站能够用可信、安全的方式向服务器证实其身份，否则就会出现许多安全问题。而解决这个问题的技术称之为身份认证。比较常见的身份认证技术包括：用户双方指定共享密钥（最不安全）、使用智能卡生成密钥、使用 Kerberos 服务、使用 PKI 服务（即通过从 CA 中心获取数字证书的方式）。

Kerberos 并非为每一个服务器构造一个身份认证协议，而是提供一个中心认证服务器，提供用户到服务器以及服务器到用户的认证服务。Kerberos 的核心是使用 DES 加密技术，实现最基本的认证服务。

如图 11-1 所示，Kerberos 认证过程可以分为 3 个阶段，6 个步骤。

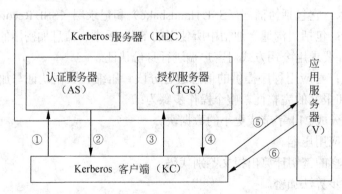

图 11-1　Kerberos 工作原理示意图

第一阶段：认证服务交换，客户端获取授权服务器访问许可票据。

① 用户 A 输入自己的用户名，以明文的方式发给认证服务器。

② 认证服务器返回一个会话密钥 KS 和一个票据 KTGS（A,KS），这个会话密钥是一次性的（也可以使用智能卡生成），而这两个数据报则是使用用户 A 的密钥加密的，返回时将要求其输入密码，并解密数据。

第二阶段：票据许可服务交换，客户端获得应用服务访问许可票据。

③ 用户 A 将获得的票据、要访问的应用服务器名 B，以及用会话密钥加密的时间标记（用来防止重发攻击）发送给授权服务器（TGS）。

④ 授权服务器（TGS）收到后，返回 A 和 B 通信的会话密钥，包括用 A 的密钥加密的，和 B 的密钥加密的会话密钥 KAB。

第三阶段：客户端与应用服务器认证交换，客户端最终获得应用服务。

⑤ 用户 A 将从 TGS 收到的用 B 的密钥加密的会话密钥发给服务器 B，并且附上用双方的会话密钥 KAB 加密的时间标记以防止重发攻击。

⑥ 服务器 B 进行应答，完成认证过程。

从上面的描述中我们可以看出，Kerberos 采用了连续加密的机制来防止会话被劫持。

【考点 10】常见 VPN 技术

常见 VPN 技术可以根据其工作的层次分为两类：一是"二层 VPN"，包括 PPP 基础上的 PPTP（点到点隧道协议）和 L2F（二层转发协议）、L2TP（二层隧道协议）；二是"三层 VPN"，主要代表是 IPSec（IP 层安全协议，它是 IPv4 和 IPv6 的安全标准）、移动 IP 协议和虚拟隧道协议（VTP）。

（1）PPTP：在逻辑上延伸了 PPP 会话，从而形成了虚拟的远程拨号。在协议实现时，使用了与 PPP 相同的认证机制，包括 EAP（扩展身份认证协议）、MS-CHAP（微软挑战握手认证协议）、CHAP（挑战握手认证协议）、SPAP（Shiva 口令字认证协议）、PAP（口令字认证协议）。

（2）L2F：可以在多种介质上建立多协议的安全 VPN 通信方式，它将链路层的协议封装起来，以使网络的链路层完全独立于用户的链路层协议。

（3）L2TP：是 PPTP 和 L2F 结合的产物。L2TP 协议将 PPP 帧封装后，可以通过 IP、X.25、FR 或 ATM 进行转输。创建 L2TP 隧道时必须使用与 PPP 连接相同的认证机制，它结合了 L2F 和 PPTP 的优点，可以让用户从客户端或接入服务器端发起 VPN 连接。

（4）IPSec：是由安全协议、密钥管理协议、安全关联、认证和加密算法 4 部分构成的安全结构。安全协议在 IP 协议中增加两个基于密码的安全机制——认证头（AH）和封装安全载荷（ESP），前者支持了 IP 数据项的可认证性和完整性，后者实现了通信的机密性。密钥管理协议（密钥交换手工和自动 IKE）定义了通信实体间身份认证、创建安全关联、协商加密算法、共享会话密钥的方法。

IPSEC VPN 的配置分为如下三个步骤：

① 步骤 1，配置 IKE 的协商

Router(config)# crypto isakmp enable   //启动 IKE

```
Router(config)# crypto isakmp policy priority        //建立IKE协商策略
Router(config-isakmp)# authentication pre-share      //使用预定义密钥
Router(config-isakmp)# encryption {des | 3des}       //加密算法
Router(config-isakmp)# hash {md5 | sha1}             //认证算法
Router(config-isakmp)# lifetime seconds              //SA活动时间
Router(config)# crypto isakmp key keystring address peer-
address                                              //设置共享密钥和对端地址
```

② 步骤2，配置IPSEC的协商

```
Router(config)#crypto ipsec transform-set transform-set-name transform1
[transform2 [transform3]]    //设置传输模式集，定义了使用AH还是ESP协议，以及
                                相应协议所用的算法
Router(config)#access-list access-list-number {deny|permit}
protocol source source-wildcard destination destination-wildcard
//配置保护访问控制列表，用来定义哪些报文需要经过IPSec加密后发送，哪些报文直接发送
```

③ 步骤3，配置端口的应用

```
Router(config)# crypto map map-name seq-num ipsec-isakmp //创建Crypto Maps
Router(config-crypto-map)# match address access-list-number
                                                     //配置Crypto Maps
Router(config-crypto-map)# set peer ip_address       //对端地址
Router(config-crypto-map)# set transform-set name    //传输模式名称
Router(config)# interface interface_name interface_num
                                                     //应用Crypto Maps到端口
Router(config-if)# crypto map map-name               //端口调用MAP
```

11.2 强化练习

试题1

某银行为用户提供网上服务，允许用户通过浏览器管理自己的银行账户信息。为保障通信的安全，该Web服务器可选的协议是__(1)__。

(1) A．POP　　　　　　B．SNMP　　　　　　C．HTTP　　　　　　D．HTTPS

试题2

安全电子邮件协议PGP不支持__(2)__。

(2) A．确认发送者的身份　　　　　　　　　B．确认电子邮件未被修改
　　C．防止非授权者阅读电子邮件　　　　　D．压缩电子邮件大小

试题3

Needham-Schroeder协议是基于__(3)__的认证协议。

(3) A．共享密钥　　　　B．公钥　　　　　C．报文摘要　　　　D．数字证书

试题 4

实现 VPN 的关键技术主要有隧道技术、加解密技术、(4) 和身份认证技术。

(4) A. 入侵检测技术 B. 病毒防治技术
C. 安全审计技术 D. 密钥管理技术

试题 5

如果需要在传输层实现 VPN，可选的协议是 (5)。

(5) A. L2TP B. PPTP C. TLS D. IPSec

试题 6

某 Web 网站向 CA 申请了数字证书。用户登录该网站时，通过验证 (6)，可确认该数字证书的有效性。

(6) A. CA 的签名 B. 网站的签名 C. 会话密钥 D. DES 密码

试题 7

DES 是一种 (7) 算法。

(7) A. 共享密钥 B. 公开密钥 C. 报文摘要 D. 访问控制

试题 8

下列行为不属于网络攻击的是 (8)。

(8) A. 连续不停 Ping 某台主机 B. 发送带病毒和木马的电子邮件
C. 向多个邮箱群发一封电子邮件 D. 暴力破解服务器密码

试题 9

采用 Kerberos 系统进行认证时，可以在报文中加入 (9) 来防止重放攻击。

(9) A. 会话密钥 B. 时间戳 C. 用户 ID D. 私有密钥

试题 10

目前在网络上流行的"熊猫烧香"病毒属于 (10) 类型的病毒。

(10) A. 目录 B. 引导区 C. 蠕虫 D. DoS

试题 11

以下关于钓鱼网站的说法中，错误的是 (11)。

(11) A. 钓鱼网站仿冒真实网站的 URL 地址
B. 钓鱼网站是一种网络游戏
C. 钓鱼网站用于窃取访问者的机密信息
D. 钓鱼网站可以通过 Email 传播网址

试题 12

在网络管理中要防止各种安全威胁。在 SNMP 中，无法预防的安全威胁是 (12)。

(12) A. 篡改管理信息：通过改变传输中的 SNMP 报文实施未经授权的管理操作
B. 通信分析：第三者分析管理实体之间的通信规律，从而获取管理信息
C. 假冒合法用户：未经授权的用户冒充授权用户，企图实施管理操作
D. 消息泄露：SNMP 引擎之间交换的信息被第三者偷听

试题 13

下面病毒中，属于蠕虫病毒的是 (13)。

(13) A．Worm.Sasser 病毒   B．Trojan.QQPSW 病毒
      C．Backdoor.IRCBot 病毒   D．Macro.Melissa 病赘

试题 14

杀毒软件报告发现病毒 Macro.Melissa，由该病毒名称可以推断出病毒类型是 (14)，这类病毒主要感染目标是 (15)。

(14) A．文件型   B．引导型   C．目录型   D．宏病毒
(15) A．EXE 或 COM 可执行文件   B．Word 或 Excel 文件
      C．DLL 系统文件   D．磁盘引导区

试题 15

在下面 4 种病毒中，(16) 可以远程控制网络中的计算机。

(16) A．worm.Sasser.f   B．Win32.CIH
      C．Trojan.qq3344   D．Macro.Melissa

试题 16

甲和乙要进行通信，甲对发送的消息附加了数字签名，乙收到该消息后利用 (17) 验证该消息的真实性。

(17) A．甲的公钥   B．甲的私钥   C．乙的公钥   D．乙的私钥

试题 17

下列算法中，(18) 属于摘要算法。

(18) A．DES   B．MD5   C．Diffie-Hellman   D．AES

试题 18

公钥体系中，用户甲发送给用户乙的数据要用 (19) 进行加密。

(19) A．甲的公钥   B．甲的私钥   C．乙的公钥   D．乙的私钥

试题 19

下列选项中，同属于报文摘要算法的是 (20)。

(20) A．DES 和 MD5   B．MD5 和 SHA-1
      C．RSA 和 SHA-1   D．DES 和 RSA

试题 20

公司面临的网络攻击来自多方面，安装用户认证系统来防范 (21)。

(21) A．外部攻击   B．内部攻击   C．网络监听   D．病毒入侵

试题 21

支持安全 WEB 服务的协议是 (22)。

(22) A．HTTP   B．WINS   C．SOAP   D．HTTPS

试题 22

安全电子邮件使用 (23) 协议。

(23) A．DES　　　　　B．HTTPS　　　　　C．MIME　　　　　D．PGP

试题 23

包过滤防火墙通过 (24) 来确定数据包是否能通过。

(24) A．路由表　　　　B．ARP 表　　　　C．NAT 表　　　　D．过滤规则

试题 24

IPSec VPN 安全技术没有用到 (25)。

(25) A．隧道技术　　　　　　　　　　B．加密技术
　　　C．身份认证技术　　　　　　　　D．入侵检测技术

试题 25

(26) 不属于 PKI CA（认证中心）的功能。

(26) A．接收并验证最终用户数字证书的申请
　　　B．向申请者颁发或拒绝颁发数字证书
　　　C．业务受理点 LRA 的全面管理
　　　D．产生和发布证书废止列表（CRL），并验证证书状态

试题 26

用户 user1 从 A 地的发证机构取得了证书，用户 user2 从 B 地的发证机构取得了证书，那么 (27)。

(27) A．user1 可使用自己的证书直接与 use2 安全通信
　　　B．user1 和 user2 都要向国家发证机构申请证书才能安全通信
　　　C．user1 和 user2 还需向对方的发证机构申请证书才能安全通信
　　　D．user1 通过一个证书链可以与 user2 安全通信

试题 27

IPSec 的加密和认证过程中所使用的密钥由 (28) 机制来生成和分发。

(28) A．ESP　　　　　B．IKE　　　　　C．TGS　　　　　D．AH

试题 28

SSL 协议使用的默认端口是 (29)。

(29) A．80　　　　　B．445　　　　　C．8080　　　　　D．443

试题 29

Alice 向 Bob 发送数字签名的消息 M，则不正确的说法是 (30)。

(30) A．Alice 可以保证 Bob 收到消息 M
　　　B．Alice 不能否认发送过消息 M
　　　C．Bob 不能编造或改变消息 M
　　　D．Bob 可以验证消息 M 确实来源于 Alice

试题 30

某网站向 CA 申请了数字证书,用户通过 (31) 来验证网站的真伪。在用户与网站进行安全通信时,用户可以通过 (32) 进行加密和验证,该网站通过 (33) 进行解密和签名。

(31) A. CA 的签名　　B. 证书中的公钥　　C. 网站的私钥　　D. 用户的公钥
(32) A. CA 的签名　　B. 证书中的公钥　　C. 网站的私钥　　D. 用户的公钥
(33) A. CA 的签名　　B. 证书中的公钥　　C. 网站的私钥　　D. 用户的公钥

11.3 习题解答

试题 1 分析

POP 是邮局协议,用于接收邮件;SNMP 是简单网络管理协议,用于网络管理;HTTP 是超文本传输协议,众多 Web 服务器都使用 HTTP,但是它不是安全的协议;HTTPS 是安全的超文本传输协议。

试题 1 答案

(1) D

试题 2 分析

本题考查安全电子邮件协议 PGP 的基本知识。安全电子邮件协议 PGP (Pretty Good Privacy) 在电子邮件安全实施中被广泛采用,PGP 通过单向散列算法对邮件内容进行签名,以保证信件内容无法被修改,使用公钥和私钥技术保证邮件内容保密且不可否认。发信人与收信人的公钥都保存在公开的地方,公钥的权威性则可以由第三方进行签名认证。在 PGP 系统中,信任是双方的直接关系。

试题 2 答案

(2) D

试题 3 分析

本题考查有关 Needham-Schroeder 协议的基础知识。应该知道 Needham-Schroeder 协议是基于共享密钥进行认证的协议。

试题 3 答案

(3) A

试题 4 分析

本题考查 VPN 方面的基础知识。应该知道实现 VPN 的关键技术主要有隧道技术、加解密技术、密钥管理技术和身份认证技术。

试题 4 答案

(4) D

试题 5 分析

L2TP、PPTP 是两种链路层的 VPN 协议,TLS 是传输层 VPN 协议,IPSec 是网络层 VPN 协议。

试题 5 答案

（5）C

试题 6 分析

本题考查公钥基础设施方面有关数字签名的基础知识。数字证书能够验证一个实体身份，而这是在保证数字证书本身有效性这一前提下才能够实现的。验证数字证书的有效性是通过验证颁发证书的 CA 的签名实现的。

试题 6 答案

（6）A

试题 7 分析

DES（Data Encryption Standard）是美国政府 1977 年采用的加密标准，最初是由 IBM 公司在 70 年代初期开发的。美国政府在 1981 年又将 DES 进一步规定为 ANSI 标准。

DES 是一个对称密钥系统，加密和解密使用相同的密钥。它通常选取一个 64 位（bit）的数据块，使用 56 位的密钥，在内部实现多次替换和变位操作来达到加密的目的。

试题 7 答案

（7）A

试题 8 分析

网络攻击是以网络为手段窃取网络上其他计算机的资源或特权，对其安全性或可用性进行破坏的行为。网络攻击又可分为主动攻击和被动攻击。被动攻击就是网络窃听，截取数据包并进行分析，从中窃取重要的敏感信息。被动攻击很难被发现，因此预防很重要，防止被动攻击的主要手段是数据加密传输。为了保护网络资源免受威胁和攻击，在密码学及安全协议的基础上发展了网络安全体系中的 5 类安全服务，它们是：身份认证、访问控制、数据保密、数据完整性和不可否认。对这 5 类安全服务，国际标准化组织 ISO 已经有了明确的定义。主动攻击包括窃取、篡改、假冒和破坏。字典式口令猜测、IP 地址欺骗和服务拒绝攻击等都属于主动攻击，。一个好的身份认证系统（包括数据加密、数据完整性校验、数字签名和访问控制等安全机制）可以用于防范主动攻击，但要想杜绝主动攻击很困难，因此对付主动攻击的另一措施是及时发现并及时恢复所造成的破坏，现在有很多实用的攻击检测工具。

常用的有以下 9 种网络攻击方法：获取口令、放置特洛伊木马程序、WWW 的欺骗技术、电子邮件攻击、通过一个节点来攻击其他节点、网络监听、寻找系统漏洞、利用账号进行攻击、偷取特权。

试题 8 答案

（8）C

试题 9 分析

Kerberos 认证是一种使用对称密钥加密算法来实现通过可信第三方密钥分发中心的身份认证系统。客户方需要向服务器方递交自己的凭据来证明自己的身份，该凭据是由

KDC 专门为客户和服务器方在某一阶段内通信而生成的。凭据中包括客户和服务器方的身份信息和在下一阶段双方使用的临时加密密钥，还有证明客户方拥有会话密钥的身份认证者信息。身份认证信息的作用是防止攻击者在将来将同样的凭据再次使用。时间标记是检测重放攻击。

试题 9 答案

(9) B

试题 10 分析

熊猫烧香是一种感染型的蠕虫病毒，它能感染系统中 exe、com、pif、src、htm 和 asp 等文件，还能中止大量的反病毒软件进程并且会删除扩展名为 gho 的文件，该文件是系统备份工具 GHOST 的备份文件，使用户的系统备份文件丢失。

被感染的用户系统中所有 .exe 可执行文件全部被改成熊猫举着三根香的模样。

试题 10 答案

(10) C

试题 11 分析

所谓"钓鱼网站"是一种网络欺诈行为，指不法分子利用各种手段，仿冒真实网站的 URL 地址以及页面内容，或者利用真实网站服务器程序上的漏洞在站点的某些网页中插入危险的 HTML 代码，以此来骗取用户银行或信用卡账号、密码等私人资料。

试题 11 答案

(11) B

试题 12 分析

在网络管理中要防止各种安全威胁。安全威胁分为主要和次要两类，其中主要的威胁有：

(1) 篡改管理信息：通过改变传输中的 SNMP 报文实施未经授权的管理操作。

(2) 假冒合法用户：未经授权的用户冒充授权用户。

企图实施管理操作次要的威胁为：

(1) 消息泄露：SNMP 引擎之间交换的信息被第三者偷听。

(2) 修改报文流：由于 SNMP 协议通常是基于无连接的传输服务，重新排序报文流、延迟或重放报文的威胁都可能出现。这种威胁的危害性在于通过报文流的修改可能实施非法的管理操作。

另外有两种威胁是安全体系结构不必防护的，因为不重要或者是无法预防。

(1) 拒绝服务：因为很多情况下拒绝服务和网络失效是无法区别的，所以可以由网络管理协议来处理，安全系统不必采取措施。

(2) 通信分析：第三者分析管理实体之间的通信规律，从而获取管理信息。

试题 12 答案

(12) B

试题 13 分析

病毒的命名规则：一般格式为：<病毒前缀>.<病毒名>.<病毒后缀>，病毒前缀是指一个病毒的种类，他是用来区别病毒的种族分类的。不同的种类的病毒，其前缀也是不同的。比如我们常见的木马病毒的前缀 Trojan，蠕虫病毒的前缀是 Worm 等等。

试题 13 答案

（13）A

试题 14 分析

为了方便管理各种计算机病毒，通常按照病毒的特性，将病毒进行分类命名。通常的格式如下：

<病毒前缀>.<病毒名>.<病毒后缀>。

病毒前缀是指一个病毒的种类，用来区别病毒的种族分类的。不同的种类的病毒，其前缀也是不同的。比如常见的木马病毒的前缀 Trojan，蠕虫病毒的前缀是 Worm，宏病毒用 Macro。

病毒名是指一个病毒的家族特征，是用来区别和标识病毒家族的，如以前著名的 CIH 病毒的家族名都是统一的"CIH"，振荡波蠕虫病毒的家族名是"Sasser"等。

病毒后缀是指一个病毒的变种特征，是用来区别具体某个家族病毒的某个变种的。一般都采用英文中的 26 个字母来表示，如 Worm.Sasser.b 就是指振荡波蠕虫病毒的变种 B，因此一般称为"振荡波 B 变种"或者"振荡波变种 B"。

宏病毒主要是感染 MS 的 office 系统文件，因此 5 空可知是 B。

试题 14 答案

（14）D　　（15）B

试题 15 分析

考查病毒相关知识。

以上 4 种病毒中，worm 是蠕虫病毒，Win32.CIH 是 CIH 病毒，Macro.Melissa 是宏病毒，这三种病毒都属于单机病毒；而 Trojan.qq3344 是一种特洛伊木马，通过网络实现对计算机的远程攻击。

试题 15 答案

（16）C

试题 16 分析

数字签名（Digital Signature）技术是不对称加密算法的典型应用。数字签名的应用过程是，数据源发送方使用自己的私钥对数据校验和或其他与数据内容有关的变量进行加密处理，完成对数据的合法"签名"，数据接收方则利用对方的公钥来解读收到的"数字签名"，并将解读结果用于对数据完整性的检验，以确认签名的合法性。

试题 16 答案

（17）A

试题 17 分析

DES 算法为美国数据加密标准,是 1972 年美国 IBM 公司研制的对称密码体制加密算法。Diffie-Hellman 为密钥交换算法。高级加密标准 AES,是美国联邦政府采用的一种区块加密标准。这个标准用来替代原先的 DES 加密算法。报文摘要是指单向哈希函数算法将任意长度的输入报文经计算得出固定位的输出称为报文摘要。所谓单向是指该算法是不可逆的,找出具有同一报文摘要的两个不同报文是很困难的,常见的报文摘要算法有 MD5、SHA。

试题 17 答案

(18) B

试题 18 分析

在公钥密码体系当中,加密密钥是公开的,而解密密钥是需要保密的。公钥密码体系当中,密钥对产生器产生出接收者乙的一对密钥:加密密钥和解密密钥。发送者甲所用的加密密钥就是接收者乙的公钥,向公众公开。而乙所用的解密密钥就是接收者的私钥,对其他人保密。

试题 18 答案

(19) C

试题 19 分析

报文摘要算法(Message Digest Algorithms)即采用单向 HASH 算法将需要加密的明文进行摘要,而产生的具有固定长度的单向散列(HASH)值。其中,散列函数(HashFunctions)是将一个不同长度的报文转换成一个数字串(即报文摘要)的公式,该函数不需要密钥,公式决定了报文摘要的长度。报文摘要和非对称加密一起,提供数字签名的方法。报文摘要算法主要有安全散列标准 SHA-1、MD5 系列标准。

试题 19 答案

(20) B

试题 20 分析

企业安装用户认证系统是为了防范内部攻击。

试题 20 答案

(21) B

试题 21 分析

HTTPS 是以安全为目标的 HTTP 通道,简单讲是 HTTP 的安全版。即 HTTP 下加入 SSL 层,HTTPS 的安全基础是 SSL,因此加密的详细内容就需要 SSL。

试题 21 答案

(22) D

试题 22 分析

PGP 是一个基于 RSA 公钥加密体系的邮件加密协议。可以用它对邮件保密以防止非授权者阅读，它还能对邮件加上数字签名从而使收信人可以确认邮件的发送者，并能确信邮件没有被篡改。

试题 22 答案

（23）D

试题 23 分析

路由表用以指定路由规则，指定数据转发路径。ARP 表用以实现 IP 地址和网络设备物理地址（MAC）地址的转换。NAT 是将一个地址域映射到另一个地址域的技术，而 NAT 表记录这些映射记录。规律规则用以制定内外网访问和数据发送的一系列安全策略。

试题 23 答案

（24）D

试题 24 分析

IPSec VPN 包含了认证头（AH）和封装安全载荷（ESP）。AH 主要用以提供身份认证、数据完整性保护、防重放攻击。ESP 则可以提供数据加密、数据源身份认证、数据完整性保护、防重放攻击多项功能。IPSec VPN 可提供传输模式和隧道模式两种工作方式。但没有入侵检测功能。

试题 24 答案

（25）D

试题 25 分析

PKI 是一组规则、过程、人员、设施、软件和硬件的集合，可用来发放、分发和管理公钥证书。通过管理和控制密钥和证书的使用，PKI 可以在分布式环境中建立一个信任体系。

CA 为主体的公钥签名并发放证书，主要有以下几种功能。

（1）证书更新：主体当前的证书过期后发行新的证书。

（2）证书作废：使得证书从该时刻起非法。

（3）证书发布：PKI 用户可以搜索并取得该证书。

（4）维护证书作废列表：使得 PKI 用户可以访问作废列表。

（5）维护证书作废列表：使得 PKI 用户可以访问作废列表。

若 CA 由业务受理点 LRA 全面管理，是不现实的。

试题 25 答案

（26）C

试题 26 分析

证书链服务（交叉认证）是一个 CA 扩展其信任范围或被认可范围的一种实现机制，不同认证中心发放的证书之间通过证书链可以方便的实现相互信任从而实现互访。

试题 26 答案

（27）D

试题 27 分析

本题考查 IPSec 相关知识。

IPSec 密钥管理利用 IKE（Internet 密钥交换协议）机制实现，IKE 解决了在不安全的网络环境（如 Internet）中安全地建立或更新共享密钥的问题。

试题 27 答案

（28）B

试题 28 分析

本题属于记忆题。80 端口是 Web 服务默认端口。8080 端口一般用于局域网内部提供 Web 服务。445 端口和 139 端口一样，用于局域网中共享文件夹或共享打印机。

试题 28 答案

（29）D

试题 29 分析

本题考查数字签名的相关概念。

数字签名设计为发送者不可否认、接收者可以验证但不能编造或篡改。所以选项 B、C 和 D 都是正确的。选项 A 显然是错误的。

试题 29 答案

（30）A

试题 30 分析

考查数字证书相关知识点。

数字证书是由权威机构——CA 证书授权（Certificate Authority）中心发行的，能提供在 Internet 上进行身份验证的一种权威性电子文档，人们可以在因特网交往中用它证明自己的身份和识别对方的身份。

数字证书包含版本、序列号、签名算法标识符、签发人姓名、有效期、主体名和主体公钥信息等并附有 CA 的签名，用户获取网站的数字证书后通过验证 CA 的签名来确认数字证书的有效性，从而验证网站的真伪。

在用户与网站进行安全通信时，用户发送数据时使用网站的公钥（从数字证书中获得）加密，收到数据时使用网站的公钥验证网站的数字签名；网站利用自身的私钥对发送的消息签名和对收到的消息解密。

试题 30 答案

（31）A　　（32）B　　（33）C

第 12 章　网络应用服务器

从历年的考试试题来看，本章的考点在综合知识考试中的平均分数为 5 分，约为总分的 7%。而在下午考试中，本章知识占有较大的比重，最多时有 30 分，最少也有 15 分。

考试试题分数主要集中在 Windows 系统下 DNS 服务器、DHCP 服务器、Web 服务器、FTP 服务器、代理服务器等的配置，Linux 系统下 Samba 共享服务器、DHCP 服务器、DNS 服务器、Apache 服务器这 9 个知识点上。

12.1　考点提炼

根据考试大纲，结合历年考试真题，希赛教育的软考专家认为，考生必须要掌握以下几个方面的内容：

1．Windows 下应用服务器

在 Windows 下应用服务器方面，涉及的考点有 web 服务器（重点）、ftp 服务器（重点）、DNS 服务器（重点）、DHCP 服务器（重点）。

【考点 1】web 服务器

根据历年试题的情况，对于 Windows 下 web 服务器有三个地方是出题频率比较高的，它们分别是：

① 主目录，其界面如图 12-1 所示。

图 12-1　设置主目录

② 站点虚拟目录。

要从主目录以外的其他目录中进行内容发布，就必须创建虚拟目录。"虚拟目录"不包含在主目录中，但显示给客户浏览器时却像位于主目录中一样。虚拟目录和实际目录都显示在 Internet 信息服务管理器中。虚拟目录由右下角带有地球的文件夹的图标来表示。对于简单的 Web 站点，不需要添加虚拟目录，而将所有文件放置在站点的主目录中。但是，如果站点比较复杂，或者需要为站点的不同部分指定不同的 URL 时，就需要创建虚拟目录。

③默认文档，其界面如图 12-2 所示。

图 12-2　"默认文档"选项卡

【考点 2】ftp 服务器

根据历年试题的情况，对于 Windows 下 ftp 服务器有四个地方是出题频率比较高的，它们分别是：

① ftp 站点选项卡，其界面如图 12-3 所示。

图 12-3　FTP 站点选项卡

② FTP 主目录，其界面如图 12-4 所示。

图 12-4　FTP 站点设置主目录

③ 目录安全性，其界面如图 12-5 所示。

图 12-5　"目录安全性"选项卡

利用目录安全性可以通过设置某个 IP 地址或者一段 IP 地址范围实现对特定的一台或则一组计算机进行访问控制。

④ 常见 FTP 客户端操作命令。

FTP>！：从 ftp 子系统退出到外壳。

FTP>？：显示 ftp 命令说明。? 与 help 相同。

FTP> cd：更改远程计算机上的工作目录。

格式：cd remote-directory

说明：

remote-directory 指定要更改的远程计算机上的目录。

FTP> delete：删除远程计算机上的文件。

格式： delete remote-file

说明：

remote-file 指定要删除的文件。

FTP> dir：显示远程目录文件和子目录列表。

格式： dir [remote-directory] [local-file]

说明：

remote-directory 指定要查看其列表的目录。如果没有指定目录，将使用远程计算机中的当前工作目录。local-file 指定要存储列表的本地文件。如果没有指定，输出将显示在屏幕上。

FTP> get：使用当前文件转换类型将远程文件复制到本地计算机。

格式： get remote-file [local-file]

说明：

remote-file 指定要复制的远程文件。local-file 指定要在本地计算机上使用的名称。如果没有指定，文件将命名为 remote-file。

FTP >put：使用当前文件传送类型将本地文件复制到远程计算机上。

格式： put local-file [remote-file]

说明：

local-file 指定要复制的本地文件。remote-file 指定要在远程计算机上使用的名称。如果没有指定，文件将命名为 local-file。

FTP >pwd：显示远程计算机上的当前目录。

FTP >quit：结束与远程计算机的 FTP 会话并退出 ftp。

【考点 3】DNS 服务器

（1）DNS 服务器的类型

DNS 服务器主要有主服务器、辅助域名服务器、高速缓存服务器几种角色。

① 主服务器。

主服务器（Primary Name Server）是特定域所有信息的权威性信息源。主服务器是一种权威性服务器，因为它以绝对的权威去回答对他域的任何查询。

配置主服务器需要一整套配置文件，包括正向域的区域文件（named.hosts）和反向域的区文件（named.rev）、配置文件（named.conf）、高速缓存文件（named.ca）和回送文件（named.local），其他的配置都不需要这样一整套文件。

② 辅助域名服务器。

辅助域名服务器（Secondary Name Server）可从主服务器中转移一整套域信息。区文件是从主服务器中转移出来的,并作为本地磁盘文件存储在辅助服务器中。这种转移称为"区文件转移"。在辅助域名服务器中有一个所有域信息的完整拷贝,可以有权威地回答对该域的查询,因此,辅助域名服务器也称作权威性服务器。

配置辅助域名服务器不需要生成本地区文件,因为可以从主服务器中下载该区文件。然而其他的文件是需要的,包括引导文件、高速缓存文件和回送文件。

③ 高速缓存服务器。

高速缓存服务器(Caching-only Server)又称为唯高速缓存服务器,可运行域名服务器软件但是没有域名数据库软件。它从某个远程服务器取得每次域名服务器查询的回答,一旦取得一个答案,就将它放在高速缓存中,以后查询相同的信息时就用它予以回答。所有的域名服务器都按这种方式使用高速缓存中的信息,但唯高速缓存服务器则依赖于这一技术提供所有的域名服务器信息。唯高速缓存服务器不是权威性服务器,它提供的所有信息都是间接信息。

对于唯高速缓存服务器只需要配置一个高速缓存文件即可,它是最容易配置的。

(2) DNS 查询工作过程

当 DNS 客户机需要查询程序中使用的名称时,它会查询 DNS 服务器来解析该名称,客户机有时也可通过使用从以前查询获得的缓存信息中就地应答查询。DNS 服务器可使用其自身的资源记录信息缓存来应答查询,也可代表请求客户机来查询或联系其他 DNS 服务器,以完全解析该名称,并随后将应答返回至客户机,即递归查询。本地 DNS 服务器通过根提示,依次访问顶级域名服务器、二级域名服务器得到解析记录的过程则视为迭代查询。若本地 DNS 服务器通过转发器的方式得到解析记录的过程视为 DNS 服务器之间的递归查询。

DNS 查询的过程如图 12-6 所示。

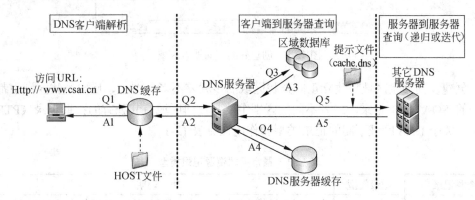

图 12-6 DNS 查询的过程

一般情况下,DNS 客户机要求服务器在返回应答前使用迭代过程来代表客户机完全解析名称。其迭代过程如图 12-7 所示。

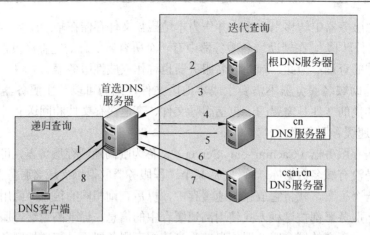

图 12-7 迭代解析过程

(3) DNS 服务器配置

① 建立正反向查找区域，如图 12-8 所示。

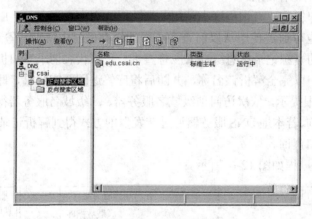

图 12-8 创建好的正向搜索区域

创建反向搜索区域与建立正向查找区域的步骤差不多。在正、反向查找区域中都有共同的 SOA、NS 记录，二者不同的区别主要是反向区域有其独有的指针记录（PTR）记录。关于 DNS 区域不同的记录类型和作用详见表 12-1。

表 12-1 最常见的资源记录类型

资源记录名	记录类型	功能说明
地址	A	将主机名转换为地址。这个字段保存以点分隔的十进制形式的 IP 地址。任何给定的主机都只能有一个 A 记录，因为这个记录被认为是授权信息。这个主机的任何附加地址名或地址映射必须用 CNAME 类型给出

续表

资源记录名	记录类型	功能说明
别名	CNAME	给定一个主机的别名,主机的规范名字是在这个主机的 A 记录中指定的
主机信息	HINFO	描述主机的硬件和操作系统
邮件交换	MX	建立邮件交换器记录。MX 记录告诉邮件传送进程把邮件送到另一个系统,这个系统知道如何将它递送到它的最终目的地
域名服务器	NS	标识一个域的域名服务器。NS 资源记录的数据字段包括这个域名服务器的 DNS 名。我们还需要指定这个名字服务器的地址与主机名相匹配的 A 记录
指针	PTR	将地址变换成主机名。主机名必须是规范主机名
管理开始	SOA	告诉域名服务器它后面跟着的所有资源记录是控制这个域的(SOA 表示授予控制权)。其数据字段用()括起来并且通常是多行字段

② 如果 DNS 不能解析客户的名称请求,可以启用转发程序。这样在 DNS 服务器不能应答查询时,就将查询传送到指定的服务器中,由该服务器协助解析。要启用转发程序,可单击"DNS 服务器属性"对话框中的"转发器"选项卡,切换到"转发器"选项卡,如图 12-9 所示。

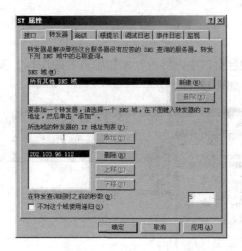

图 12-9 "转发器"选项卡

在图 12-9 中,启用"转发器"复选框,添加互联网中其他 DNS 服务器地址。可以把自己所未知的 DNS 请求提交给转发器指定的 IP 地址来,这一过程是 DNS 递归查询。

【考点 4】dhcp 服务器

(1) DHCP 服务工作原理

DHCP 是基于客户—服务器模型设计的,DHCP 客户和 DHCP 服务器之间通过收发 DHCP 消息进行通信,如图 12-10 所示。

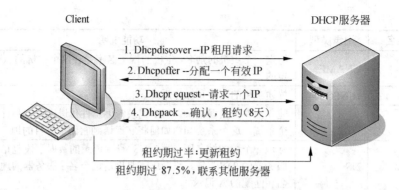

图 12-10 DHCP 服务过程

这四个步骤中,数据包都是广播包形式,其目的地址都是 255.255.255.255。从 DHCP 客户机发出的 DHCP 消息送往 DHCP 服务器的 UDP 67 端口,DHCP 服务器发给客户的 DHCP 消息送往 DHCP 客户的 UDP 68 号端口。

关于 IP 地址租约的问题,需要注意的是当 DHCP 客户机租期达 50%时,重新更新租约,客户机发送 DHCPRequest 包。当租约达到 87.5%时,进入重新申请状态,客户机发送 DHCPDiscover 包。

(2) DHCP 配置

① DHCP 作用域。

用户在 DHCP 控制台窗口中,将看到添加服务器的图标、服务器的名称及地址、新建立的作用域等情况,如图 12-11 所示。

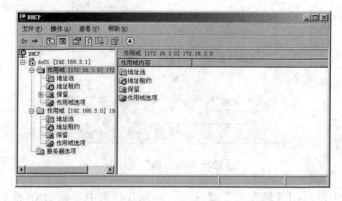

图 12-11 新建的作用域

每个作用域中都规划了地址池(IP 地址范围),可以通过"作用域选项"设定此段地址池所适用的网关、DNS 服务器地址等网络参数。需要注意的是 Windows 下 DHCP 服务器地址租约时间默认是 8 天。若在地址范围内有个别地址是需要静态分配给网络中的某些特定服务器的,此时可以通过"保留"去设定地址池中某个 IP 地址和服务器 MAC

地址的静态绑定，这与实际的应用是吻合的。

② DHCP 中继代理。

Windows 服务器系统内置的中继代理功能，可以将处于某个网络中的 DHCP 服务器充分利用起来，分别为多个不同子网中的客户机提供 IP 地址分配服务，而免去了在不同子网中分别搭建 DHCP 服务器的操作，其工作原理如图 12-12 所示。

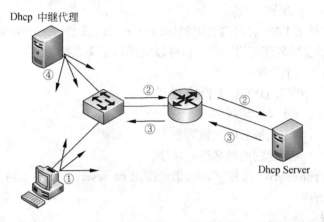

图 12-12　DHCP 中继代理工作原理

在 dhcp 中继代理服务器上不需要配置 dhcp 服务，但需要添加 DHCP 中继代理功能，在中继代理程序上添加网络中 DHCP 服务器的 IP 地址，如图 12-13 所示。

图 12-13　"DHCP 中继代理程序属性"设置窗口

同时还需要为中继代理程序指定中继代理端口，此端口用以接受来自 dhcp 客户端的 dhcp 请求。

2．Linux 下应用服务器

在 Linux 下应用服务器方面，涉及的考点有 DNS 服务器（重点）、DHCP 服务器配置（重点）、Samba 服务器（重点）、Apache 服务器（重点）。

【考点 5】DNS 服务器

Linux 下 DNS 服务器的工作原理与 Windows 下 DNS 一样。

（1）DNS 客户机配置

在 Linux 系统下 DNS 客户端会用到/etc/resolv.conf 文件。/etc/resolv.conf 控制转换程序使用 DNS 解析主机名使用的方式，它可以明确地定义系统的配置。

该文件有如下四个选项：

nameserver　　#定义 DNS 服务器的 IP 地址
domain　　　 #定义本地域名
search　　　　#定义域名的搜索列表
sortlist　　　　#对返回的域名进行排序

其中主要是 nameserver 关键字，如果没指定 nameserver 就找不到 DNS 服务器，其他关键字是可选的。

（2）DNS 服务器配置

Linux 下 DNS 服务器的配置文件是/etc/named.conf。表 12-2 概括了 named.conf 文件中使用的各种配置语句，它提供的信息能帮助我们了解这些例子。

表 12-2　named.conf 文件的配置选项

选项	说明
Directory	指定 DNS 文件所在的目录。您可以重复此选项，以指定几个不同的目录。可以给出这些目录相关的文件路径名
Master	以一个域名和一个文件名为参数。此选项声明 named 对指定的域具有控制权，并使 named 从指定的区域加载信息
Hint	为 named 建立高速缓存信息。以一个域名和一个文件名为参数。域名通常用"."指定。指定的文件包括一组称为服务器提示的记录，这些记录列出了根域名服务器的信息
Forwarders	以一个域名服务器的列表作为参数。告诉本地域名服务器：如果它不能从它的本地信息中解析出地址，那么就与该列表中的服务器联系
Slave	把本地域名服务器变成一个从属服务器。如果给出了此选项，那么本地服务器就试着通过递归查询来解析 DNS 名字。它只把请求传递给 forwarders 选项行列出的服务器中的一个

配置 named.conf 文件所使用的方法，是用来控制将域名服务器作为主服务器、辅助服务器还是唯高速缓存服务器。

另一个比较重要的目录是/var/named/，此目录用以保存区域数据库（正向区域、反向区域、根区域等），在这些目录数据库中可以指定 SOA、NS、MX、A、CNAME、PTR 记录。

（3）配置生效

Linux 下对 DNS 服务器和客户端进行了相关配置后，需要在服务器上重启 named 进程，前述配置方能生效。使用命令：

`/etc/rc.d/init.d/named restart|start` 或者 `service named restart |start`。

【考点 6】DHCP 服务器

（1）DHCP 服务器配置

Linux 下 DHCP 服务器配置关键就在与它的配置文件/etc/dhcpd.conf。该文件主要有参数类语句、选项类语句、声明类语句。

① 参数类与选项类语句。

DHCP 配置语句如表 12-3。

表 12-3 DCHP 配置语句

类型	语句格式	功能与参数描述
标准参数类语句	ddns-update-style type	动态 DNS 解析方式，可选参数分别为：ad-hoc、interim、none
	default-lease-time time	指定默认租约时间，这里的 time 是以秒为单位的。如果 DHCP 客户在请求一个租约时没有指定租约的失效时间，租约时间就是默认租约时间
	max-lease-time time	最大的租约时间。如果 DHCP 在请求租约时间时发出特定的租约失效时间的请求，则用最大租约时间
	Hardware hardware-type hardware-address	指明物理硬件接口类型和硬件地址。硬件地址由 6 个 8 位组构成，每个 8 位组以"："隔开。如 00：00：E8：1B：54：97
	server-name "name"	用于告知客户端所连接服务器的名字
	fixed-address address [, address ...]	用于指定一个或多个 IP 地址给一个 DHCP 客户，只能出现在 host 声明里
选项类语句	option subnet-mask mask	DHCP 服务配置子网掩码选项，服务开启后可应用于所有客户端
	option broadcast-address IP 地址	DHCP 服务配置广播地址选项，服务开启后可应用于所有客户端
	option routers IP 地址	同上，DHCP 服务配置网关（路由）地址选项，可设多个
	option domain-name-servers IP 地址	DHCP 服务配置 DNS 服务器地址，可应用于所有客户端，可设多个
	option domain-name "csai.cn"	DHCP 服务配置域名服务，可应用于所有客户端。
	option host-name string	给客户指定主机名，string 是一个字符串

② 声明类语句。

subnet 语句

```
subnetsubnet-number netmask netmask {
    [参数]
    [声明]
}
```

subnet 语句用于提供足够的信息来阐明一个 IP 地址是否属于该子网。也可以提供指定的子网参数和指明哪些属于该子网的 IP 地址可以动态分配给客户，这些 IP 地址必须在 range 声明里指定。subnet-number 可以是 IP 地址或能被解析到这个子网的子网号的域名。netmask 可以是 IP 地址或能被解析到这个子网的掩码的域名。例如：

```
subnet 192.168.0.1 netmask 255.255.255.0 { # 子网声明和掩码}
```

range 语句

```
range [ dynamic-bootp ] low-address [ high-address];
```

在任何一个有动态分配 IP 地址的 subnet 语句中，至少要有一个 range 语句，用来指明要分配的 IP 地址的范围。如果只指定一个要分配的 IP 地址，高地址部分可以省略。
host 语句

    host 语句的作用是为特定的客户机提供网络信息。

```
host hostname {
    [参数]
    [声明]
}
```

例如，如果为一台名为 WebServer 的主机指定固定的 IP 地址，则可以在 dhcpd.conf 文件中添加如下语句：

```
host WebServer {
    hardware ethernet 08:00:00:4c:58:23; #指定主机上网卡接口及硬件地址
    fixed-address 192.168.1.210;         # 固定IP，这两条命令参见参数类语句
}
```

④ 租约文件 dhcpd.leases

dhcpd.leases 是 DHCP 客户租约的数据库文件，默认目录为/var/lib/dhcp/，文件包含租约声明，每次一个租约被获取、更新或释放时，它的新值就被记录到文件的末尾，其文件内容为 Lease ip-address { statements... }

（2）配置生效

Linux 下对 DHCP 服务器进行了相关配置后，需要在服务器上重启 dhcpd 进程，前述配置方能生效。使用命令：

```
[root@lib1 root] # service dhcpd start | restart 或
    [root@lib1 root] # /etc/init.d/dhcpd start |restart
```

【考点 7】Samba 服务器
(1) Samba 服务配置

Samba 服务的配置文件是 etc/samba/smb.conf。此文件中用"#"和";"表示注释语句。smb.conf 文件有三个主要部分：

a．全局参数字段（gobal）：主机共享时的整体设置。

b．目录共享字段（homes）：定义一般参数，如建立共享文件目录等。

c．打印机共享字段（printers）：打印机的配置和共享。

下面对 smb.conf 文件中的主要设置项进行逐一解释说明。

[global]

workgroup = CSAIGROUP   # 此参数设置服务器所要加入工作组的名称，系统默认为 MYGROUP。

netbios name = LinuxSir   # 此参数在配置文件中未列出，需手动添加，用于设置显示在"网上邻居"中的主机名。

server string = Linux Samba   #此参数描述 Samba 服务器的一些信息，这些注释信息会显示在"网上邻居"中。

security = [user | share | Server | Domain]   #此可选参数用于设置 Samba 服务器的安全模式。

user 模式：当主机访问 Samba 服务器时，需要输入用户名与密码，该用户必须属于服务器注册用户。

share 模式：当主机访问 Samba 服务器时，不需要输入用户名与密码，即对所有主机或用户共享。

Server 模式：需要输入用户名与密码，验证用户信息由另一个服务器负责，而非 Samba 服务器。

Domain 模式：与 Server 模式类似，使用域中的服务器来验证用户信息。

Host allow = 192.168.1   192.168.2.   127.   #此参数设置哪些 IP 允许访问该服务器，本例中允许的网段分别是 192.168.1.0、192.168.2.0、127.0.0.0。

dns proxy = [yes | no]   #此参数设置 Samba 服务器是否作为 DNS 服务的代理解析。

[homes]

comment = Home Directories   #对共享资源的注释说明。

path = /home/share   #设置共享目录的路径。

　　browseable = [yes | no]   #设置是否允许浏览文件或目录。

　　writable = [yes | no]   #设置是否允许往目录里写入文件。

　　Valid users = %S|@wd   #设置可访问的用户，系统会自动将%S 转换成登录账号。@wd 表示 wd 用户组下的所有用户可以访问 samba 服务器。

create mask ＝ 0664 #create mask 是用户创建文件时的权限掩码，对用户可读/可写，对用户组可读/可写，对其他用户可读。

directory mask ＝ 0775 #directory mask 用来设置用户创建目录时的权限掩码，意思是对于用户和用户组可读/可写，对其他用户可读/可执行。

[printers]
comment = all printers
path = /var/spool/samba # 设置打印机队列位置。
browseable = [yes | no] # 设置是否允许浏览打印机。
Guest ok =   [yes | no] # 访问打印机时是否需要密码。
writable = [yes | no]   # 共享打印机必须设置为 NO。

（2）配置生效

用以下命令可以直接启动与重启 Samba 服务，使得 Samba 服务配置生效。

```
[root@lib1 root] # service smb start | restart   或
[root@lib1 root] # /etc/init.d/smb start | restart
```

配置生效后其客户端可以使 Linux 系统和 Windows 系统，实现跨平台的文件打印共享操作。

【考点 8】Apache 服务器

（1）Apache 服务器配置文件全局配置项

httpd.conf 是 Apache 服务器的配置文件，其绝对路径为/etc/httpd/conf/httpd.conf。此文件中包括有相当数量的全局配置项，这些配置项不包含在任何区域中，决定了 Apache 服务器的全局参数。在此配置文件中常见的全局配置项及其含义如下。

　　a．ServerRoot：用于设置 httpd 服务器的根目录，该目录中包括了运行 Web 站点必须的目录和文件。默认的根目录为"/etc/httpd/"，在 httpd.conf 配置文件中，如果设置的目录或文件不是用绝对路径，都认为是在服务器根目录下。

　　b．Listen：用于设置 Apache 服务器监听的网络端口号，默认为 80。

　　c．User：用于设置运行 httpd 进程时的用户身份，系统默认为 daemon 用户。

　　d．Group：用于设置运行 httpd 进程时的组身份，系统默认为 daemon 组。

　　e．Server Admin：用来设置 Web 管理员的 E-mail 地址。这个地址会出现在系统连接出错的时候，以便访问者能够将情况及时地告知 Web 管理员。

　　f．ServerName：用来配置网站服务器的域名。

　　g．DocumentRoot：用于设置网页文档根目录在系统中的实际路径。DocumentRoot 配置项比较容易和 ServerRoot 混淆，需要格外注意。

　　h．DirectoryIndex：用于声明首页文件名称。一般地，我们使用 index.html 或 index.htm 作为首页的文件名。如果这样设置后，那么客户端发出 Web 服务请求时，首先调入的主页是在指定目录下的 index.html 或 index.htm。

　　i. ErrorLog：用与指定错误日志文件名称和路径。

　　j. LogLevel：用于设置记录日志的级别，默认为 Warm（警告）。

　　k. CustomLog：用于设置 Apache 服务器中访问日志文件的路径和格式类型。

　　l. PidFile：用于设置保存 httpd 服务器程序进程号（PID）的文件，默认设置为"logs/httpd.pid"，"logs"目录位于 Apache 服务器根目录中。

　　m. Timeout 命令：用于设置 Web 服务器与浏览器之间网络连接的超时秒数，默认为 300 秒。

　　n. KeepAlive：用于设置是否使用保持连接功能。设置为 Off 时表示不使用，客户机的每次连接只能从服务器请求返回一个文件，传输的效率比较低；当设置为 On 时，客户机与服务器建立一次连接后可以请求传输多个文件，将提高服务器传输文件的效率。

　　o. MaxKeepAliveRequests：用于设置客户端每次连接允许请求响应的最大文件数，默认设置为 100 个。当 KeepAlive 设置为 On 时才生效。

　　p. MaxKeepAliveTimeout：用于设置保持连接的超时秒数，当客户机的两次相邻连接请求超过该设置值时需要重新进行连接请求，默认设置值为 15 秒。

　　q. Include：用户包含另一个配置文件的内容，可以将视线一些特殊功能的配置单独放到一个文件中，在使用 Include 配置项包含到 httpd.confi 主配置文件中来，便于独立维护。

　　（2）区域配置项

　　区域设置使用一对组合标记，限定了配置项的作用范围。常见的目录区域格式如下：

```
<Directory /home/httpd/html>
Option Indexes Includes ExecCGI FollowSymLink
    AllowOverride None
    Order allow , deny
allow from all
</Directory>
```

　　这部分是以"<Directory /home/httpd/html>"开始，以"</Directory>"结束的，其中间的部分都是针对指定目录"/home/httpd/html"而言的。相关选项说明如下：

　　① Option：Option 命令有很多的参数，各个参数表示允许某项功能，如 All 表示允许所有功能。

　　② AllowOverride 命令则用来决定是否允许在"httpd.conf"文件中设定权限，是否可以被在文件".htaccess"中设定的权限覆盖。它有两个参数：All 表示允许覆盖；None 表示不允许覆盖。

　　③ Order 命令用来设定谁能从这个服务器上取得控制。它也有两个参数：allow 表示可以取得控制；deny 表示禁止取得控制。

(3) 虚拟主机

所谓的虚拟主机服务就是指将一台机器虚拟成多台 Web 服务器。虚拟服务器选用一台功能较强大的大型服务器，然后用虚拟主机的形式，提供多个企业的 Web 服务，虽然所有的 Web 服务都是这台服务器提供的，但是让访问者看起来却与在不同的服务器上获得 Web 服务一样。用 Apache 设置虚拟主机服务通常可以采用两种方案：基于 IP 地址的虚拟主机和基于名字的虚拟主机。

① 基于 IP 地址的虚拟主机服务.

这种方式需要在机器上设置 IP 别名，也就是在一台机器的网卡上绑定多个 IP 地址去为多个虚拟主机服务。假设，我们用来实现虚拟主机服务的机器当前有两个 IP 地址，其中 202.101.2.1 为 www.abc.com 提供虚拟主机服务。11.11.11.11 为 www.csai.cn 提供虚拟主机服务。httpd.conf 关于虚拟主机的配置如下：

```
<VirtualHost 202.101.2.1>
ServerAdmin webmaster@abc.com
    DocumentRoot /home/httpd/www.abc.com
    ServerName www.abc.com
    ErrorLog /var/log/httpd/www.abc.com/error.log
</VirtualHost>
<VirtualHost 11.11.11.11>
ServerAdmin webmaster@csai.cn
    DocumentRoot /home/httpd/www.csai.cn
    ServerName www.csai.cn
    ErrorLog /var/log/httpd/www.csai.cn/error.log
</VirtualHost>
```

② 基于名字的虚拟主机服务。

配置基于名字的虚拟主机服务需要修改配置文件 "/etc/httpd/conf/httpd.conf"，在这个配置文件中增加以下内容：

```
NameVirtualHost 202.101.2.1
<VirtualHost 202.101.2.1>
ServerAdmin webmaster@csai.cn
    DocumentRoot /home/httpd/www.csai.cn
    ServerName www.csai.cn
    ErrorLog /var/log/httpd/www.csai.cn/error.log
</VirtualHost>
<VirtualHost 202.101.2.1>
    ServerAdmin webmaster@abc.com
    DocumentRoot /home/httpd/www.abc.com
    ServerName www.abc.com
```

```
ErrorLog /var/log/httpd/www.abc.com/error.log
</VirtualHost>
```

也就是在基于 IP 地址的配置基础上增加一句：NameVirtualHost 202.101.2.1 而已。

3．其他服务器

在其他服务器方面，涉及的考点有代理服务器（重点）。

【考点 9】代理服务器

（1）代理服务器工作原理

代理服务器英文全称是 Proxy Server，其功能就是代理网络用户去取得网络信息。形象的说：它是网络信息的中转站。在一般情况下，我们使用网络浏览器直接去连接其他 Internet 站点取得网络信息时，须送出 Request 信号来得到回答，然后对方再把信息以 bit 方式传送回来。

代理服务器是介于浏览器和服务器之间的另一台服务器，是网络信息的中转站。使用代理功能后，浏览器将首先向代理服务器发送请求，进而由代理服务器完成请求内容，将数据再返回给浏览器。代理服务器的工作流程如图 12-14 所示。

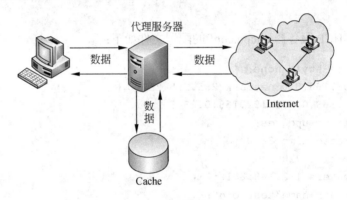

图 12-14　代理服务器的工作流程

（2）代理服务器功能

① 通过缓存增加访问速度。

通过代理服务器的缓存功能来加快网络的访问速度。一般说来，大多数的代理服务器都支持 HTTP 缓存，但是，有的代理服务器也支持 FTP 缓存。在选择代理服务器时，对于大多数的组织，只需要 HTTP 缓存功能就足够了。通常，缓存有主动缓存和被动缓存之分。

a．被动缓存：指的是代理服务器只在客户端请求数据时才将服务器返回的数据进行缓存，如果数据过期了，又有客户端请求相同数据时，代理服务器又必须重新发起新的数据请求,在将响应数据传送给客户端时又进行新的缓存。

b. 主动缓存:就是代理服务器不断地检查缓存中的数据,一旦有数据过期,则代理服务器主动发起新的数据请求来更新数据。这样,当有客户端请求该数据时就会大大缩短响应时间。

② 提供用私有 IP 访问 Internet 的方法。

IP 地址是不可再生的宝贵资源,假如你只有有限的 IP 地址,但是需要提供整个组织的 Internet 访问能力,那么你可以通过使用代理服务器来实现这一点。

③ 提高网络的安全性。

如果内部用户访问 Internet 都通过代理服务器,那么代理服务器就成为进入 Internet 的唯一通道;反过来说,代理服务器也是 Internet 访问内部网的唯一通道,如果没有反向代理,那么对于 Internet 上的主机来说,整个内部网只有代理服务器是可见的,从而大大增强了网络的安全性。

12.2 强化练习

试题 1

某 Linux DHCP 服务器 dhcpd.conf 的配置文件如下:

```
ddns-update-style none;
subnet 192.168.0.0 netmask 255.255.255.0 {
range 192.168.0.200 192.168.0.254;
ignore client-updates;
default-lease-time 3600;
max-lease-time 7200;
option routers 192.168.0.1;
option domain-name"test.org";
option domain-name-servers 192.168.0.2;
}
host test 1{hardware ethernet 00:E0:4C:70:33:65;fixed-address 192.168.0.8;}
```

客户端 IP 地址的默认租用期为 (1) 小时。

(1) A. 1　　　　　　　　B. 2　　　　　　　　C. 60　　　　　　　　D. 120

试题 2

DHCP 客户端不能从 DHCP 服务器获得 (2) 。

(2) A. DHCP 服务器的 IP 地址　　　　　B. Web 服务器的 IP 地址
　　C. DNS 服务器的 IP 地址　　　　　　D. 默认网关的 IP 地址

试题 3

IIS 服务支持的身份验证方法中,需要利用明文在网络上传递用户名和密码的是(3)。

(3) A. NET Passport 身份验证　　　　　B. 集成 Windows 身份验证
　　C. 基本身份验证　　　　　　　　　D. 摘要式身份验证

试题 4

Linux 操作系统中,网络管理员可以通过修改(4)文件对 Web 服务器端口进行配置。

(4) A. inetd.conf　　B. lilo.conf　　C. httpd.conf　　D. resolv.conf

试题 5

在 Windows Server 2003 上启用 IIS6.0 提供 Web 服务,创建一个 Web 站点并将主页文件 index.asp 拷贝到该 Web 站点的主目录下。在客户机的浏览器地址栏内输入网站的域名后提示没有权限访问该网站,则可能的原因是 (5)。

(5) A. 没有重新启动 Web 站点
　　B. 没有在浏览器上指定该 Web 站点的服务端口 80
　　C. 没有将 index.asp 添加到该 Web 站点的默认启动文档中
　　D. 客户机安装的不是 Windows 操作系统

试题 6

FTP 客户上传文件时,通过服务器 20 端口建立的连接是(6),FTP 客户端应用进程的端口可以为 (7)。

(6) A. 建立在 TCP 之上的控制连接　　　B. 建立在 TCP 之上的数据连接
　　C. 建立在 UDP 之上的控制连接　　　D. 建立在 UDP 之上的数据连接

(7) A. 20　　B. 21　　C. 80　　D. 4155

试题 7

为保证在启动 Linux 服务器时自动启动 DHCP 进程,应在 (8) 文件中将配置项 dhcpd=no 改为 dhcpd=yes。

(8) A. /etc/rc.d/rc.inet1　　　　　　B. /etc/rc.d/rc.inet2
　　C. /etc/dhcpd.conf　　　　　　　D. /etc/rc.d/rc.s

试题 8

Windows 操作系统下可以通过安装 (9) 组件来提供 FTP 服务。

(9) A. IIS　　B. IE　　C. Outlook　　D. Apache

试题 9

Windows Server 2003 中的 IIS 为 Web 服务提供了许多选项,利用这些选项可以更好地配置 Web 服务的性能、行为和安全等。如图 12-15 中,"限制网络带宽"选项属于(10)选项卡。

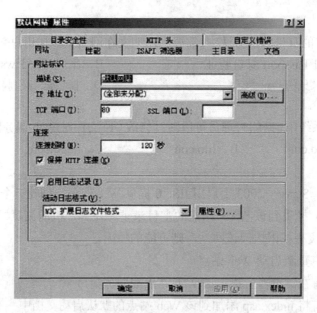

图 12-15 站点属性

  (10) A．HTTP 头　　　B．性能　　　　C．主目录　　　D．文档

试题 10

  若 Linux 用户需要将 FTP 默认的 21 号端口修改为 8800，可以修改 (11) 配置文件。

  (11) A．/etc/vsftpd/userconf　　　　　B．/etc/vsftpd/vsftpd.conf
    C．/etc/resolv.conf　　　　　　　D．/etc/hosts

试题 11

  通过代理服务器使内部局域网中的客户机访问 Internet 时，(12) 不属于代理服务器的功能。

  (12) A．共享 IP 地址　　B．信息缓存　　C．信息转发　　D．信息加密

试题 12

  使用代理服务器除了服务器端代理服务器软件需配置外，客户端需配置使用代理服务器，且指向代理服务器的 (13) 。

  (13) A．MAC 地址和网络号　　　　　　B．邮件地址和网络号
    C．IP 地址和网络号　　　　　　　D．IP 地址和端口号

试题 13

  以下关于代理服务器功能描述最为正确的是 (14)。

  (14) A．提高客户端访问外网的效率　　　B．隐藏企业内部网络细节
    C．节省 IP 开销　　　　　　　　　D．以上答案都正确

试题 14

代理服务器实质上是一个架设在 (15) 用户群体与 Internet 之间的桥梁，用以实现用户对 Internet 的访问。

(15) A. Internet   B. 内部网络   C. 个人用户   D. 企业

试题 15

通过"Internet 信息服务（IIS）管理器"管理单元可以配置 FTP 服务，若将控制端口设置为 2222，则数据端口自动设置为 (16) 。

(16) A. 20   B. 80   C. 543   D. 2221

试题 16

为保障 Web 服务器的安全运行，对用户要进行身份验证。关于 Windows Server 2003 中的"集成 Windows 身份验证"，下列说法中错误的是 (17) 。

(17) A. 在这种身份验证方式中，用户名和密码在发送前要经过加密处理，所以是一种安全的身份验证方案

     B. 这种身份验证方案结合了 Windows NT 质询/响应身份验证和 Kerberos v5 身份验证两种方式

     C. 如果用户系统在域控制器中安装了活动目录服务，而且浏览器支持 Kerberos v5 身份认证协议，则使用 Kerberos v5 身份验证

     D. 客户机通过代理服务器建立连接时，可采用集成 Windows 身份验证方案进行验证

试题 17

在 Linux 中该地址记录的配置信息如下，请补充完整。

```
NameVirtualHost 192.168.0.1
<VirtualHost 192.168.0.1>
 (18)  www.business.com
DocumentRoot /var/www/html/business
</VirtualHost>
```

(18) A. WebName   B. HostName   C. ServerName   D. WWW

试题 18

若某公司创建名字为 www.business.com 的虚拟主机，则需要在 (19) 服务器中添加地址记录。

(19) A. SNMP   B. DNS   C. SMTP   D. FTP

试题 19

在一台 Apache 服务器上通过虚拟主机可以实现多个 Web 站点。虚拟主机可以是基于 (20) 的虚拟主机，也可以是基于名字的虚拟主机。

(20) A. IP   B. TCP   C. UDP   D. HTTP

试题 20

Linux 系统中，(21) 服务的作用与 Windows 的共享文件服务作用相似，提供基于网络的共享文件/打印服务。

(21) A．Samba   B．Ftp   C．SMTP   D．Telnet

试题 21

IIS 6.0 将多个协议结合起来组成一个组件，其中不包括 (22)。

(22) A．POP3   B．SMTP   C．FTP   D．DNS

试题 22

在下列选项中，属于 IIS 6.0 提供的服务组件是 (23)。

(23) A．Samba   B．FTP   C．DHCP   D．DNS

试题 23

配置 FTP 服务器的属性窗口如图 12-16 所示，默认情况下"本地路径"文本框中的值为 (24)。

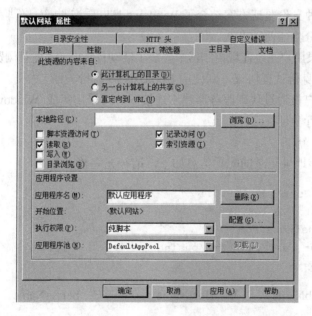

图 12-16 站点属性窗口

(24) A．c:\inetpub\wwwroot   B．c:\inetpub\ftproot
     C．c:\wmpubi\wwwroot   D．c:\wmpubi\ftproot

试题 24

图 12-17 为 Web 站点的默认网站属性窗口，如果要设置用户对主页文件的读取权限，需要在 (25) 选项卡中进行配置。

图 12-17 站点属性窗口

　　（25）A. 网站　　　　　B. 主目录　　　　　C. 文档　　　　　D. HTTP 头

试题 25

　　IIS 6.0 支持的身份验证安全机制有 4 种验证方法，其中安全级别最高的验证方法是（26）。

　　（26）A. 匿名身份验证　　　　　　　　B. 集成 Windows 身份验证
　　　　　C. 基本身份验证　　　　　　　　D. 摘要式身份验证

试题 26

　　DNS 服务器中提供了多种资源记录，其中（27）定义了区域的邮件服务器及其优先级。

　　（27）A. SOA　　　　　B. NS　　　　　C. PTR　　　　　D. MX

试题 27

　　在 Windows 系统中，进行域名解析时，客户端系统会首先从本机的（28）文件中寻找域名对应的 IP 地址。在该文件中，默认情况下必须存在的一条记录是（29）。

　　（28）A. hosts　　　　　B. Imhosts　　　　　C. networks　　　　　D. dnsfile
　　（29）A. 192.168.0.1 gateway　　　　　B. 224.0.0.0 multicast
　　　　　C. 0.0.0.0 source　　　　　　　　D. 127.0.0.1 localhost

试题 28

　　当使用时间到达租约期的（30）时，DHCP 客户端和 DHCP 服务器将更新租约。

　　（30）A. 50%　　　　　B. 75%　　　　　C. 87.5%　　　　　D. 100%

试题 29

Linux 系统中，默认安装 DHCP 服务的配置文件为 (31)。

(31) A．/etc/dhcpd.conf B．/etc/dhcp.conf
 C．/etc/dhcpd.config D．/etc/dhcp.config

试题 30

以下关于 DHCP 协议的描述中，错误的是 (32)。

(32) A．DHCP 客户机可以从外网段获取 IP 地址
 B．DHCP 客户机只能收到一个 dhcpoffer
 C．DHCP 不会同时租借相同的 IP 地址给两台主机
 D．DHCP 分配的 IP 地址默认租约期为 8 天

12.3 习题解答

试题 1 分析

从配置文件 default-lease-time 3600 即可知道，默认的租期是 3600/（60×60）=1 小时。

试题 1 答案

（1）A

试题 2 分析

DHCP 服务器通过 option 可以指定给客户端对应的一些 ip 配置信息。如 DNS 服务器地址，默认网关地址等。但是 Web 服务器地址与 DHCP 并没有什么直接的联系。因此此题选择 B。

试题 2 答案

（2）B

试题 3 分析

Passport 验证是微软公司提供的一种集中式验证服务，与集成的 Windows 身份验证类似，用户名和密码都不采用明文传送。摘要式身份验证传送的用户和密码信息是信息的摘要，而不是明文的信息。只有基本身份验证采用的明文的形式。

试题 3 答案

（3）C

试题 4 分析

本题考查 Linux 中 Web 服务器端口配置相关知识。

在 Linux 系统中，很多服务的配置数据都保存在相应的配置文件中（文件名一般为 server-name.conf）。

inet.conf 是/usr/sbin/inetd 的初始化文件，告诉/usr/sbin/inetd 所需要监听的 inet 服务

及有关信息，主要的信息有服务名称、协议（tcp 或 udp）、标志（wait 或 nowait）、属主、真实服务程序全路径、真实服务程序名称及参数。lilo.conf 是 Linux 中多引导程序 lilo 的配置文件；resolv.conf 是 DNS 域名解析服务的配置文件。

httpd.conf 是 Linux 中 Apache Web 服务的配置文件，其中的 Listen 选项用于配置服务的 IP 地址和端口号。例如，.Listen 192.168.1.1:8080 指定 Web 服务的 IP 地址为 192.168.1.1，端口号为 8080。

试题 4 答案

(4) C

试题 5 分析

默认文档是 Web 服务器收到一个请求时发送的一个文件。默认文档可以是一个网站，也可以是显示站点或文件夹内容的超文本列表的一个索引页面的主页。

配置 Web 服务器时，可以指定多个 Web 站点或文件夹为默认文档。IIS 搜索时，依据默认文档的顺序，返回它所发现的第一个文档。如果找到匹配项，IIS 将激活该站点或文件夹，返回文件夹列表。如果文件夹浏览未被激活，IIS 向浏览器返回"HTTP Error 403-禁止访问"消息。默认文档名称示例包括 default.htm、default.asp 和 index.htm 等。

试题 5 答案

(5) C

试题 6 分析

与大多数 Internet 服务一样，FTP 也采用客户机/服务器模式，客户机与服务器之间利用 TCP 建立连接。与其他客户机/服务器模式不同，FTP 客户机和服务器之间要建立双重连接，一个是控制连接，一个是数据连接。数据连接用于传输数据，当客户机通过控制连接向服务器发出数据传输命令时，便在客户机与服务器之间建立一条数据连接。数据连接建立成功后，开始数据传输，数据传输完成后，数据连接断开。

数据连接的建立有两种模式，即主动模式（Active）和被动模式（Passive）。主动模式（一般认为默认模式）：当客户机向服务器发出数据传输命令时，客户机在 TCP 的一个随机端口上被动打开数据传输进程，并通过控制连接利用 PORT 命令将客户机的数据传输进程所使用的端口号发送给服务器，服务器在 TCP 的端口 20 上建立一个数据传输进程，并与客户机的数据传输进程建立数据连接。被动模式：当客户机向服务器发出数据传输命令时，通过控制连接向服务器发送一个 PASV 命令，请求进入被动模式。服务器在 TCP 的一个端口上 20 被动打开数据传输进程，并通过对 PASV 命令的响应将服务器数据传输进程使用的端口通知给客户机。客户机在 TCP 的一个随机端口上以主动方式打开数据传输进程，与服务器端的数据传输进程之间建立数据连接。

注：解析中有提到随机端口。因为 1024 以下端口已经被特定服务占用如 http 占用 TCP 80 端口，通常随机端口都指的是 1024 以上的端口。

试题 6 答案

（6）B　　（7）D

试题 7 分析

Linux 系统中 TCP/IP 网络配置通过/etc/rc.d/rc.inet1 和/etc/rc.d/rc.inet2 两个文件来实现，/etc/rc.d/rc.inet1 主要是通过 ifconfig 和 route 命令进行基本的 TCP/IP 接口配置，主要由两部分组成，第一部分是对回送接口的配置，第二部分是对以太网接口的配置。而/etc/rc.d/rc.inet2 主要是用来启动一些网络监控的进程，如 inetd portmapper 等。

试题 7 答案

（8）A

试题 8 分析

在 Windows 系统中，IIS 可以提供包括 WWW、FTP 等多种网络服务，IE 可以用来访问各种网络服务，Outlook 可以用来接收和发送电子邮件，Apache 可以用来架设 WWW 站点，因此答案选 A。

试题 8 答案

（9）A

试题 9 分析

本题考查 Windows Server 2003 中 IIS 的选项，属于记忆题。限制网络带宽"选项"属于"性能"选项卡。

试题 9 答案

（10）B

试题 10 分析

VSFTPD 的配置文件/etc/vsftpd/vsftpd.conf 是个文本文件。以"#"字符开始的行是注释行。每个选项设置为一行，格式为"option=value"，注意"="号两边不能留空白符。除了这个主配置文件外，还可以给特定用户设定个人配置文件。

VSFTPD 包中所带的 vs 即 d.conf 文件配置比较简单，而且非常偏执狂的（文档自称）。我们可以根据实际情况对其进行一些设置，以使得 VSFTPD 更加可用。

监听地址与控制端口

listen_address=ip address

此参数在 VSFTPD 使用单独（standalone）模式下有效。此参数定义了在主机的哪个 IP 地址上监听 FTP 请求，即在哪个 IP 地址上提供 FTP 服务。对于只有一个 IP 地址的主机，不需要使用此参数。对于多址主机，不设置此参数，则监听所有 IP 地址。默认值为无。

listen_port=port_value

指定 FTP 服务器监听的端口号（控制端口），默认值为 21。此选项在 standalone 模式下生效。

FTP 模式与数据端口

FTP 分为两类：PORT FTP 和 PASV FTP。 PORT FTP 是一般形式的 FTP。这两种 FTP 在建立控制连接时操作是一样的，都是由客户端首先和 FTP 服务器的控制端口（默认值为 21）建立控制链接，并通过此链接进行传输操作指令。它们的区别在于使用数据传输端口（助一 data）的方式。PORT FTP 由 FTP 服务器指定数据传输所使用的端口，默认值为 20。PASV FTP 由 FTP 客户端决定数据传输的端口。PASV FTP 这种做法，主要是考虑到存在防火墙的环境下，由客户端与服务器进行沟通（客户端向服务器发出数据传输请求中包含了数据传输端口），决定两者之间的数据传输端口更为方便一些。

port enable=YES│NO

在数据连接时取消 PORT 模式，设此选项为 NO。它的默认值为 YES。

connetc_from_port 20=YES│NO

控制以 PORT 模式进行数据传输时是否使用 20 端口（ftp-data）。YES 使用，NO 不使用。默认值为 NO，但 RHL 自带的 vsftpd.conf 文件中此参数设为 YES。

试题 10 答案

（11）B

试题 11 分析

代理服务器就是在计算机客户端和访问的计算机网络（通常是访问互联网）之间安装有相应代理服务器软件的一台计算机，客户端对网络的所有访问请求都通过代理服务器实现。而被访问的网络计算机对请求的回答，也通过代理服务器转达到客户端。

代理服务器的主要作用有四个：

（1）代理服务器提供远程信息本地缓存功能，减少信息的重复传输。

（2）所有使用代理服务器用户都必须通过代理服务器访问远程站点，因此在代理服务器上就可以设置相应的限制，以过滤或屏蔽掉某些信息。因此代理服务器可以起到防火墙的作用。

（3）通过代理服务器可访问一些不能直接访问的网站。互联网上有许多开放的代理服务器，客户在访问权限受到限制时，而这些代理服务器的访问权限是不受限制的，刚好代理服务器在客户的访问范围之内，那些么客户通过代理服务器访问目标网络就成为可能。国内的高校多使用教育网，不能访问一些国外的互联网站点，但通过代理服务器，就能实现访问，这也是高校内代理服务器热的原因所在。

（4）安全性得到提高。无论是上聊天室还是浏览网站。目的网站只能知道你来自于代理服务器，而你的真实 IP 就无法测知，这就使得使用者的安全性得以提高。

试题 11 答案

（12）D

试题 12 分析

使用代理服务器除了服务器端代理服务器软件必需配置外,客户端需配置使用代理服务器,且指向代理服务器 IP 地址和端口号。

试题 12 答案

(13) D

试题 13 分析

代理服务器的主要功能如下:

(1) 设置用户验证和记账功能,可按用户进行记账,没有登记的用户无权通过代理服务器访问 Internet 网。并对用户的访问时间、访问地点、信息流量进行统计。

(2) 对用户进行分级管理,设置不同用户的访问权限,对外界或内部的 Internet 地址进行过滤,设置不同的访问权限。

(3) 增加缓冲器(Cache),提高访问速度,对经常访问的地址创建缓冲区,大大提高热门站点的访问效率。通常代理服务器都设置一个较大的硬盘缓冲区(可能高达几个吉字节(GB)或更大),当有外界的信息通过时,同时也将其保存到缓冲区中,当其他用户再访问相同的信息时,则直接由缓冲区中取出信息,传给用户,以提高访问速度。

(4) 连接内网与 Internet,充当防火墙(Firewall):因为所有内部网的用户通过代理服务器访问外界时,只映射为一个 IP 地址,所以外界不能直接访问到内部网;同时可以设置 IP 地址过滤,限制内部网对外部的访问权限。

(5) 节省 IP 开销:代理服务器允许使用大量的伪 IP 地址,节约网上资源,即用代理服务器可以减少对 IP 地址的需求,对于使用局域网方式接入 Internet,如果为局域网(LAN)内的每一个用户都申请一个 IP 地址,其费用可想而知。但使用代理服务器后,只需代理服务器上有一个合法的 IP 地址,LAN 内其他用户可以使用 10.*.*.*这样的私有 IP 地址,这样可以节约大量的 IP,降低网络的维护成本。

试题 13 答案

(14) D

试题 14 分析

代理服务器就是在计算机客户端(通常是企业内部网络)和访问的计算机网络(通常是访问互联网)之间安装有相应代理服务器软件的一台计算机。客户端对网络的所有访问请求都通过代理服务器实现。而被访问的网络计算机对请求的回答,也通过代理服务器转达到客户端。

试题 14 答案

(15) B

试题 15 分析

正常情况下,FTP 需要两个端口对外传输,如果你使用默认的 21,还需要 20 端口传输数据,也就是说,数据传输端口比控制端口小 1,例如说,你把 FTP 的端口改为 2222,

则数据传输的端口就是 2221 了.这个题首先可以排除 B 和 C。

这个考点另外要注意的一个问题就是 ftp 服务器的模式问题：

主动方式 FTP 的主要问题实际上在于客户端。FTP 的客户端并没有实际建立一个到服务器数据端口的连接，它只是告诉服务器自己监听的一个随机端口号，服务器再回来连接客户端这个指定的端口。

被动 FTP 也叫做 PASV 模式，只有当客户端通知服务器它处于被动模式时才启用。

在被动方式 FTP 中，命令连接和数据连接都是由客户端发起的，当开启一个 FTP 连接时，客户端打开两个任意的非特权本地端口（N >; 1023 和 N+1）。第一个端口连接服务器的 21 端口，但与主动方式的 FTP 不同，客户端不会提交 PORT 命令并允许服务器来回连它的数据端口，而是提交 PASV 命令。这样做的结果是服务器会开启一个任意的非特权端口（P > 1023），并发送 PORT P 命令给客户端。然后客户端发起从本地端口 N+1 到服务器的端口 P 的连接用来传送数据。

简单的来说就是下面的这个模型：

（1）主动 FTP：

命令连接：客户端>1023 端口 -->服务器 21 端口

数据连接：客户端>1023 端口<-- 服务器 20 端口

（2）被动 FTP：

命令连接：客户端>1023 端口 -->服务器 21 端口

数据连接：客户端>1023 端口 -->服务器>1023 端口

试题 15 答案

（16）D

试题 16 分析

在集成 Windows 身份验证方式中，用户名和密码在发送前要经过加密处理，所以是一种安全的身份验证方案。这种身份验证方案结合了 Windows NT 质询/响应身份验证（NTLM）和 Kerberos v5 身份验证两种方式。Kerberos v5 是 Windows 2000 分布式服务架构的重要功能，为了进行 Kerberos v5 身份验证，客户端和服务器都必须与密钥发行中心（KDC）建立可信任的连接。如果用户系统在域控制器中安装了 Active Directory 服务，而且浏览器支持 Kerberos v5 身份认证协议，则使用 Kerberos v5 身份验证，否则使用 NTLM 身份验证。

集成 Windows 身份验证的过程如下：

（1）在这种认证方式下，用户不必输入凭据，而是使用客户端上当前的 Windows 用户信息作为输入的凭据；

（2）如果最初的信息交换未能识别用户的合法身份，则浏览器将提示用户输入账号和密码，直到用户输入了有效的账号和密码，或者关闭了提示对话框。

集成 Windows 身份验证方案虽然比较安全，但是通过代理服务器建立连接时这个方案就行不通了。所以集成 Windows 身份验证最适合于 Intranet 环境，这样用户和 Web 服务器都在同一个域内，而且管理员可以保证每个用户浏览器都在 IE 2.0 版本以上，保证支持这种身份验证方案。

试题 16 答案

（17）D

试题 17 分析

基于名字的虚拟主机只需要在 apache 的配置文件中，对 NameVirtualHost 域中 DocumentRoot 和 ServerName 分别设定其对应的虚拟主机的文档路径即可。

试题 17 答案

（18）C

试题 18 分析

为了使不同的名字指向同一个 IP 地址，基于名字的虚拟主机还必须修改 DNS 服务器上的 A 记录，让不同的名字的域都指向同一个服务器 IP 地址。

试题 18 答案

（19）B

试题 19 分析

apache 服务器可以实现基于 IP 和基于名字的虚拟主机。基于 IP 的虚拟主机方式需要在机器上设置 IP 别名，如在一台机器的网卡上绑定多个 IP 地址去服务多个虚拟主机。这种基于 IP 的虚拟主机有一个缺点，就是你需要更多的 IP 地址去服务各自的虚拟主机，若 IP 地址不够，则不可采用此方式。基于名字的虚拟主机只需要在 apache 的配置文件中，对 NameVirtualHost 域中 DocumentRoot 和 ServerName 分别设定其对应的虚拟主机的文档路径即可。

试题 19 答案

（20）A

试题 20 分析

本题考查 linux 系统中 SAMBA 服务的基本概念。

试题 20 答案

（21）A

试题 21 分析

本试题考查考生对 IIS 6.0 组件的了解程度。

可以利用因特网信息服务器（Internet Information Server，IIS）来构建 WWW 服务器、FTP 服务器、SMTP 服务器和 POP3 服务器等。IIS 服务将 HTTP 协议、FTP 协议与 Windows Server 2000 出色的管理功能和安全特性结合起来，提供了一个功能全面的软件包，面向不同的应用领域给出了 Internet/Intranet 服务器解决方案。

试题 21 答案

（22）D

试题 22 分析

IIS（Internet Information Server，互联网信息服务）是一种 Web（网页）服务组件，其中包括 Web 服务器、FTP 服务器、NNTP 服务器和 SMTP 服务器，分别用于网页浏览、文件传输、新闻服务和邮件发送等方面。

试题 22 答案

（23）B

试题 23 分析

每个 FTP 站点也必须有一个主目录，默认为 c:\inetpub\ftproot。作为其他访问者访问用户 FTP 站点的起点。在 FTP 站点中，所有的文件都存放在作为根目录的主目录中，这就使其他访问者对用户 FTP 站点中的文件查找变得非常方便。

试题 23 答案

（24）B

试题 24 分析

在 IIS 中，如果要设置用户对主页文件的读取权限，需要在主目录选项卡中进行配置。

试题 24 答案

（25）B

试题 25 分析

微软 IIS 服务是一项经典的 Web 服务，可以为广大用户提供信息发布和资源共享功能。身份认证是保证 IIS 服务安全的基础机制，IIS 支持以下 4 种 Web 身份认证方法：

（1）匿名身份认证

如果启用了匿名访问，访问站点时，不要求提供经过身份认证的用户凭据。当需要让大家公开访问那些没有安全要求的信息时，使用此选项最合适。

（2）基本身份认证

使用基本身份认证可限制对 NTFS 格式的 Web 服务器上文件的访问。使用基本身份认证，用户必须输入凭据，而且访问是基于用户 ID 的。用户 ID 和密码都以明文形式在网络间进行发送。

（3）摘要式身份认证

摘要式身份认证需要用户 ID 和密码，可提供中等的安全级别，如果用户要允许从公共网络访问安全信息，则可以使用这种方法。这种方法与基本身份认证提供的功能相同。摘要式身份认证克服了基本身份认证的许多缺点。在使用摘要式身份认证时，密码不是以明文形式发送的。

（4）Windows 集成身份认证

Windows 集成身份认证比基本身份认证安全，而且在用户具有 Windows 域帐户的内部网环境中能很好地发挥作用。在集成 Windows 身份认证中，浏览器尝试使用当前用户在域登录过程中使用的凭据，如果此尝试失败，就会提示该用户输入用户名和密码。如果用户使用集成 Windows 身份认证，则用户的密码将不传送到服务器。如果用户作为域用户登录到本地计算机，则此用户在访问该域中的网络计算机时不必再次进行身份认证。

试题 25 答案

（26）B

试题 26 分析

在管理域名的时候，需要用到 DNS 资源记录。DNS 资源记录是域名解析系统中基本的数据元素。每个记录都包含一个类型，一个生存时间，一个类别以及一些跟类型相关的数据。在设定 DNS 域名解析、子域名管理、Email 服务器设定以及进行其他域名相关的管理时，需要使用不同类型的资源记录。

（1）A 记录代表"主机名称"与"IP"地址的对应关系，作用是把名称转换成 IP 地址。

（2）CNAME 记录代表别名与规范主机名称之间的对应关系。

（3）MX 记录提供邮件路由信息：提供网域的"邮件交换器"（Mail Exchanger）的主机名称以及相对应的优先值。

（4）PTR 记录代表"IP 地址"与"主机名"的对应关系，作用刚好与 A 记录相反。

（5）NS 记录用于标识区域的 DNS 服务器，即是说负责此 DNS 区域的权威名称服务器，用哪一台 DNS 服务器来解析该区域。

试题 26 答案

（27）D

试题 27 分析

Windows 系统中，进行域名解析时，客户端系统会首先从本机的 Hosts 文件中寻找域名对应的 IP 地址。hosts 文件是用于本地 DNS 服务的，采用 IP 域名的格式写在一个文本文件当中，Windows 系统上一般存放在系统盘的 system32 目录下，比如 C:\windows\system32\drivers\etc\，本地主机一般都被定义为 "127.0.0.1 localhost"。

试题 27 答案

（28）A　　（29）D

试题 28 分析

关于 IP 地址租约的问题，需要注意的是当 DHCP 客户机租期达 50%时，重新更新租约，客户机发送 DHCPRequest 包。当租约达到 87.5%时，进入重新申请状态，客户机发送 DHCPDiscover 包。

试题 28 答案

（30）A

试题 29 分析

本题考查 linux 系统下 DHCP 服务的配置文件存放位置。

试题 29 答案

（31）A

试题 30 分析

本题考查考生对 DHCP 协议的掌握程度。

借助中继代理，DHCP 客户机可以从外网段获取 IP 地址；DHCP 不会同时租借相同的 IP 地址给两台主机；默认情况下 DHCP 分配的 IP 地址租约期为 8 天；DHCP 客户机可以收到多个 dhcpoffer，通常从中选择最先到达的作为本机的 IP 地址。

试题 30 答案

（32）B

第 13 章 网络工程师案例分析

网络工程师考试的案例分析试题一共是 5 道题，其题型主要有选择题、填空题、问答题，考试时间为 90 分钟。每道试题 15 分，试卷满分为 75 分，45 分及格。但此情况在 2012 年下半年考试中稍有变动，其试题数量为 4 道题，其中 3 道题分值为 15 分，第 4 道题分值为 20 分，总分 75 分不变。

13.1 考点提炼

依据 2009 版网工考试大纲，网络工程师考试下午题部分隶属于网络系统设计与管理依据模块。该模块主要分为网络系统的分析与设计、网络系统的运维和管理、网络系统实现技术、网络新技术四个部分。其中网络系统实现技术和网络系统的分析设计是重点，下午试题基本围绕这两部分出题。以下是前述 4 个部分设计的考点。

（1）网络系统的分析与设计
① 网络系统的分析需求
② 网络系统的设计
③ 网络系统的构建与测试
（2）网络系统的运维和管理
① 网络系统的运行和维护
② 网络系统的管理
③ 网络系统的评价
（3）网络系统的实现技术
① 网络协议
② 可靠性设计
③ 网络实施
④ 网络应用与服务
⑤ 网络安全
（4）网络新技术
① 光纤网
② 无线网
③ 主干网
④ 通信服务

⑤ 网络管理

13.2 强化练习

以下列举了历年网络工程师考试中出题频率较高的试题类型，分别是涉及到网络系统分析与设计类、应用服务器、网络设备配置（路由器、交换机）、网络安全等考点。

试题一（共 15 分）

阅读以下说明，回答问题 1 至问题 3，将解答填入答题纸对应的解答栏内。

【说明】

某校园无线网络拓扑结构如图 13-1 所示。

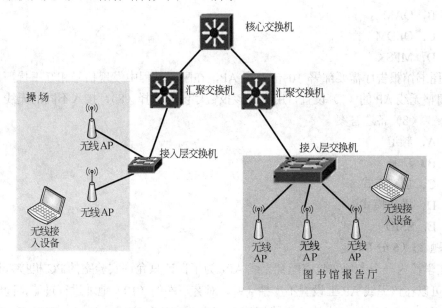

图 13-1

该网络中无线网络的部分需求如下：

1．学校操场要求部署 AP，该操场区域不能提供外接电源。
2．学校图书馆报告厅要求高带宽、多接入点。
3．无线网络接入要求有必要的安全性。

【问题 1】（4 分）

根据学校无线网络的需求和拓扑图可以判断，连接学校操场无线 AP 的是（1）交换机，它可以通过交换机的（2）口为 AP 提供直流电。

【问题 2】（6 分）

1．根据需求在图书馆报告厅安装无线 AP，如果采用符合 IEEE 802.11b 规范的 AP，理论上可以提供（3）Mb/s 的传输速率；如果采用符合 IEEE 802.11g 规范的 AP，理论上可以提供最高（4）Mb/s 的传输速率。如果采用符合（5）规范的 AP，由于将 MIMO 技术和（6）调制技术结合在一起，理论上最高可以提供 600Mbps 的传输速率。

（5）备选答案
　　A．IEEE 802.11a
　　B．IEEE 802.11e
　　C．IEEE 802.11i
　　D。IEEE 802.11n

（6）备选答案
　　A．BFSK
　　B．QAM
　　C．OFDM
　　D．MFSK

2. 图书馆报告厅需要部署 10 台无线 AP，在配置过程中发现信号相互干扰严重，这时应调整无线 AP 的（7）设置，用户在该报告厅内应选择（8），接入不同的无线 AP。

（7）～（8）备选答案
　　A．频道
　　B．功率
　　C．加密模式
　　D．操作模式
　　E．SSID

【问题3】（5分）

若在学校内一个专项实验室配置无线 AP，为了保证只允许实验室的 PC 机接入该无线 AP，可以在该无线 AP 上设置不广播（9），对客户端的（10）地址进行过滤，同时为保证安全性，应采用加密措施。无线网络加密主要有三种方式：（11）、WPA/WPA2、WPA-PSK/WPA2-PSK。在这三种模式中，安全性最好的是（12），其加密过程采用了 TKIP 和（13）算法。

（13）备选答案
　　A．AES
　　B．DES
　　C．IDEA
　　D．RSA

试题二（共 15 分）

阅读下列说明，回答问题 1 至问题 5，将解答填入答题纸对应的解答栏内。

【说明】

网络拓扑结构如图 13-2 所示。

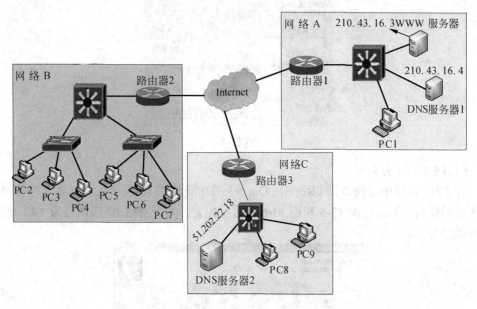

图 13-2

【问题 1】(4 分)

网络 A 的 WWW 服务器上建立了一个 Web 站点,对应的域名是 www.abc.edu。DNS 服务器 1 上安装 Windows Server 2003 操作系统并启用 DNS 服务。为了解析 WWW 服务器的域名,在图 13-3 所示的对话框中,新建一个区域的名称是(1);在图 13-4 所示的对话框中,添加的对应的主机 "名称" 为(2)。

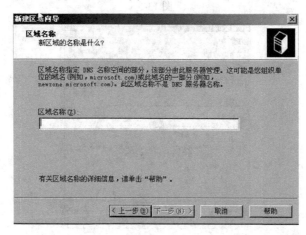

图 13-3

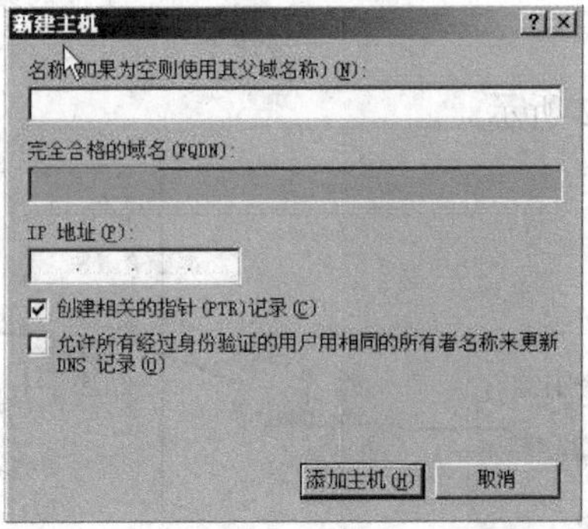

图 13-4

【问题 2】（3 分）

在 DNS 系统中反向查询（Reverse Query）的功能是（3）。为了实现网络 A 中 WWW 服务器的反向查询，在图 13-5 和图 13-6 中进行配置，其中网络 ID 应填写为（4）。主机名应填写为（5）。

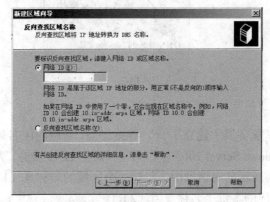

图 13-5

图 13-6

【问题 3】（3 分）

DNS 服务器 1 负责本网络区域的域名解析，对于非本网络的域名，可以通过设置"转发器"，将自己无法解析的名称转到网络 C 中的 DNS 服务器 2 进行解析。设置步骤：首先在"DNS 管理器"中选中 DNS 服务器，单击鼠标右键，选择"属性"对话框中的"转发器"选项卡，在弹出的如图 13-7 所示的对话框中应如何配置？

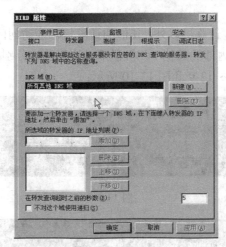

图 13-7

【问题 4】（2 分）

网络 C 的 Windows Server 2003 Server 服务器上配置了 DNS 服务，在该服务器上两次使用 nslookup www.sohu.com 命令得到的结果如图 13-8 所示，由结果可知，该 DNS 服务器（6）。

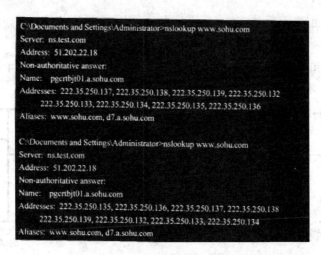

图 13-8

（6）备选答案：

A．启用了循环功能

B．停用了循环功能

C．停用了递归功能

D．启用了递归功能

【问题 5】（3 分）

在网络 B 中，除 PC5 计算机以外，其他的计算机都能访问网络 A 的 WWW 服务器，而 PC5 计算机与网络 B 内部的其他 PC 机器都是连通的。分别在 PC5 和 PC6 上执行命令 ipconfig，结果信息如图 13-9 和图 13-10 所示：

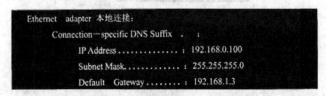

```
Ethernet  adapter 本地连接:
    Connection－specific DNS Suffix  .   :
        IP Address . . . . . . . . . . . . . :  192.168.0.100
        Subnet Mask. . . . . . . . . . . . :  255.255.255.0
        Default  Gateway . . . . . . . . :  192.168.1.3
```

图 13-9

```
Ethernet  adapter 本地连接:
    Connection－specific DNS Suffix  .   :
        IP Address . . . . . . . . . . . . . :  192.168.0.247
        Subnet Mask. . . . . . . . . . . . :  255.255.255.0
        Default  Gateway . . . . . . . . :  192.168.0.3
```

图 13-10

请问 PC5 的故障原因是什么？如何解决？

试题三（共 15 分）

阅读以下说明，回答问题 1 至问题 4，将解答填入答题纸对应的解答栏内。

【说明】

某公司总部和分支机构的网络配置如图 13-11 所示。在路由器 R1 和 R2 上配置 IPSec 安全策略，实现分支机构和总部的安全通信。

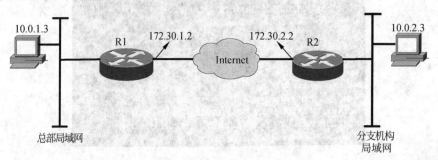

图 13-11

【问题 1】（4 分）

图 13-12 中（a）、（b）、（c）、（d）为不同类型 IPSec 数据包的示意图，其中（1）和（2）工作在隧道模式；（3）和（4）支持报文加密。

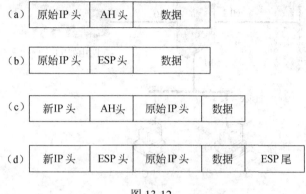

图 13-12

【问题 2】（4 分）

下面的命令在路由器 R1 中建立 IKE 策略，请补充完成命令或说明命令的含义。

```
R1(config)# crypto isakmp policy 110      进入 ISAKMP 配置模式
R1(config-isakmp)# encryption des  (5)
R1(config-isakmp)#   (6) 采用 MD5 散列算法
R1(config-isakmp)# authentication pre-share  (7)
R1(config-isakmp)# group 1
R1(config-isakmp)# lifetime  (8) 安全关联生存期为 1 天
```

【问题 3】（4 分）

R2 与 R1 之间采用预共享密钥"12345678"建立 IPSec 安全关联，请完成下面配置命令。

```
R1(config)# crypt isakmp key 12345678 address    (9)
R2(config)# crypt isakmp key 12345678 address    (10)
```

【问题 4】（3 分）

完成以下 ACL 配置，实现总部主机 10.0.1.3 和分支机构主机 10.0.2.3 的通信。

```
R1(config)# access-list 110 permit ip host    (11)   host    (12)
R2(config)# access-list 110 permit ip host    (13)   host 10.0.1.3
```

试题四（共 15 分）

阅读以下说明，回答问题 1 至问题 4，将解答填入答题纸对应的解答栏内。

【说明】

某公司通过 PIX 防火墙接入 Internet，网络拓扑如图 13-13 所示。

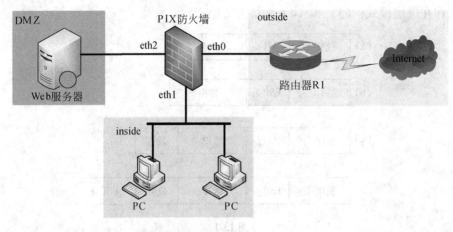

图 13-13

在防火墙上利用 show 命令查询当前配置信息如下：

```
PIX#show config
…
nameif eth0 outside security0
nameif eth 1 inside security100
nameif eth2 dmz security40
…
fixup protocol ftp 21 （1）
fixup protocol http 80
ip address outside 61.144.51.42  255.255.255.248
ip address inside 192.168.0.1  255.255.255.0
ip address dmz 10.10.0.1  255.255.255.0
…
global (outside) 1 61.144.51.46
nat (inside) 1 0.0.0.0  0.0.0.000

route outside 0.0.0.0 0.0.0.0 61.144.51.45 1      （2）
…
```

【问题 1】（4 分）

解释（1）、（2）处画线语句的含义。

【问题 2】（6 分）

根据配置信息，填写表 13-1。

表 13-1

域名称	接口名称	IP 地址	IP 地址掩码
inside	eth1	（3）	255.255.255.0
outside	eth2	61.144.51.42	（4）
dmz	（5）	（6）	255.255.255.0

【问题 3】（2 分）

根据所显示的配置信息，由 inside 域发往 Internet 的 IP 分组，在到达路由器 R1 时的源 IP 地址是（7）。

【问题 4】（3 分）

如果需要在 dmz 域的服务器（IP 地址为 10.10.0.100）对 Internet 用户提供 Web 服务（对外公开 IP 地址为 61.144.51.43），请补充完成下列配置命令。

PIX(config)#static(dmz,outside)（8）（9）

PIX(config)#conduit permit tcp host（10）eq www any

试题五（共 15 分）

阅读以下说明，回答问题 1 至问题 3，将解答填入答题纸对应的解答栏内。

【说明】

在大型网络中，通常采用 DHCP 完成基本网络配置会更有效率。

【问题 1】（1 分）

在 Linux 系统中，DHCP 服务默认的配置文件为（1）。

（1）备选答案：

    A. /etc/dhcpd.conf

    B. /etc/dhcpd.config

    C. /etc/dhcp.conf

    D. /etc/dhcp.config

【问题 2】（共 4 分）

管理员可以在命令行通过（2）命令启动 DHCP 服务；通过（3）命令停止 DHCP 服务。

（2）、（3）备选答案：

    A. service dhcpd start

    B. service dhcpd up

    C. service dhcpd stop

    D. service dhcpd down

【问题 3】（10 分）

在 Linux 系统中配置 DHCP 服务器，该服务器配置文件的部分内容如下：

```
    subnet 192.168.1.0 netmask 255.255.255.0{
option routers 192.168.1.254;
option subnet-mask 255.255.255.0;
option broadcast-address 192.168.1.255;
option domain-name-servers 192.168.1.3;
range 192.168.1.100  192.168.1.200;
default-lease-time 21600;
max-lease-time 43200;
    host webserver{
hardware ethernet 52:54:AB:34:5B:09;
fixed-address 192.168.1.100;
}
}
```

在主机 webserver 上运行 ifconfig 命令时显示如图 13-14 所示，根据 DHCP 配置，填写空格中缺少的内容。

```
eth0    Link encap:Ethernet    HWaddr  (4)
        inet addr:  (5)    Bcast:192.168.1.255  Mask:  (6)
        UP BROADCAST RUNNING MULTICAST   MTU:1500  Metric:1
        RX packets:0 errors:0 dropped:0 overruns:0 frame:0
        TX packets:4 errors:0 dropped:0 overruns:0 carrier:0
        collisions:0 txqueuelen:100
        RX bytes:0 (0.0 b)  TX bytes:168 (168.0 b)
        Interrupt:10 Base address:0x10a4

lo      Link encap:Local Loopback
        inet addr:127.0.0.1  Mask:255.0.0.0
        UP LOOPBACK RUNNING  MTU:16436  Metric:1
        RX packets:397 errors:0 dropped:0 overruns:0 frame:0
        TX packets:397 errors:0 dropped:0 overruns:0 carrier:0
        collisions:0 txqueuelen:0
        RX bytes:26682 (26.0 Kb)   TX bytes:26682 (26.0 Kb)
```

图 13-14 ifconfig 命令运行结果

该网段的网关 IP 地址为（7），域名服务器 IP 地址为（8）。

13.3 习题解答

试题一分析

【问题 1】

根据学校无线网络的需求在学校操场要求部署 AP，该操场区域不能提供外接电源，由此可以判断连接学校操场无线 AP 的是 POE（Power over Ethernet）交换机，是一种可以在以太网中通过双绞线来为连接设备提供电源的技术。它可以通过交换机的以太口为 AP 提供直流电。

【问题 2】
IEEE 802.11 先后提出了以下多个标准，最早的 802.11 标准只能够达到 1~2Mbps 的速度，在制订更高速度的标准时，就产生了 802.11a 和 802.11b 两个分支，后来又推出了 802.11g 的新标准，如表 13-2 所示。

表 13-2 无线局域网标准

标 准	运行频段	主要技术	数据速率
802.11	2.4GHz 的 ISM 频段	扩频通信技术	1Mbps 和 2Mbps
802.11b	2.4GHz 的 ISM 频段	CCK 技术	11Mbps
802.11a	5GHz U-NII 频段	OFDM 调制技术	54Mbps
802.11g	2.4GHz 的 ISM 频段	OFDM 调制技术	54Mbps
802.11n	支持双频段	MIMO（多入多出）与 OFDM 技术	600Mbps

注：ISM 是指可用于工业、科学、医疗领域的频段；U-NII 是指用于构建国家信息基础的无限制频段。

图书馆报告厅需要部署 10 台无线 AP，在配置过程中发现信号相互干扰严重，这时应调整无线 AP 的频道设置，用户在该报告厅内应选择 SSID，接入不同的无线 AP。其中 SSID 为用来标识不同的无线网络信号。如图 13-15 所示：

图 13-15

【问题 3】
若在学校内一个专项实验室配置无线 AP，为了保证只允许实验室的 PC 机接入该无线 AP，可以在该无线 AP 上设置不广播 SSID。通常无线 AP 默认开启 SSID 广播，在其覆盖范围内，所有具备无线网卡的计算机都可以查看并连接到该网络，如将其 SSID 广播禁用，则只有知道正确 SSID 的计算机才能连接至该无线网络，这样可达到安全限制的目的。同时对客户端的 MAC 地址进行过滤，如图 13-16 所示：

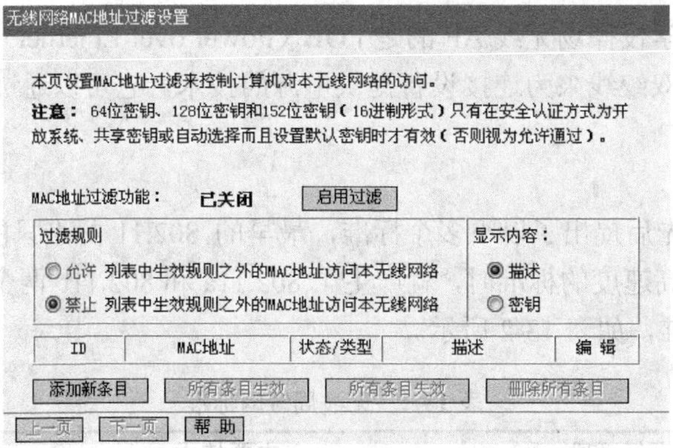

图 13-16

单击"添加新条目":如图 13-17:

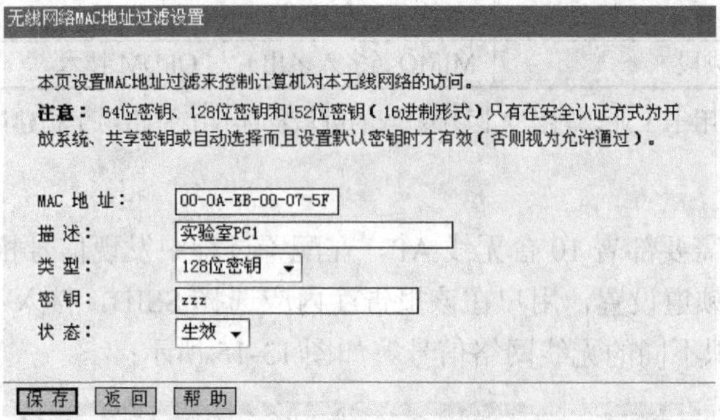

图 13-17

无线网络加密主要有三种方式:WEP、WPA/WPA2、WPA-PSK/WPA2-PSK。在这三种模式中,安全性最好的是 WPA-PSK/WPA2-PSK,其加密过程采用了 TKIP 和 AES 算法。如图 13-18 所示:

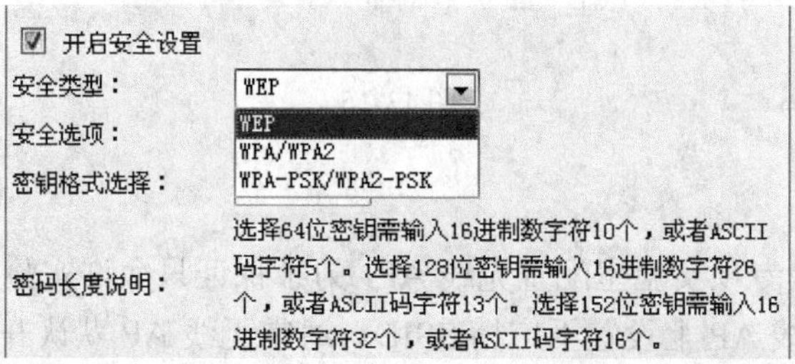

图 13-18

其中 WEP 加密是无线加密中最早使用的加密技术,也是目前最常用的,大部分网卡都支持该种加密。但是后来发现 WEP 是很不安全的，802.11 组织开始着手制定新的安全标准，也就是后来的 802.11i 协议。IEEE 802.11i 规定使用 802.1x 认证和密钥管理方式，在数据加密方面，定义了 TKIP（Temporal Key Integrity Protocol）、CCMP（Counter-Mode/CBC-MAC Protocol）和 WRAP（Wireless Robust Authenticated Protocol）三种加密机制。其中 TKIP 采用 WEP 机制里的 RC4 作为核心加密算法，可以通过在现有的设备上升级固件和驱动程序的方法达到提高 WLAN 安全的目的。CCMP 机制基于 AES 加密算法和 CCM（Counter-Mode/CBC-MAC）认证方式，使得 WLAN 的安全程度大大提高，是实现 RSN 的强制性要求。由于 AES 对硬件要求比较高，因此，CCMP 无法通过在现有设备的基础上进行升级实现。WRAP 机制基于 AES 加密算法和 OCB（Offset Codebook），是一种可选的加密机制。

试题一参考答案

【问题 1】

（1）PoE 或者 802.3af　（2）以太或者 Ethernet

【问题 2】

（3）11　（4）54　（5）D　（6）C　（7）A　（8）E

【问题 3】

（9）SSID　（10）MAC　（11）WEP　（12）WPA-PSK/WPA2-PSK　（13）A

试题二分析

【问题 1】

本题考查的为 Windows 2003 平台下 DNS 服务器的配置，Windows 2003 中新建区域，是为了让域名能和指定的 IP 地址建立起对应关系。这个时候应该填写其根域名，因此（1）应该填写 abc.edu。根据问题 1 的要求，要能够正确解析本地 Web 站点的域名，因此图 13-4 中添加的主机的名称即空（2）应该为 www。

【问题 2】

DNS 的反向查询就是用户用 IP 地址查询对应的域名。在图 13-5 的网络 ID 中，要以 DNS 服务器所使用的 IP 地址前三个部分来设置反向搜索区域。图 13-2 中，网络 A 中的 DNS 服务器的 IP 地址是"210.43.16.4"，则取用前三个部分就是"210.43.16"。因此，（4）填入 210.43.16。

而主机名填写相应的域名即可，即 www.abc.edu。

【问题 3】

DNS 服务器 1 负责本网络区域的域名解析，对于非本网络的域名，可以通过设置"转发器"，将自己无法解析的名称转到网络 C 中的 DNS 服务器 2 进行解析。设置步骤：首先在"DNS 管理器"中选中 DNS 服务器，单击鼠标右键，选择"属性"对话框中的"转发器"选项卡，在选项卡中选中"启用转发器"，在 IP 地址栏输入"51.202.22.18"，单击"添加"按钮，然后单击"确定"按钮关闭对话框。

【问题 4】

如图 13-8 所示，如www.abc.com对应于多个 IP 地址时 DNS 每次解析的顺序都不同，则表示其启用了循环功能。

【问题 5】

由网络拓扑图可知，PC5 和 PC6 属于同一网段，导致 PC5 不能正确访问 WWW 服务器的原因在于的默认网关配置错误，导致数据包到达不了正确的网关，将默认网关 IP 地址修改为正确网关地址"192.168.0.3"即可。

试题二参考答案

【问题 1】

（1）abc.edu

（2）www

【问题 2】

（3）用 IP 地址查询对应的域名

（4）210.43.16

（5）www.abc.edu

【问题 3】

选中"启用转发器"，在 IP 地址栏输入"51.202.22.18"，单击"添加"按钮，然后单击"确定"按钮关闭对话框。

【问题 4】

（6）A 或 启用了循环功能

【问题 5】

PC5 的默认网关配置错误（2 分），将默认网关 IP 地址修改为"192.168.0.3"。

试题三分析

【问题 1】

IPSec 有隧道和传送两种工作方式。在隧道方式中，用户的整个 IP 数据包被用来计算 ESP 头，且被加密，ESP 头和加密用户数据被封装在一个新的 IP 数据包中；在传送方式中，只是传输层（如 TCP、UDP、ICMP）数据被用来计算 ESP 头，ESP 头和被加密的传输层数据被放置在原 IP 包头后面。当 IPSec 通信的一端为安全网关时，必须采用隧道方式。

IPSec 使用两种协议来提供通信安全——身份验证报头（AH）和封装式安全措施负载（ESP）。

身份验证报头（AH）可对整个数据包（IP 报头与数据包中的数据负载）提供身份验证、完整性与抗重播保护。但是它不提供保密性，即它不对数据进行加密。数据可以读取，但是禁止修改。

封装式安全措施负载（ESP）不仅为 IP 负载提供身份验证、完整性和抗重播保护，还提供机密性。传输模式中的 ESP 不对整个数据包进行签名。只对 IP 负载（而不对 IP 报头）进行保护。ESP 可以独立使用，也可与 AH 组合使用。

【问题 2】
VPN 的基本配置：
配置信息描述：
一端服务器的网络子网为 10.0.1.0/24，路由器为 172.30.1.2；另一端服务器为 10.0.2.0/24，路由器为 172.30.2.2。
主要步骤：
1. 确定一个预先共享的密钥（保密密码）（以下例子保密密码假设为 testpwd）。
2. 为 SA 协商过程配置 IKE。
3. 配置 IPSec。
（1）配置 IKE
CsaiR(config)#crypto isakmp policy 1   //policy 1 表示策略 1，假如想多配几 VPN，可以写成 policy 2、policy 3…

CsaiR (config-isakmp)#group 1   //group 命令有两个参数值：1 和 2。参数值 1 表示密钥使用 768 位密钥，参数值 2 表示密钥使用 1024 位密钥，显然后一种密钥安全性高，但消耗更多的 CPU 时间。在通信比较少时，最好使用 group 1 长度的密钥。

CsaiR (config-isakmp)#authentication pre-share   //告诉路由器要使用预先共享的密码。

CsaiR (config-isakmp)#lifetime 3600   //对生成新 SA 的周期进行调整。这个值以秒为单位，默认值为 86400（24 小时）。值得注意的是两端的路由器都要设置相同的 SA 周期，否则 VPN 在正常初始化之后，将会在较短的一个 SA 周期到达中断。

CsaiR (config)#crypto isakmp key test address 200.20.25.1   //返回到全局设置模式确定要使用的预先共享密钥和指归 VPN 另一端路由器 IP 地址，即目的路由器 IP 地址。相应地在另一端路由器配置也和以上命令类似，只不过把 IP 地址改成 100.10.15.1。

（2）配置 IPSec
CsaiR (config)#access-list 130 permit ip 192.168.1.0 0.0.0.255 172.16.10.0 0.0.0.255   //在这里使用的访问列表号不能与任何过滤访问列表相同，应该使用不同的访问列表号来标识 VPN 规则。

CsaiR (config)#crypto ipsec transform-set vpn1 ah-md5-hmac esp-des esp-md5-hmac   //这里在两端路由器唯一不同的参数是 vpn1，这是为这种选项组合所定义的名称。在两端的路由器上，这个名称可以相同，也可以不同。以上命令是定义所使用的 IPSec 参数。为了加强安全性，要启动验证报头。由于两个网络都使用私有地址空间，需要通过隧道传输数据，因此还要使用安全封装协议。最后，还要定义 DES 作为保密密码钥加密算法。

CsaiR (config)#crypto map shortsec 60 ipsec-isakmp   //Map 优先级，取值范围 1～

65535,值越小,优先级越高。参数 shortsec 是我们给这个配置定义的名称,稍后可以将它与路由器的外部接口建立关联。

CsaiR (config-crypto-map)#set peer 200.20.25.1　//这是标识对方路由器的合法 IP 地址。在远程路由器上也要输入类似命令,只是对方路由器地址应该是 100.10.15.1。

CsaiR (config-crypto-map)#set transform-set vpn1

CsaiR (config-crypto-map)#match address 130　//这两个命令分别标识用于 VPN 连接的传输设置和访问列表。

CsaiR (config)#interface s0

CsaiR (config-if)#crypto map shortsec　//将刚才定义的密码图应用到路由器的外部接口。

最后一步保存运行配置,最后测试这个 VPN 的连接,并且确保通信是按照预期规划进行的。

【问题 3】

详见问题 2。

【问题 4】

详见问题 2。

试题三参考答案

【问题 1】

(1)(2) c、d(顺序可交换)

(3)(4) b、d(顺序可交换)

【问题 2】

(5) 加密算法为 DES

(6) hash md5

(7) 认证采用预共享密钥

(8) 86400

【问题 3】

(9) 172.30.2.2

(10) 172.30.1.2

【问题 4】

(11) 10.0.1.3

(12) 10.0.2.3

(13) 10.0.2.3

试题四分析

【问题 1】

fixup 命令作用是启用,禁止,改变一个服务或协议通过 pix 防火墙,由 fixup 命令指定的端口是 PIX 防火墙要侦听的服务。见下面例子：

例：Pix525(config)#fixup protocol ftp 21

启用 FTP 协议，并指定 FTP 的端口号为 21。

设置指向内网和外网的静态路由采用 route 命令：

定义一条静态路由。route 命令配置语法：

route (if_name) 0 0 gateway_ip [metric]

其中参数解释如下：

if_name 表示接口名字，例如 inside，outside；

Gateway_ip 表示网关路由器的 ip 地址；

[metric]表示到 gateway_ip 的跳数，通常缺省是 1。

例：Pix525(config)# route outside 0 0 61.144.51.168 1

设置 eth0 口的默认路由，指向 61.144.51.168，且跳步数为 1。

【问题 2】

防火墙通常具有一般有 3 个接口，使用防火墙时，就至少产生了 3 个网络，描述如下：

内部区域（内网）。内部区域通常就是指企业内部网络或者是企业内部网络的一部分。它是互连网络的信任区域，即受到了防火墙的保护。

外部区域（外网）。外部区域通常指 Internet 或者非企业内部网络。它是互连网络中不被信任的区域，当外部区域想要访问内部区域的主机和服务，通过防火墙，就可以实现有限制的访问。

非军事区（DMZ，又称停火区）。是一个隔离的网络，或几个网络。位于区域内的主机或服务器被称为堡垒主机。一般在非军事区内可以放置 Web、Mail 服务器等。停火区对于外部用户通常是可以访问的，这种方式让外部用户可以访问企业的公开信息，但却不允许它们访问企业内部网络。

由配置信息，ip address outside 61.144.51.42 255.255.255.248

ip address inside 192.168.0.1 255.255.255.0

ip address dmz 10.10.0.1 255.255.255.0

可知 eth1 的 IP 地址为 192.168.0.1，eth0 的 IP 地址为 61.144.51.42，子网掩码为 255.255.255.248，dmz 接口的名称为 eth2，IP 地址为 10.10.0.1。

【问题 3】

Global 命令把内网的 IP 地址翻译成外网的 IP 地址或一段地址范围。

Global 命令的配置语法：

global (if_name) nat_id ip_address-ip_address [netmark global_mask]

其中参数解释如下：

if_name 表示外网接口名字，例如 outside；

Nat_id 用来标识全局地址池，使它与其相应的 nat 命令相匹配；

ip_address-ip_address 表示翻译后的单个 ip 地址或一段 ip 地址范围；

[netmark global_mask]表示全局 ip 地址的网络掩码。

由配置命令：

global（outside）1 61.144.51.46

nat（inside）1 0.0.0.0 0.0.0.000

可以看出由 inside 域发往 Internet 的 IP 分组，在到达路由器 R1 时的源 IP 地址是 61.144.51.46。

【问题 4】

配置静态 IP 地址翻译（static）

如果从外网发起一个会话，会话的目的地址是一个内网的 ip 地址，static 就把内部地址翻译成一个指定的全局地址，允许这个会话建立。

static 命令配置语法：

```
static (internal_if_nameexternal_if_name) outside_ip_address inside_ip_address
```

其中参数解释如下：

internal_if_name 表示内部网络接口，安全级别较高。如 inside；

external_if_name 为外部网络接口，安全级别较低。如 outside 等；

outside_ip_address 为正在访问的较低安全级别的接口上的 ip 地址；

inside_ip_address 为内部网络的本地 ip 地址。

例：Pix525(config)# static (inside, outside) 61.144.51.62 192.168.0.8

表示 IP 地址为 192.168.0.8 的主机，对于通过 PIX 防火墙建立的每个会话，都被翻译成 61.144.51.62 这个全局地址，也可以理解成 static 命令创建了内部 IP 地址 192.168.0.8 和外部 ip 地址 61.144.51.62 之间的静态映射。

管道命令（conduit 用来允许数据流从具有较低安全级别的接口流向具有较高安全级别的接口，例如允许从外部到 DMZ 或内部接口的入方向的会话。对于向内部接口的连接，static 和 conduit 命令将一起使用，来指定会话的建立。

conduit 命令配置语法：

```
conduit permit | deny global_ip port[-port] protocol foreign_ip [netmask]
```

其中参数说明解释如下：

permit|deny：允许 | 拒绝访问 。

global_ip 指的是先前由 global 或 static 命令定义的全局 ip 地址，如果 global_ip 为 0，就用 any 代替 0；如果 global_ip 是一台主机，就用 host 命令参数。

port 指的是服务所作用的端口，例如 www 使用 80，smtp 使用 25 等等，我们可以通过服务名称或端口数字来指定端口。

protocol 指的是连接协议，比如：TCP、UDP、ICMP 等。

foreign_ip 表示可访问 global_ip 的外部 ip。对于任意主机，可以用 any 表示。如果 foreign_ip 是一台主机，就用 host 命令参数。

试题四参考答案

【问题 1】

（1）启用 ftp 服务

（2）设置 eth0 口的默认路由，指向 61.144.51.45，且跳步数为 1

【问题 2】

（3）192.168.0.1

（4）255.255.255.248

（5）eth2

（6）10.10.0.1

【问题 3】

（7）61.144.51.46

【问题 4】

（8）61.144.51.43

（9）10.10.0.100

（10）61.144.51.43

试题五分析

【问题 1】

在 Linux 下配置 DHCP，主要工作是对相关文件进行解析。在 Linux 系统中，DHCP 服务默认的配置文件为/etc/dhcpd.conf，它是一个递归下降格式的配置文件，有点像 C 的源程序风格，由参数和声明两大类语句构成，参数类语句主要告诉 DHCPd 网络参数，如租约时间、网关、DNS 等；而声明语句则用来描述网络的拓扑，表明网络上的客户，要提供给客户的 IP 地址，提供一个参数组给一组声明等。

【问题 2】

可以使用以下命令来启动、停止和重启 DHCP 服务器程序：

[root@lib1 root] # service dhcpd [start | stop | restart]

或[root@lib1 root] # etc/init.d/dhcpd [start | stop | restart]

其中 start、stop、restart 为任选参数，分别表示启动、停止和重启。执行以上命令启动后，DHCP 默认是启动在 eth0 上的，如果 DHCP 上的服务器还有另外一块网卡 eth1，想在 eth1 上启动 dhcpd，就键入：

[root@lib1 root] #/usr/sbin/dhcpd eth1

【问题 3】

下面为 dhcpd.conf 配置文件中最常用和最重要的语句。

(1) 参数类与选项类语句

DHCP 配置语句如表 13-3 所示。

表 13-3 DCHP 配置语句

类型	语句格式	功能与参数描述
标准参数类语句	ddns-update-style *type*	动态 DNS 解析方式，可选参数分别为：ad-hoc、interim、none
	default-lease-time *time*	指定默认租约时间，这里的 time 是以秒为单位的。如果 DHCP 客户在请求一个租约时没有指定租约的失效时间，租约时间就是默认租约时间
	max-lease-time *time*	最大的租约时间。如果 DHCP 在请求租约时间时发出特定的租约失效时间的请求，则用最大租约时间
	Hardware *hardware-type hardware-address*	指明物理硬件接口类型和硬件地址。硬件地址由 6 个 8 位组构成，每个 8 位组以 ":" 隔开。如 00：00：E8：1B：54：97
	server-name "*name*"	用于告知客户端所连接服务器的名字
	fixed-address *address* [, *address* ...]	用于指定一个或多个 IP 地址给一个 DHCP 客户，只能出现在 host 声明里
选项类语句	option subnet-mask *mask*	DHCP 服务配置子网掩码选项，服务开启后可应用于所有客户端
	option broadcast-address *IP 地址*	DHCP 服务配置广播地址选项，服务开启后可应用于所有客户端
	option routers *IP 地址*	同上，DHCP 服务配置网关（路由）地址选项，可设多个
	option domain-name-servers *IP 地址*	DHCP 服务配置 DNS 服务器地址，可应用于所有客户端，可设多个
	option domain-name "csai.cn"	DHCP 服务配置域名服务，可应用于所有客户端
	option host-name *string*	给客户指定主机名，string 是一个字符串

试题五参考答案

【问题 1】

(1) A 或 /etc/dhcpd.conf

【问题 2】

(2) A 或 service dhcpd start

(3) C 或 service dhcpd stop

【问题 3】

(4) 52:54:AB:34:5B:09

(5) 192.168.1.100

(6) 255.255.255.0

(7) 192.168.1.254

(8) 192.168.1.3